U0144774

凝煉知識品味閱讀

五南出版

材料破損分析技術與實務

林渤詠 熊仁洲 吳學文 著
林景崎 校閱

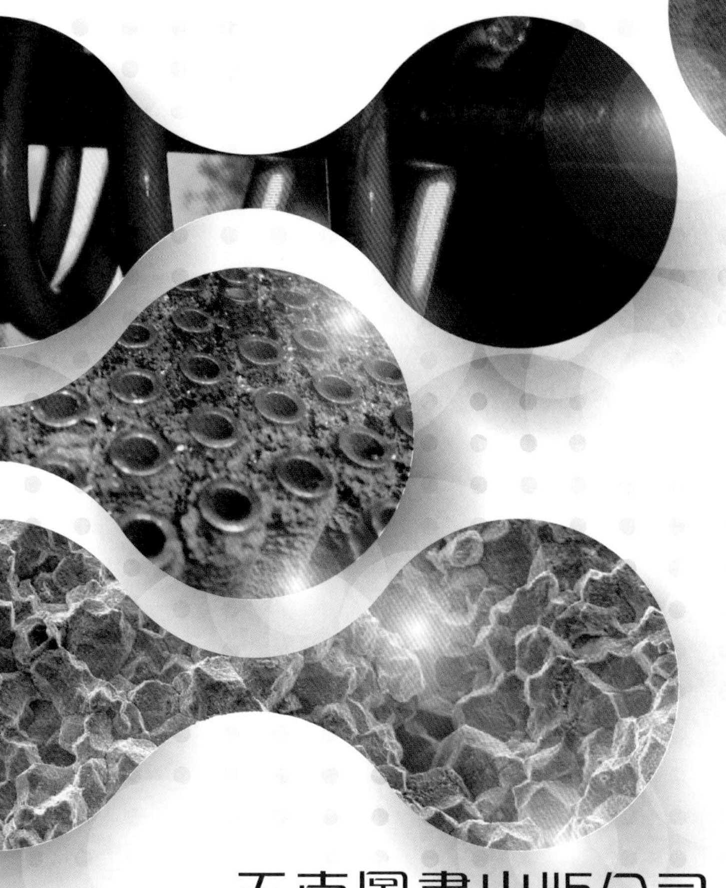

五南圖書出版公司 印行

自　序

回想約二十年前，進入金屬中心檢測組，開始從事金相實驗室檢測分析業務，當時在中心前輩陳志冠博士（目前任教正修科技大學機械系／機械工程研究所）與陳嘉昌（目前為檢測技術發展組組長）教導與帶領下，學習對於各種零組件、設備管路經運轉而破損後造成設備損壞（甚至人員傷亡）之殘骸進行破損分析，配合本組各實驗室（機械性能、化學、金相、尺寸量測與腐蝕實驗室）與利用本組的各種工具（機械性質測試設備、化學成分分析設備、金相顯微鏡、腐蝕試驗設備、精密尺寸量測儀等），企圖尋找零組件、設備破損之原因和其防治之道。

在進行材料破損之實務分析時，深深感覺破壞檢測（Non-destructive Testing, NDT）技術之重要性，雖然當時本組對於非破壞檢測僅止於射線檢測（Radiographic Test, RT）之能量，無法將破損分析技術完全發展，所幸吳學文高級檢測師（ASNT Level III，台灣非破壞檢測協會資深講師）適時加入本組，由於他對於現場機械製造與現場實務豐富的經驗，讓本人眼界大開外，更從他豐富的人生經驗與歷練中，學習工作知識態度與人生觀，而使本人對於材料破損分析的知識大有精進。

幾年前與碩士班指導教授林景崎教授（國立中央大學材料科學與工程研究所及機械工程研究所特聘教授）敘談工作狀況，恩師提議若能將自己的工作經驗，藉由實務案例分享給專業同好，將對國家工業的發展提供一些貢獻。在恩師的鼓勵下，乃開始著手將所經歷之案例進行分類（以莊東漢教授所著《材料破損分析》一書為參考依據），請正修科技大學機械系熊仁洲教授指導後開始撰寫本書。

此書目的在於以實際案例分析進行説明與討論，以提供給業界先進與新知參考，希望藉由本書的出版，拋磚引玉，對本書提供指教，希望能使本書的內容更加完備，並藉由本書的推廣，將分析經驗分享給讀者，期望能防患材料破損案例的一再發生，造成社會安全的危害和國人生命財產的損失。

本書能夠出版，除了由衷感謝本中心各級長官支持，各實驗室同仁的鼎力幫忙，以及提供破損樣品廠商之慷慨認同，使我們有機會分享工作經驗給社會大眾，在此表示崇高敬意。另一方面則要感激家人的熱心鼓勵，讓我能盡情在此工作領域不斷學習成長。最後要感恩心靈導師李善單導師（佛教佛乘宗第三代宗師）對我心靈的啓發教導，使我身心安頓，祈願在他的教導下承續緣道菩薩（佛乘宗第二代祖師）的悲願，於娑婆世界共成佛乘世界，敬謹合掌。

南 無 本 師 大 自 在 王 佛

財團法人金屬工業研究發展中心產業升級服務處檢測技術發展組
林渤詠（原名林志勇）謹識

審閱序

現代工業的發展日新月異，無論在材料的開發和製造技術的進步，一日千里，而直接和我們日常生活息息相關的3C電子產業、航太產業、醫療產業、汽機車與鋼鐵重工業等產品更是不斷推陳出新，蓬勃開發，進而整合各種功能，逐漸達到智慧化的新需求。然而追根究柢，所有這些產品的誕生，都是依據特定需求來進行規劃設計，選用適當材料，歷經成形、加工、製造等階段以獲得產品。所得成品於通過品質檢驗後，藉由銷售管道，分發到消費者手上使用。

通常工業製品在使用過程中，難免會承受機械應力作用，在使用環境中受到溫度、濕度、壓力等的影響或環境中腐蝕性成分之化學作用，而逐漸使其失去功能，終於必須以新材料、新零件或新產品來更換以維持其應有之功能。甚至有時候這些工業製品在操作過程中，可能因為設計不良，材料選用不當，成形、加工、製造等程序的缺失，或品管、品保的不夠周延，導致產品意外過早斷裂、腐蝕而失去功能。尤其例如橋梁、工廠設施或地下輸送管線等大型公共工程的破損與失效，常常釀成重大災害，導致生命財產的嚴重損失，和社會大眾的不安。

本書作者林渤詠曾於攻讀國立中央大學機械系碩士期間（1993.9～1995.6）與我結緣，畢業後即從事「材料破損分析」的第一線工作，20年來他在工作崗位上，鍥而不捨地專注於材料破損分析工作，接觸許多材料破損案件，累積相當多之分析經驗，有時他會與我分享一些經驗，從他的工作案例分享，我覺得值得公開給社會大眾參考，於是鼓勵他將材料破損之案例分析整理出版，希望藉由實務分析之說明，幫助工程師和社會民眾能了解材料破損的重要性、材料破損的原因及其破損之可能機理，一方面可以幫助設計、製造工程師在工程設計或材料選用時，能夠建立材料力學與防蝕等正確觀念，防患工程材料之過早或意外破損而釀成災禍，以免造成操作人員傷亡、財產損失，以及社會安全的威脅。另一方面，本書也可以提供安全檢查人員作為安檢之參考，希望能盡早發現材料破損跡象，及時進行安全措施，以避免相同或類似的材料破損原因再發生斷裂而造成災害。

本項材料破損分析技術可應用於許多產業，以增進工業製品之品質提升，促進工安之維護。期待本書之出版，將有助於我國工業之發展以及工業安全之增進，於此國家經濟低迷、工業安全令人憂心之際，貢獻一份心力。

國立中央大學材料科學與工程研究所／機械工程系　特聘教授

林景崎 於2015年歲末

目　錄

第一章 恆力破壞

1.1 筆記型電腦固定架延性破壞

1.2 塑膠成形機螺桿斷裂分析

1.3 蒸汽管管帽破損分析

1.4 直升機吊眼螺絲斷裂分析

1.5 T形螺絲破損分析

1.6 汽車右後避震器斷裂破損分析

恆力破壞是指材料所受應力型式固定的破壞，主要呈現兩種類型：延性破壞與脆性破壞。實際分析案例如下：

1.1 筆記型電腦固定架延性破壞

一、背景

筆記型電腦固定架（圖 1-1）製造流程為毛胚成形→熱處理→電鍍，成品經廠內測試後，固定架在彎曲處產生斷裂，遂進行毛胚成形、熱處理後與電鍍後各階段製程之樣品分析與探討。

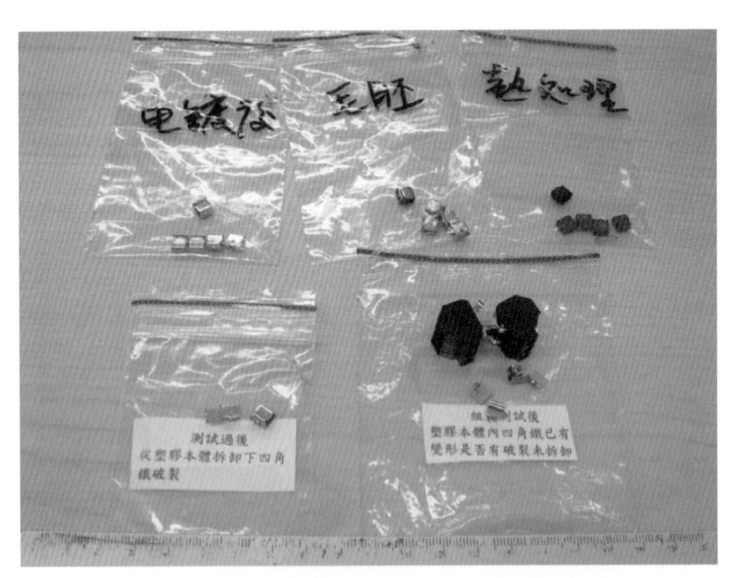

圖 1-1　筆記型電腦固定架各階段製程之外觀

二、檢驗項目

筆記型電腦固定架檢驗項目有以下五項：

1. 外觀檢視：首先對固定架進行外觀檢視，並使用自動鑲埋機鑲埋後，於自動研磨機研磨與拋光後，使用立體（實體）顯微鏡觀察照相記錄。

2. 化學成分分析：使用感應耦合電漿分析儀（ICP）分析固定架之化學成分。

3. 硬度試驗：將固定架使用自動鑲埋機鑲埋後，於自動研磨機研磨拋光後，使用微小硬度機（Micro Vickers Tester）進行硬度測試。

4. 金相試驗：將鑲埋試片拋光後，依據 ASTM E407 規範中之 No.74（Nital）腐蝕液腐蝕後，使用光學顯微鏡（OM）觀察腐蝕後之金相組織。

5. 掃描式電子顯微鏡（SEM）及能量散佈光譜分析儀（EDS）微區成分分析：使用掃描式電子顯微鏡（SEM）觀察固定架斷裂面表面破損之形貌，並使用能量散佈光譜分析儀（EDS）分析斷裂面表面之成分。

三、試驗結果

1. 外觀檢視

觀察固定架測試後破斷面（圖 1-2 與圖 1-3），顯示斷裂面呈現快速破壞形貌。

將固定架（毛胚、熱處理與電鍍後）進行鑲埋、研磨與拋光後進行觀察，圖 1-4 至圖 1-6 顯示固定架樣品分別為毛胚、熱處理與電鍍後之剖面，由圖顯示三個固定架樣品在成形後，內部三個彎曲處皆接近直角。

圖 1-2　測試後斷裂品

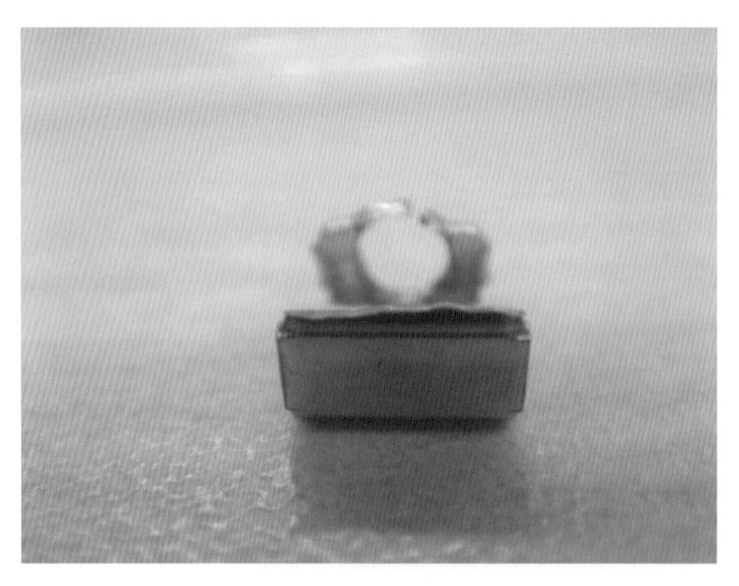

圖 1-3　測試後斷裂品

圖 1-4　樣品毛胚之剖面

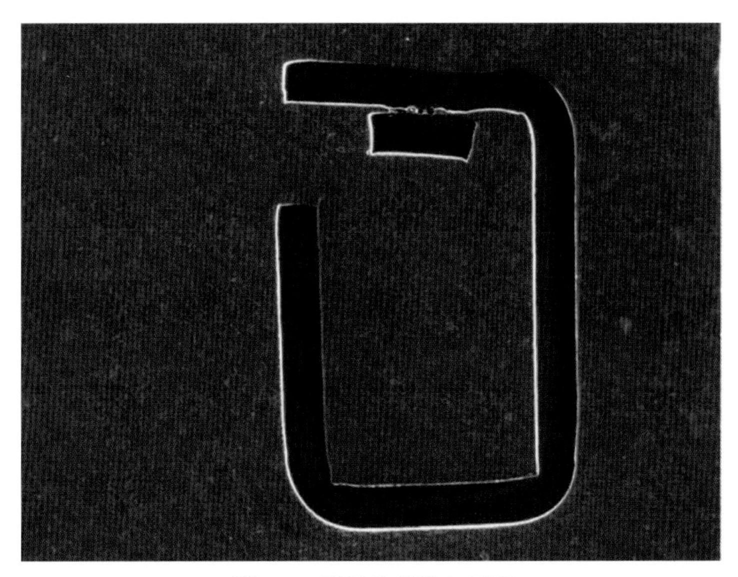

圖 1-5　樣品熱處理之剖面

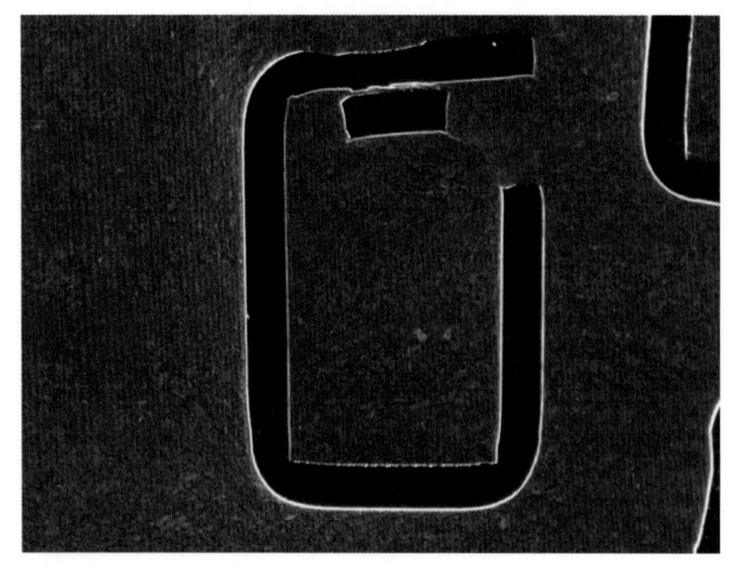

圖 1-6　樣品電鍍後之剖面

2. 化學成分分析

使用感應偶合電漿分析儀（ICP）進行化學成分分析，其結果如表 1-1 所示。由表 1-1 可知固定架材質屬於低碳鋼質。

表 1-1　電漿分析儀化學成分分析結果

樣品	C	Si	Mn	P	S
固定架	0.09	0.21	0.35	0.018	0.005

3. 硬度試驗

使用微小硬度機進行硬度測試，其結果如表 1-2 所示。由表 1-2 可知固定架樣品電鍍後之硬度最高，其次為熱處理，最低為毛胚。

表 1-2　微小硬度機硬度測試結果

樣品	量測值（HV0.3）	平均值（HV0.3）
毛胚	171　171　168　176　175	172
熱處理	397　392　400　401　403	399
電鍍後	447　451　448　452　452	450

4. 金相試驗

將試片切割、研磨、與拋光，進行觀察，由圖 1-7 至 1-9 顯示固定架樣品（毛胚、熱處理與電鍍後）彎曲成形處，內部皆呈現約直角之外觀。

將試片浸蝕後，進行金相組織觀察，圖 1-10 與圖 1-11 顯示固定架樣品毛胚為肥粒鐵基地之球化組織；圖 1-12 與圖 1-13 顯示樣品熱處理後之金相組織為麻田散鐵組織；而樣品電鍍後之金相組織亦為麻田散鐵組織（見圖 1-14 與圖 1-15）。

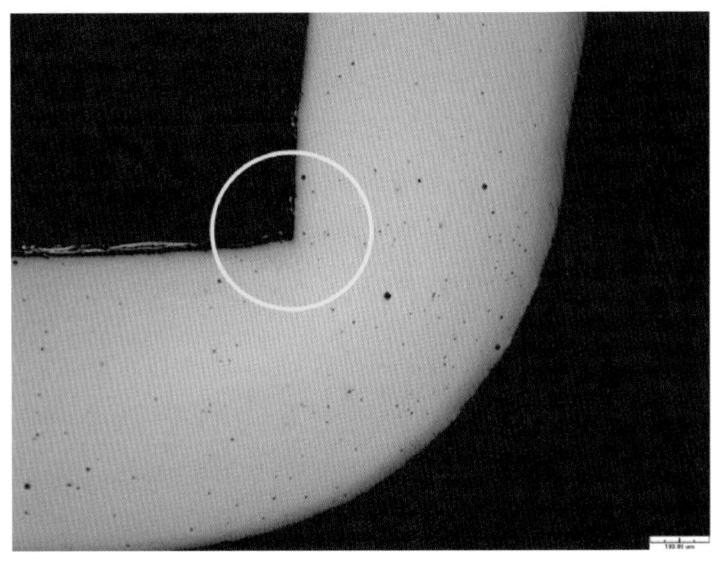

圖 1-7　樣品毛胚彎曲成形處內部（圓圈處）呈現直角形貌（倍率 100X）

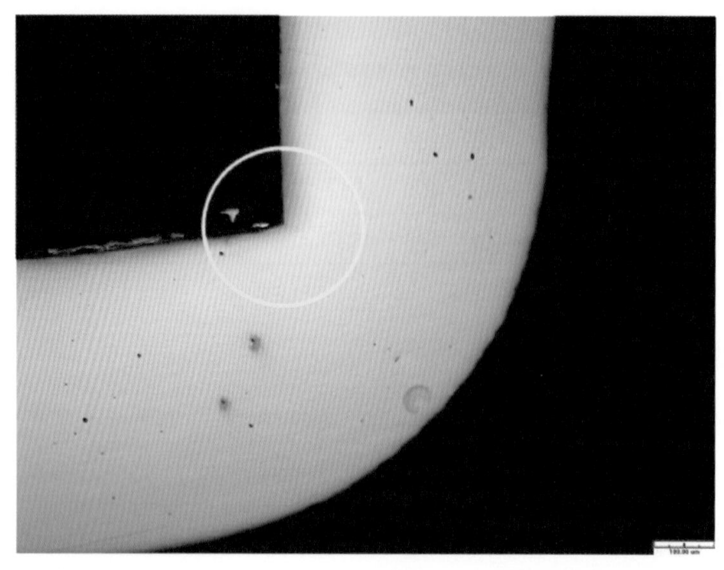

圖 1-8　樣品熱處理彎曲成形處內部（圓圈處）呈現直角形貌（倍率 100X）

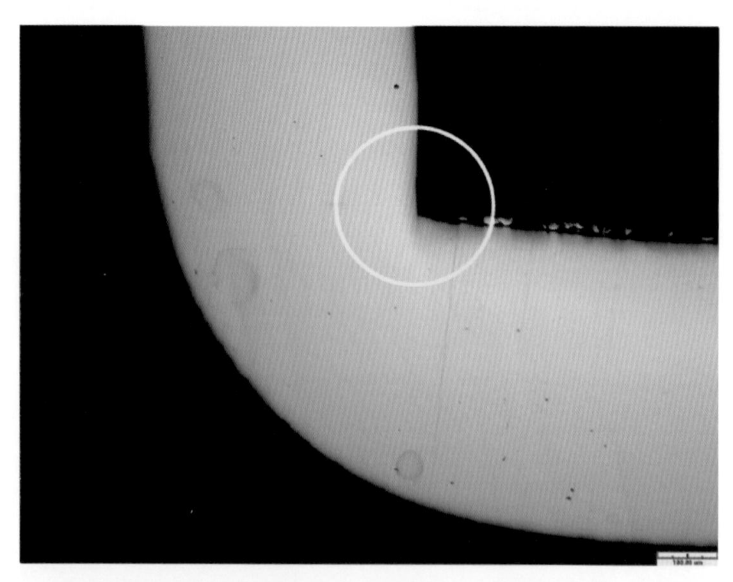

圖 1-9　樣品電鍍後彎曲成形處內部（圓圈處）呈現直角形貌（倍率 100X）

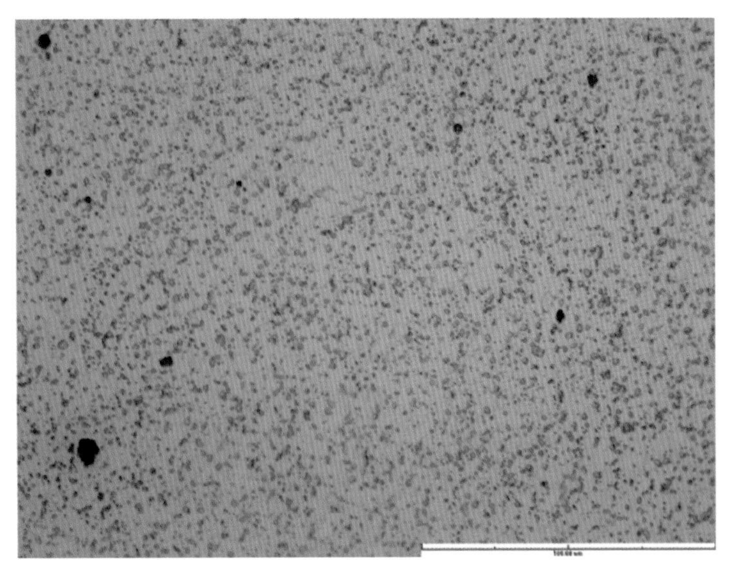

圖 1-10　樣品毛胚之心部組織（倍率 500X）

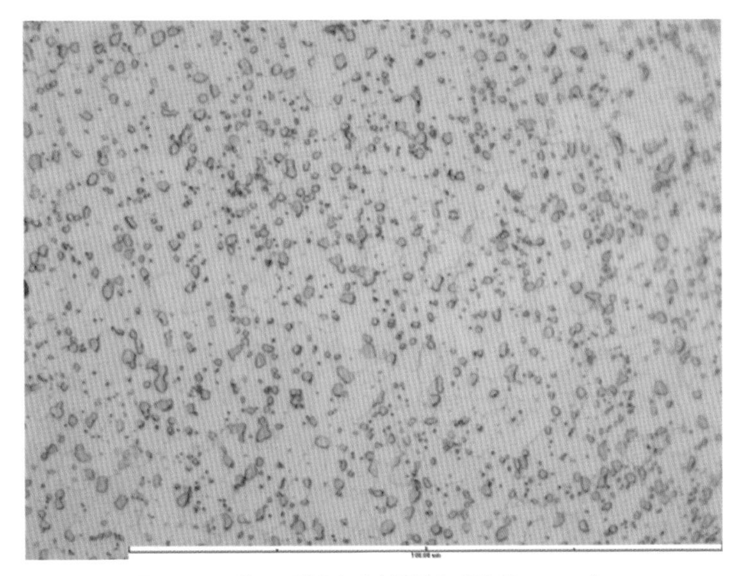

圖 1-11　樣品毛胚之心部組織（倍率 1000X）

圖 1-12　樣品熱處理後之心部組織（倍率 500X）

圖 1-13　樣品熱處理後之心部組織（倍率 1000X）

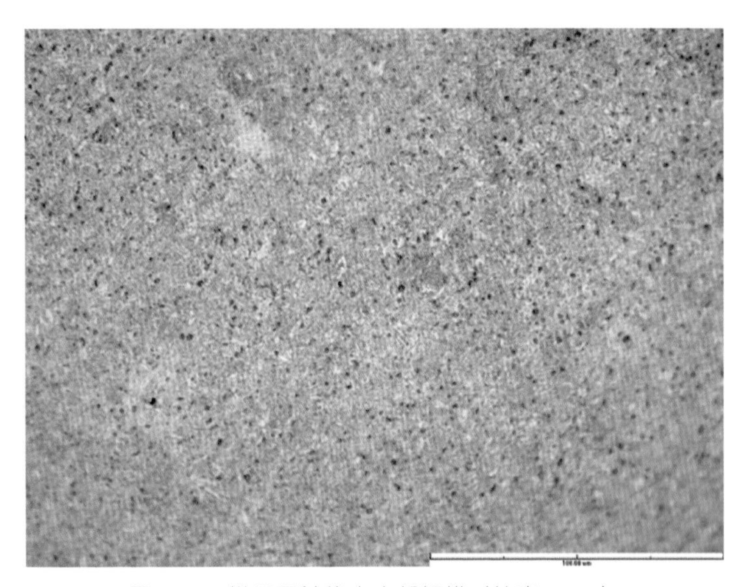

圖 1-14　樣品電鍍後之心部組織（倍率 500X）

圖 1-15　樣品電鍍後之心部組織（倍率 1000X）

5. **掃描式電子顯微鏡（SEM）及能量散佈光譜分析儀（EDS）微區成分分析**

使用 SEM 觀察固定架裂痕表面（圖 1-16），顯示裂痕附近表面鍍層有很多微小裂紋產生，而裂痕呈現撕裂之酒窩狀（Dimple）破壞形貌（圖 1-17 至圖 1-20），此破裂形貌屬於延性破壞型態。使用 EDS 分析裂痕與表面鍍層之成分，顯示表面鍍層為鍍鋅層（圖 1-21）。

圖 1-16　固定架斷裂面與鍍層表面裂痕表面

圖 1-17　斷裂面呈現酒窩狀破壞形貌

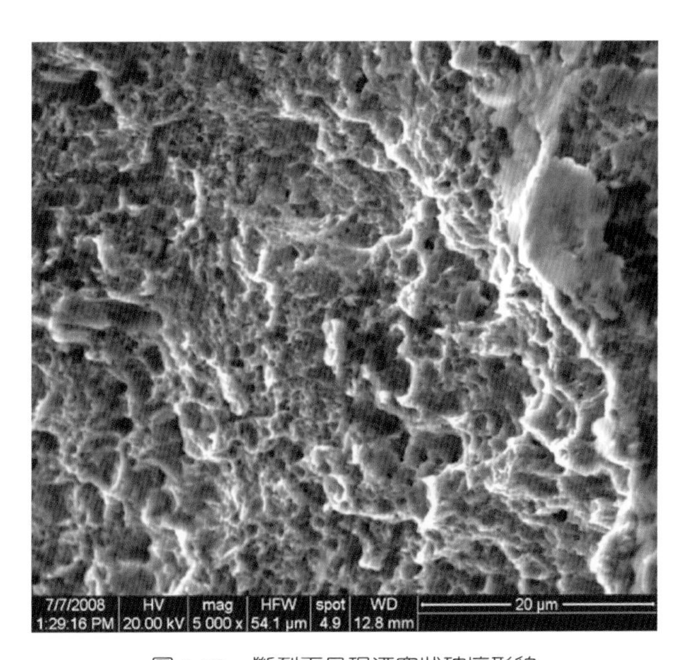

圖 1-18　斷裂面呈現酒窩狀破壞形貌

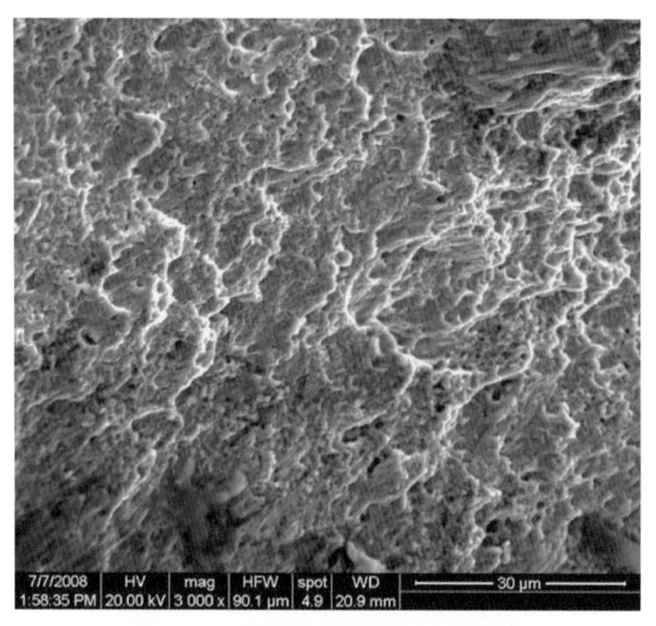

圖 1-19　斷裂面呈現酒窩狀破壞形貌

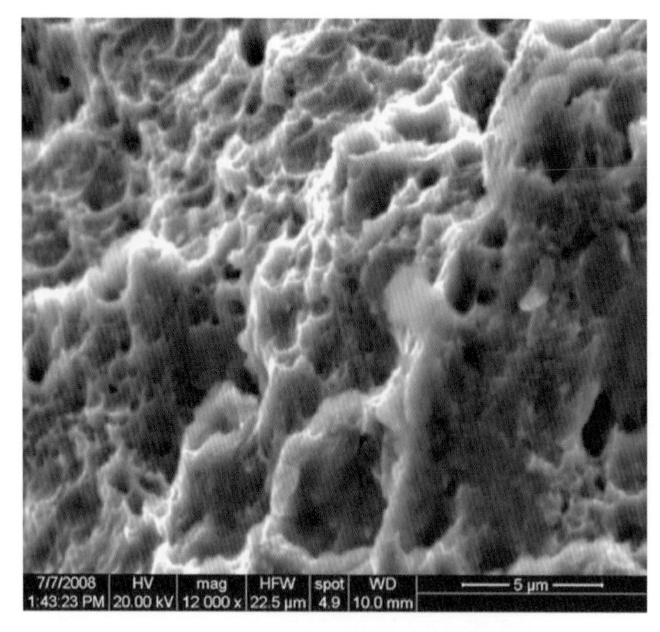

圖 1-20　斷裂面呈現酒窩狀破壞形貌

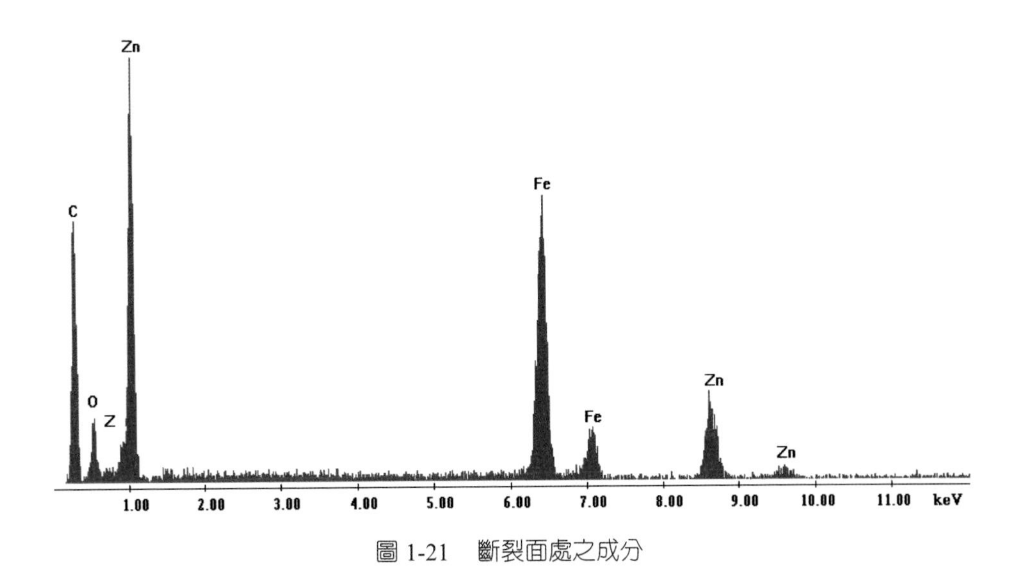

圖 1-21　斷裂面處之成分

四、結果與分析

電腦固定架零件之樣品經上述檢驗結果可得以下結論：

1. 由固定架外觀觀察，顯示固定架之破壞屬於受力後強制破壞之破壞形貌。

2. 固定架材質屬於低碳鋼材質；固定架硬度以電鍍後最高，熱處理其次，毛胚最低。

3. 固定架毛胚金相組織為肥體鐵基地織球化組織，熱處理與電鍍後為麻田散鐵組織。

4. SEM 觀察固定架破斷面顯示為撕裂之酒窩狀（Dimple）破壞形貌為主，斷裂面近表面鍍層有微小裂紋產生，表面鍍層為鍍鋅層。

5. 經上述試驗可知，此固定架成形後，在彎曲處呈現將近九十度之角度，由於此位置為應力集中點（會造成外加負荷集中於此處），易產生樣品材料強度無法承受，造成樣品破壞之情形。

6. 建議固定架成形時，需注意固定架厚度之均勻性（避免應力集中現象），以及考慮熱處理後之硬度（是否太高），方可避免樣品斷裂產生。

1.2 塑膠成形機螺桿斷裂分析

一、背景

塑膠成形機螺桿（圖 1-22）經使用半年後發生斷裂之螺桿，此螺桿表面有經硬鉻處理，遂進行斷裂原因探討。

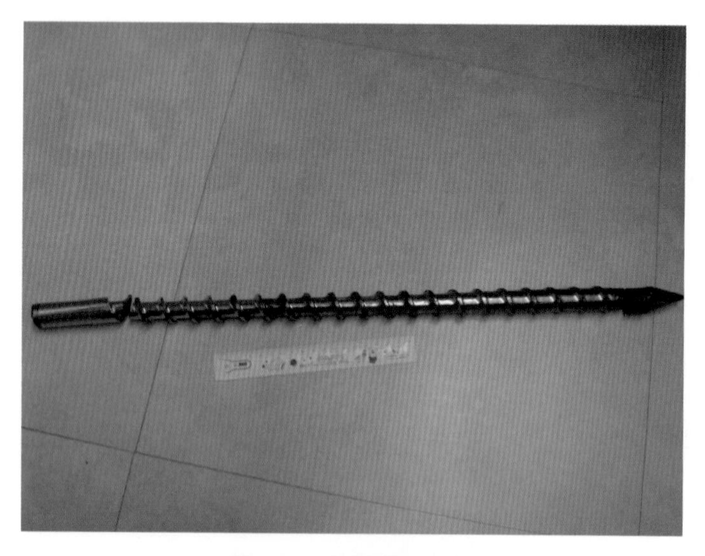

圖 1-22 斷裂螺桿全圖

二、檢驗項目

塑膠成形機螺桿檢驗項目有以下五項：

1. 外觀檢視：首先對螺桿進行外觀檢視，使用照相機與立體（實體）顯微鏡觀察照相記錄。

2. 化學成分分析：使用分光分析儀分析螺桿之化學成分。

3. 硬度試驗：將螺桿取樣後，使用自動鑲埋機鑲埋後，於自動研磨機研磨拋光後，使用微小硬度機進行硬度測試。

4. 金相試驗：將鑲埋試片拋光後，依據 ASTM E407 規範中之 No.74（Nital）腐蝕液腐蝕後，使用光學顯微鏡（OM）觀察腐蝕後之金相組織。

5. 掃描式電子顯微鏡（SEM）及能量散佈光譜分析儀（EDS）微區成分分析：使用掃描式電子顯微鏡（SEM）觀察螺桿斷裂面表面破損之形貌，並使用能量散佈光譜分析儀（EDS）分析斷裂面表面之成分。

三、試驗結果

1. 外觀檢視

觀察螺桿破斷表面，由圖 1-23 至圖 1-26 顯示螺桿破斷表面屬於快速破壞之型態，且在破裂起始點處有藍色物質存在（圖 1-23 與圖 1-24）。

圖 1-23　螺桿破斷面

圖 1-24　螺桿破斷面

圖 1-25　螺桿破斷面

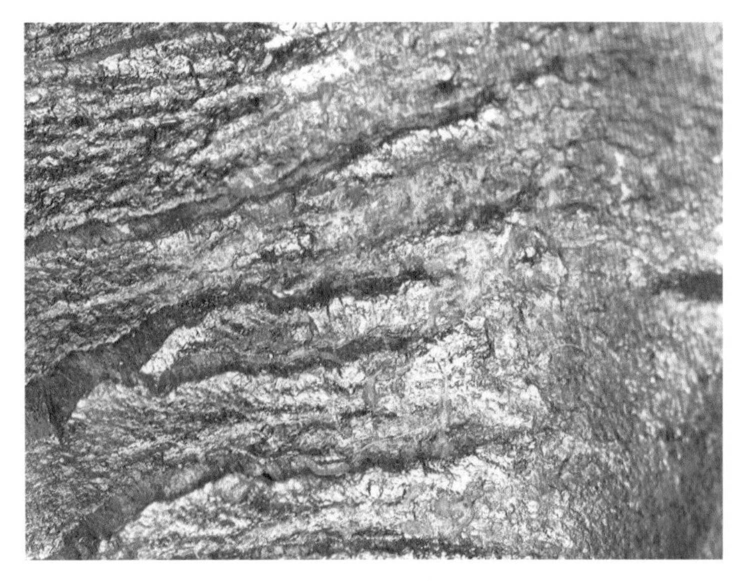

圖 1-26　螺桿破斷面

2. 化學成分

使用分光分析儀進行螺桿成分分析，其結果如表 1-3 所示。由表 1-3 可知螺桿符合 JIS G4053 SM440 材質規範規定。

表 1-3　分光分析儀螺桿成分分析結果

樣品	C	Si	Mn	P	S	Cr	Mo
螺桿	0.41	0.18	0.85	0.010	0.029	1.10	0.21
SCM 440	0.38～0.43	0.15～0.35	0.6～0.85	≤ 0.03	≤ 0.03	0.9～1.2	0.15～0.35

3. 硬度

取螺桿斷裂處附近處與正常位置進行硬度測試。其結果如表 1-4 所示。由表 1-4 可知，螺桿心部硬度相差不大，而斷裂處表面鍍層硬度遠比正常處之表面鍍層高約 200 HV 左右。

表 1-4　螺桿斷裂處附近處與正常位置硬度測試結果

位置	測試值（HV0.3）					平均值（HV0.3）
正常位置心部	261	271	261	264	270	265
正常位置表面鍍層	689	711	703	711	710	705
斷裂處附近心部	250	261	260	264	258	259
斷裂處附近表面鍍層	923	922	899	904	865	903

4. 金相組織

取螺桿斷裂處附近處與正常位置進行金相組織分析，斷裂處之表面鍍鉻層（約 46.7 μm）有裂縫產生（圖 1-27），心部組織為波來鐵與肥粒鐵組織（圖 1-28 與圖 1-29）；正常處之表面鍍鉻層有裂縫產生（圖 1-30），心部組織為波來鐵與肥粒鐵組織（圖 1-31 與圖 1-32）。

圖 1-27　斷裂處附近表面鍍層有裂縫產生（倍率 200X）

圖 1-28　斷裂處心部組織為波來鐵與肥粒鐵組織（倍率 500X）

圖 1-29　斷裂處心部組織為波來鐵與肥粒鐵組織（倍率 1000X）

圖 1-30　正常處附近表面鍍層有裂縫產生（倍率 200X）

圖 1-31　正常處心部組織為波來鐵與肥粒鐵組織（倍率 500X）

圖 1-32　正常處心部組織為波來鐵與肥粒鐵組織（倍率 1000X）

5. SEM 觀察與 EDS 分析

使用 SEM 觀察螺桿破斷表面，破裂起始點附近（圖 1-33）有外來物質，其外來物質之成分以有機物質為主（圖 1-34），且破裂起始點附近之鍍層有裂紋產生（圖 1-35 與圖 1-36），破斷面裂縫成長屬於快速破裂之撕裂狀破壞形貌（圖 1-37），破斷表面無外來元素（圖 1-38）。

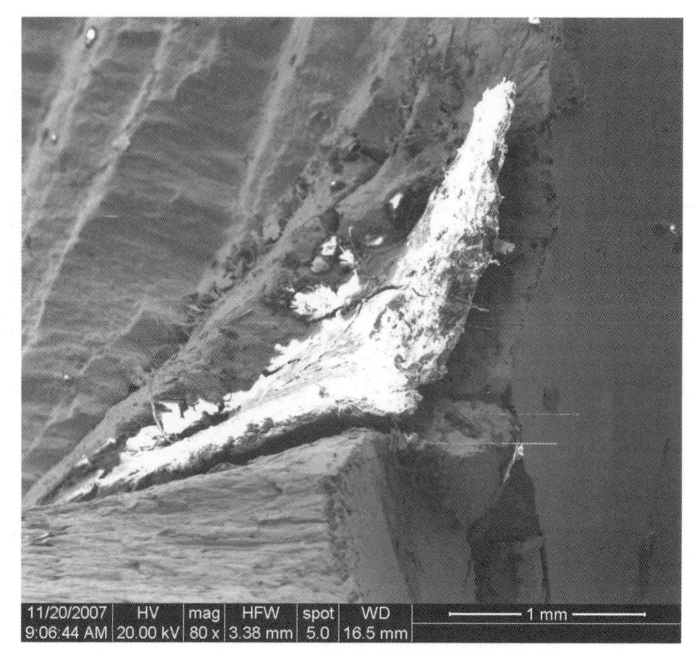

圖 1-33　螺桿破裂起始位置

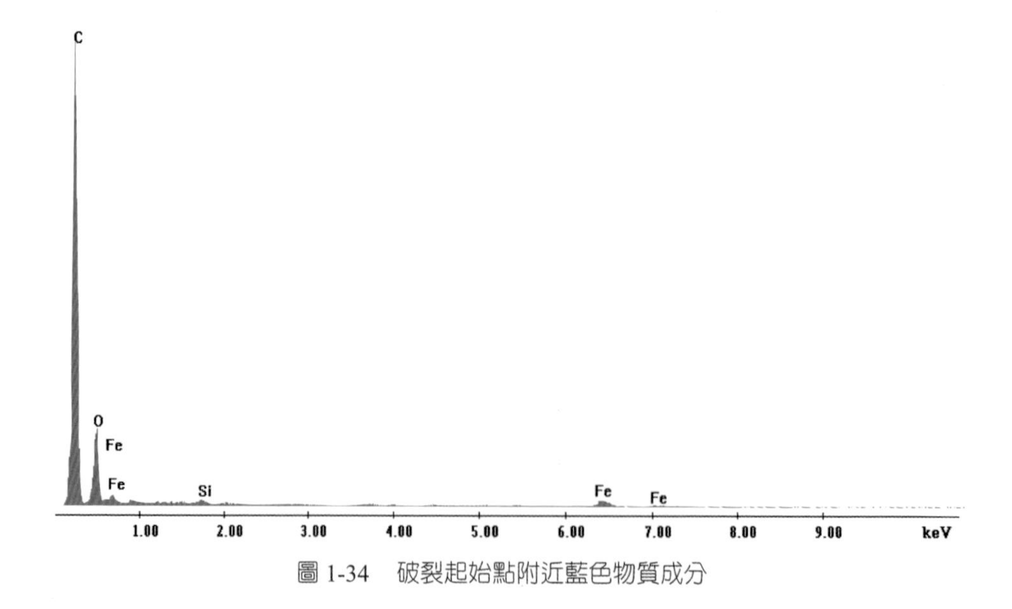

圖 1-34　破裂起始點附近藍色物質成分

圖 1-35　破裂起始點附近鍍層有裂紋產生

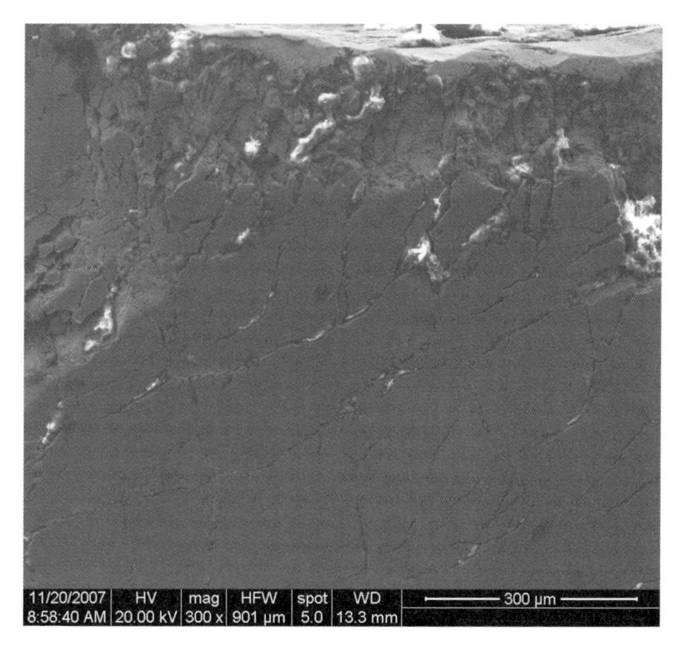

圖 1-36　破裂起始點附近鍍層有裂紋產生

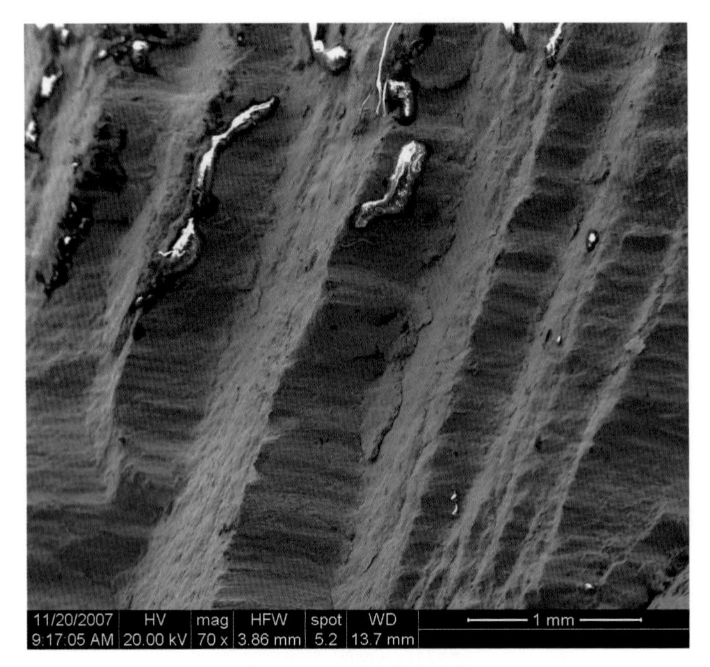

圖 1-37　裂縫成長形貌

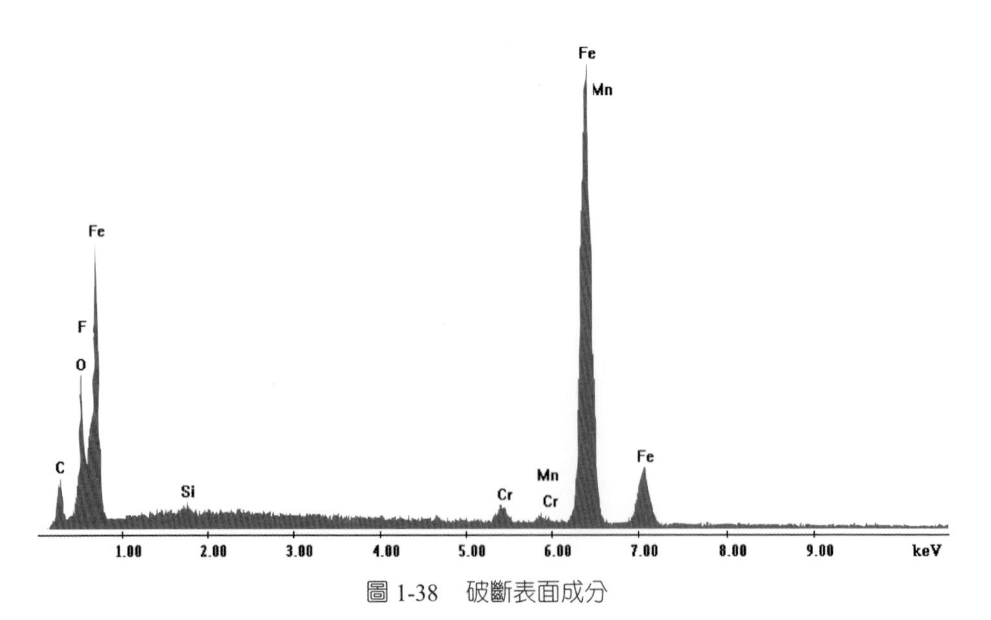

圖 1-38　破斷表面成分

四、結果與分析

塑膠成型機螺桿經檢驗結果可得以下結論：

1. 觀察螺桿破斷表面，顯示破斷表面為快速破裂之破壞形貌，且破裂起始點位置有外來藍色物質附著在上面，有可能螺桿一開始產生裂縫時，藍色物質（此藍色物質經 EDS 分析為有機物為主）就從裂縫處滲入。

2. 螺桿成分符合 JIS G4053 SCM 440 規範規定。

3. 螺桿斷裂處附近與正常位置之心部硬度相差不大，但表面鍍層硬度相差 200 HV 左右，顯示斷裂處附近之鍍層硬度比正常位置高出很多。

4. 螺桿斷裂處附近與正常位置之心部組織相差不大。斷裂處附近與正常位置之表面鍍層皆有微小裂縫產生。

5. 使用 SEM 觀察破斷表面，顯示破斷表面屬於快速破裂之破壞型態，而破斷表面並無明顯外來元素。

6. 綜合上述試驗，此螺桿破裂起始點表面鍍鉻層所生成之微小裂縫，加上螺桿使用時產生外來負載（力量），使裂縫快速開始往螺桿心部成長，進行造成螺桿快速斷裂。

1.3 蒸汽管管帽破損分析

一、背景

石化工廠之蒸汽管線管帽（圖 1-39）突然發生斷裂，此管帽約使用 2 年左右，使用溫度約 185℃，使用壓力 10 kg/cm^2，斷裂位置位於銲道處，而銲道施工以 TIG（TG50）打底 +MIG（GMX-71）施作，遂進行管帽斷裂原因探討。

圖 1-39　蒸汽管管帽外觀

二、檢驗項目

蒸汽管線管帽檢驗項目有以下五項：

1. 外觀檢視：首先對管帽進行外觀檢視，使用照相機觀察照相記錄。

2. 化學成分分析：使用分光分析儀與能量散佈光譜分析儀（EDS）分析管帽與銲道之化學成分。

3. 金相試驗：將鑲埋試片拋光後，依據 ASTM E407 規範中之 No.74（Nital）腐蝕液腐蝕後，使用立體（實體）顯微鏡與光學顯微鏡（OM）觀察腐蝕後之金相組織。

4. 硬度試驗：將管帽取樣後，使用自動鑲埋機鑲埋後，於自動研磨機研磨拋光後，使用微小硬度機進行硬度測試。

5. 掃描式電子顯微鏡（SEM）及能量散佈光譜分析儀（EDS）微

區成分分析：使用掃描式電子顯微鏡（SEM）觀察管帽斷裂面表面破損之形貌，並使用能量散佈光譜分析儀（EDS）分析斷裂面表面之成分。

三、試驗結果

1. 外觀檢視

觀察管帽之破斷面，顯示破裂位置位於銲道處之附近，圖 1-40 與圖 1-41 管帽外面與管內之銲道破裂形貌，顯示銲道破裂面屬於快速破裂型態；由圖 1-42 至 1-45 顯示裂縫起始點位置位於管帽管內銲道處且往管外生長；圖 1-42 與 1-43 紅色圓圈處顯示銲道有滲透不足（Incomplete Penetration，IP）之銲接瑕疵，最後產生管帽斷裂。

圖 1-40　蒸汽管管帽管外銲道破裂處外觀

圖 1-41　蒸汽管管帽管內銲道破裂處外觀

圖 1-42　管帽銲道有 IP 瑕疵（紅色圓圈處）

圖 1-43　管帽銲道有 IP 瑕疵（紅色圓圈處）

圖 1-44　管帽銲道破裂處形貌

圖 1-45　管帽銲道破裂處形貌

2. 化學成分

蒸汽管管帽之化學成分測試位置如圖 1-46 所示。圖 1-46 位置 1 管帽母材之成分，由表 1-5 可知此蒸汽管管帽成分屬於 JIS G3454 STPG 370 之材質。圖 1-46 位置 2 與位置 3 為銲道材料之成分，圖 1-46 位置 4 可能為另一端母材之成分，其結果如表 1-6 所示，表 1-6 可知圖 1-46 位置 2 符合 GMX-71 銲材之成分，位置 3 符合 TGA-50 銲材之成分。圖 1-46 位置 4 之成分可能為低合金鋼（經 QA XRF 實際測試後，推測為 STPA 24 材質）。

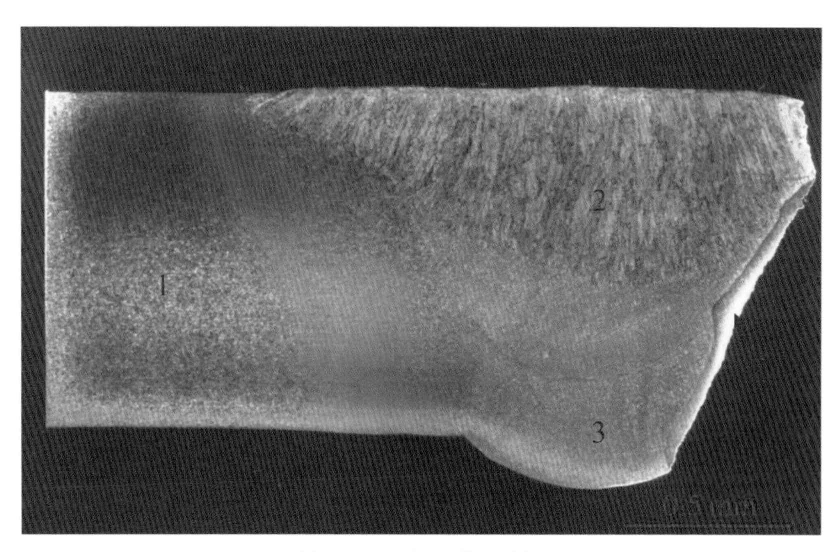

圖 1-46　成分測試位置

表 1-5　管帽母材成分分析結果

樣品	C	Si	Mn	P	S
管帽母材（位置 1）	0.22	0.19	0.55	0.016	0.006
JIS G3454 STPG 370	≤ 0.25	≤ 0.35	0.3～0.9	≤ 0.040	≤ 0.040

表 1-6　銲材及母材不同位置成分分析結果

樣品	C	Si	Mn	P	S	Cr	Cu	Mo
銲材位置 2	-	0.59	1.45	-	-	-	-	-
銲材位置 3	-	0.73	1.31	-	-	0.44	-	-
母材位置 4	-	0.37	0.8	0.016	-	2.37	-	-
GMX71（TWE-711）	≤ 0.20	≤ 0.90	≤ 2.0	≤ 0.030	≤ 0.040	≤ 0.5	-	-
TGA-50	≤ 0.15	≤ 1.0	≤ 1.9	≤ 0.03	≤ 0.03	-	≤ 0.5	-
STPA 24	≤ 0.15	≤ 0.5	0.3～0.6	≤ 0.03	≤ 0.03	1.9～2.6	≤ 0.5	0.87～1.13

3. 金相試驗

取銲道處剖面進行金相組織試驗，其測試位置如圖 1-47 所示。

圖 1-47 位置 1 為管帽母材之金相組織，其組織為肥粒鐵與波來鐵組織（圖 1-48 至圖 1-50）。

圖 1-47 位置 2 為銲道熱影響區之金相組織，圖 1-51 至圖 1-54 為銲道熱影響區之影像，熱影區包含細晶區與粗晶區之組織，並沒有明顯之氣孔或裂縫產生。

圖 1-47 位置 3 是以 GMX-71 銲材為主之銲道組織，銲道呈現銲接狀組織（圖 1-55 與圖 1-56）。

圖 1-47 位置 4 為另一端銲道與母材之交接處，銲道端由圖 1-57 至圖 1-60 顯示銲道組織；母材端由圖 1-61 至圖 1-64 為破裂面起始位置至最後破壞之型態，破裂起始點之破裂形貌為穿晶破裂（圖 1-61），破裂面成長為沿晶破壞（圖 1-62 與圖 1-63），最後破裂區為穿晶破壞（圖 1-64）。

圖 1-47 位置 5 是以 TG50 銲材為主之銲道組織，銲道呈現銲接狀組織（圖 1-65 與圖 1-66）。

取圖 1-42 銲道 IP 瑕疵處剖面進行金相組織試驗，其金相組織如圖 1-67 所示，可知銲道有非常明顯滲透不足之銲接瑕疵（IP），且 TIG 銲接與母材處有裂縫生成。

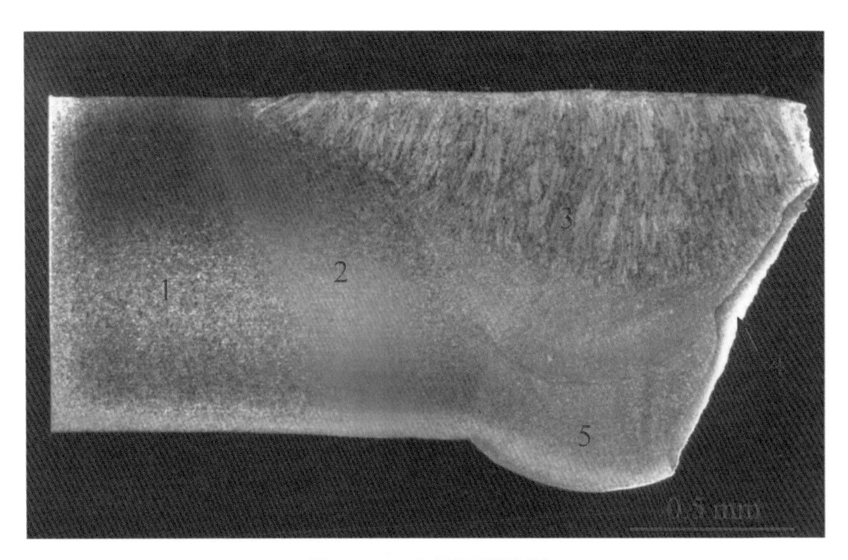

圖 1-47　金相測試位置

圖 1-48　圖 1-47 位置 1 管帽母材組織（倍率 50X）

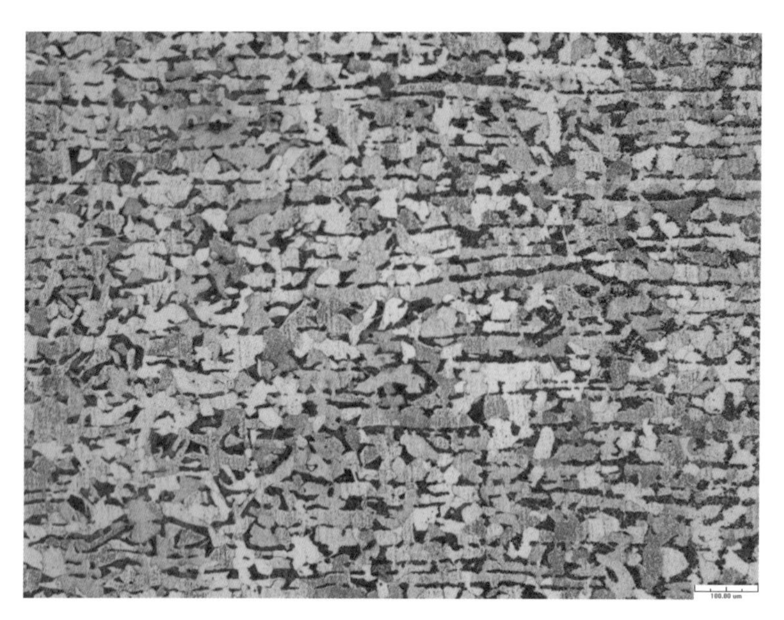

圖 1-49　圖 1-47 位置 1 管帽母材組織（倍率 100X）

圖 1-50　圖 1-47 位置 1 管帽母材組織（倍率 200X）

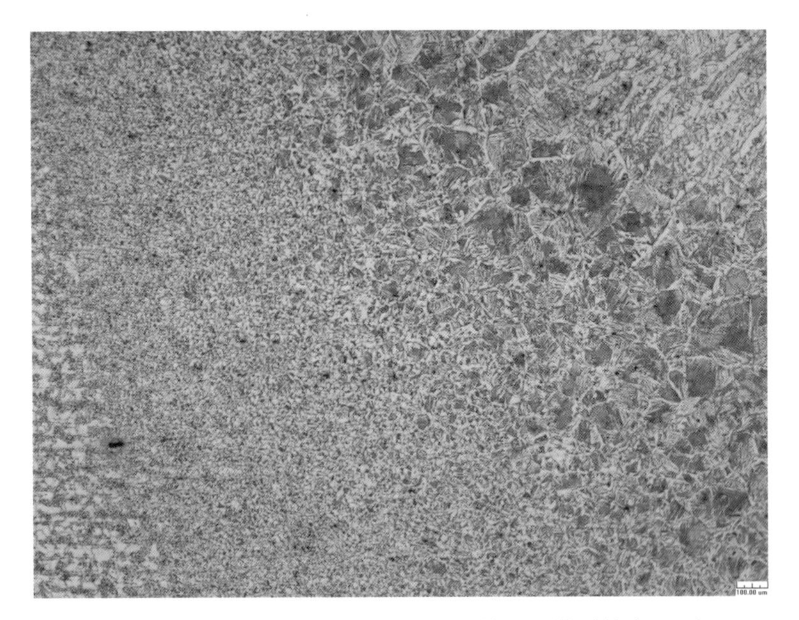

圖 1-51　圖 1-47 位置 2 管帽銲道熱影響區組織（倍率 50X）

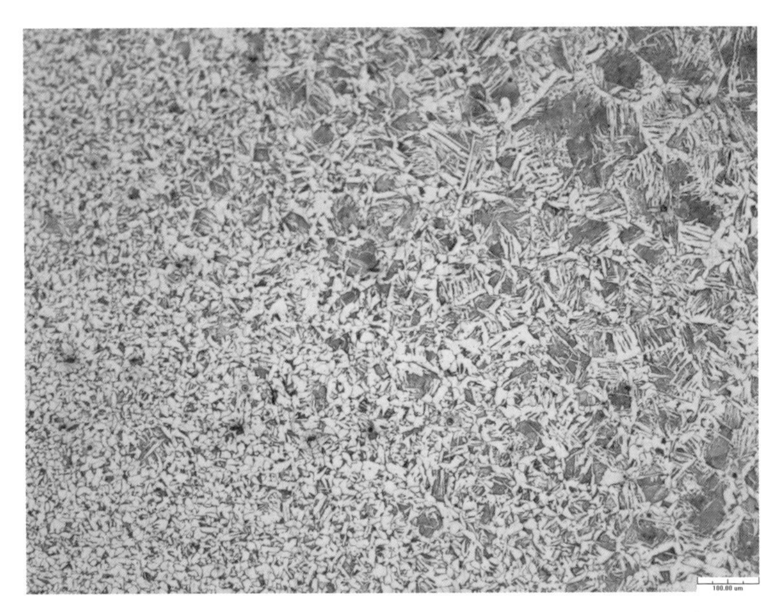

圖 1-52　圖 1-47 位置 2 管帽銲道熱影響區組織（倍率 100X）

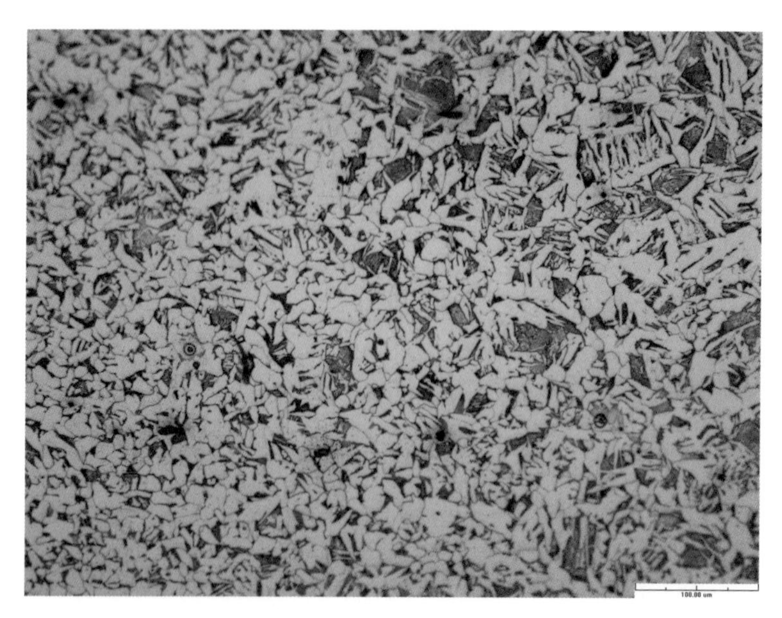

圖 1-53　圖 1-47 位置 2 管帽銲道熱影響區組織（倍率 200X）

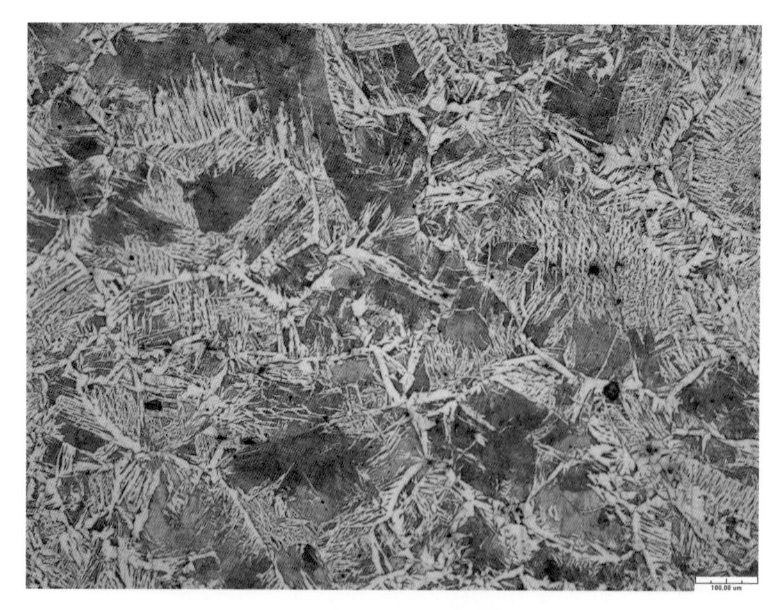

圖 1-54　圖 1-47 位置 2 管帽銲道熱影響區組織（倍率 100X）

圖 1-55　圖 1-47 位置 3 管帽銲道組織（倍率 50X）

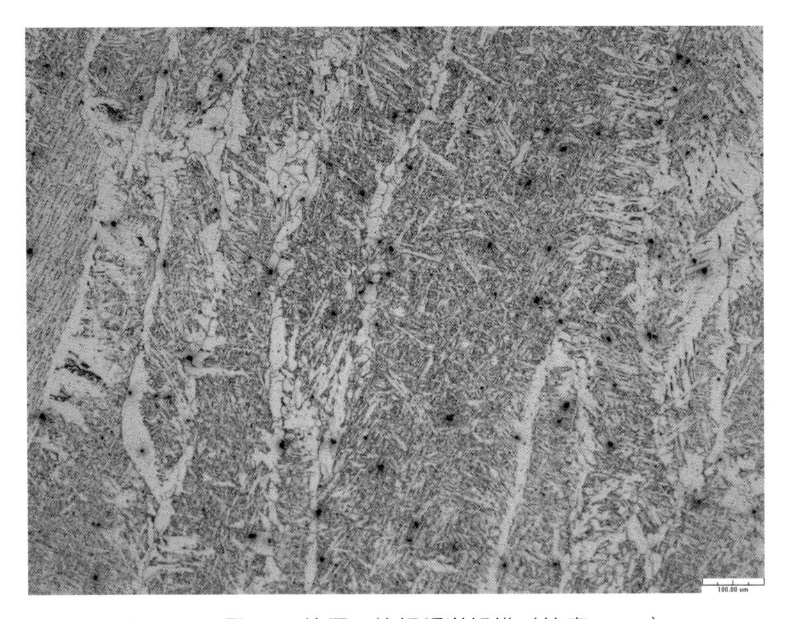

圖 1-56　圖 1-47 位置 3 管帽銲道組織（倍率 100X）

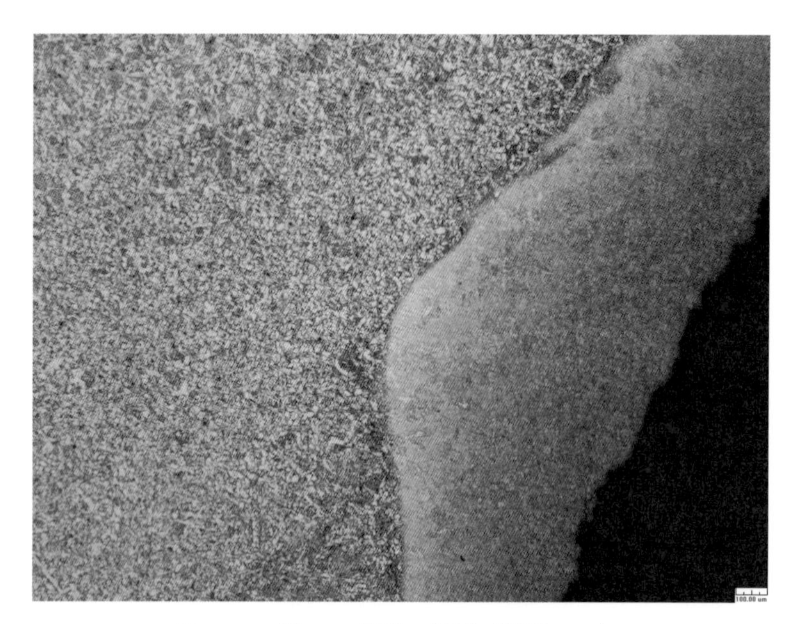

圖 1-57　圖 1-47 位置 4 組織（倍率 50X）

圖 1-58　圖 1-47 位置 4 組織（倍率 100X）

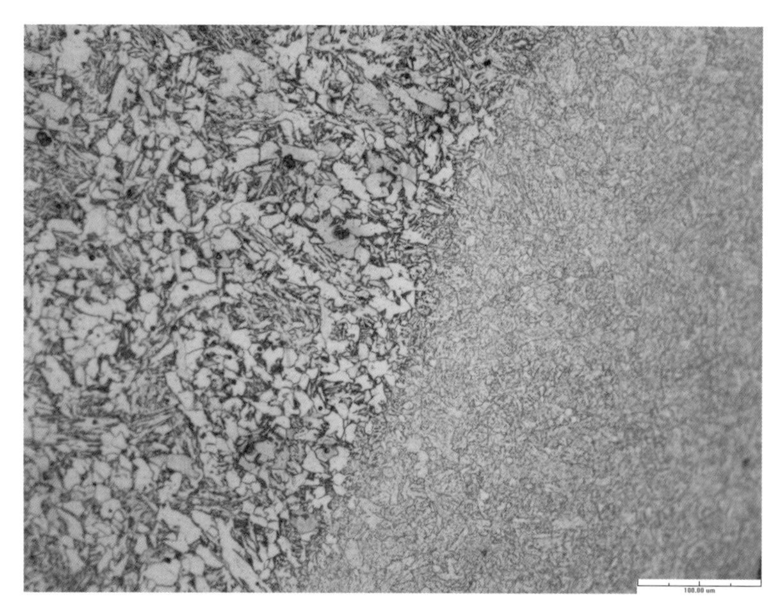

圖 1-59　圖 1-47 位置 4 組織（倍率 200X）

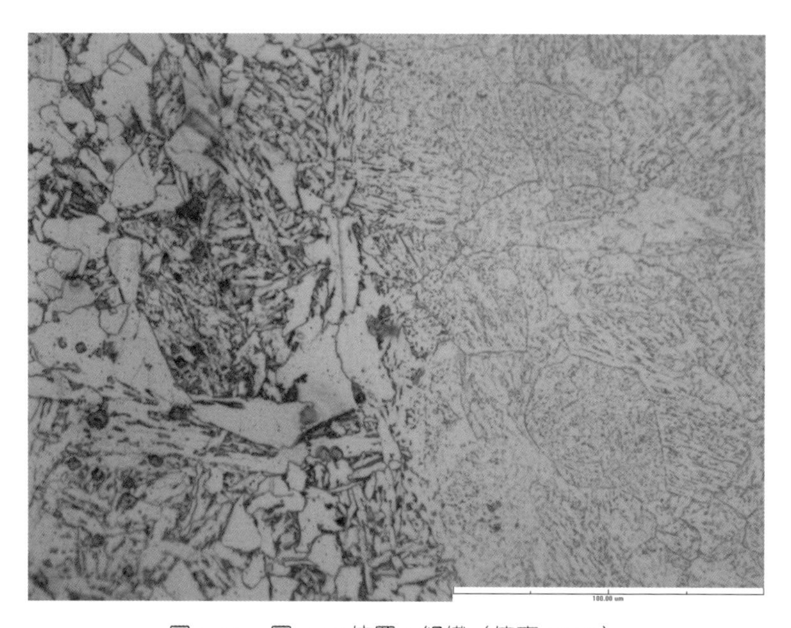

圖 1-60　圖 1-47 位置 4 組織（倍率 500X）

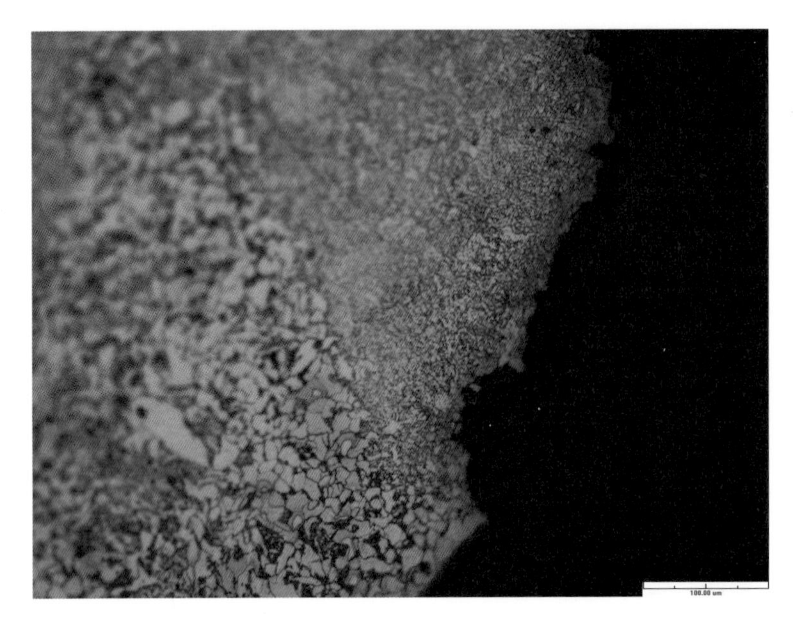

圖 1-61　圖 1-47 位置 4 破裂起始位置（倍率 200X）

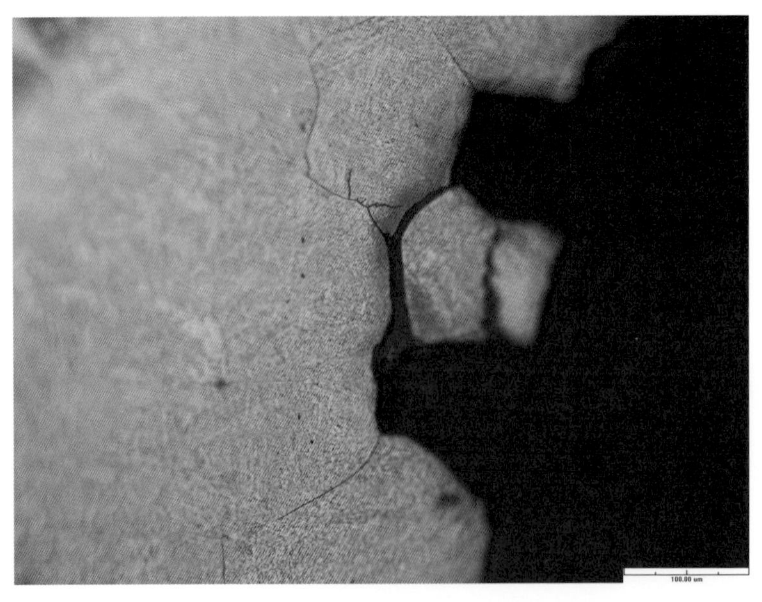

圖 1-62　圖 1-47 位置 4 破裂面（倍率 100X）

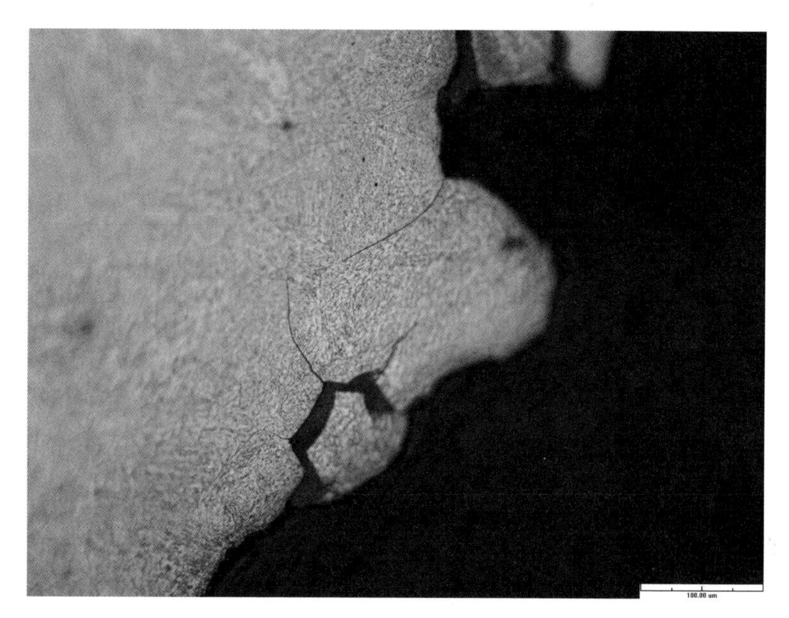

圖 1-63　圖 1-47 位置 4 斷裂面（倍率 200X）

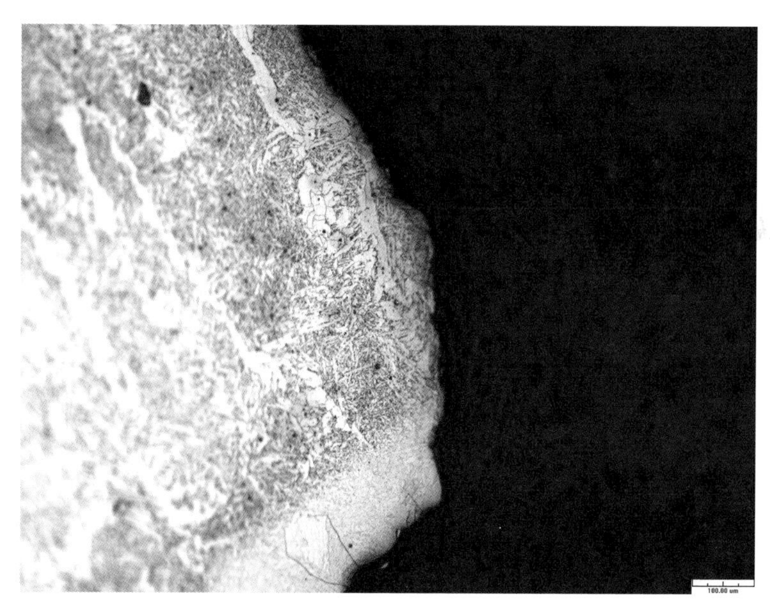

圖 1-64　圖 1-47 位置 4 破裂面最後斷裂區（倍率 100X）

圖 1-65　圖 1-47 位置 5 銲道組織（倍率 100X）

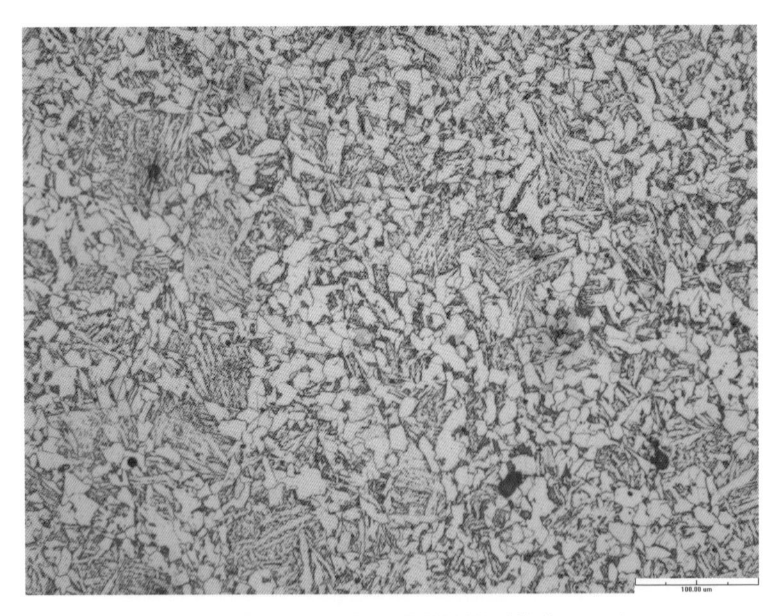

圖 1-66　圖 1-47 位置 5 銲道組織（倍率 200X）

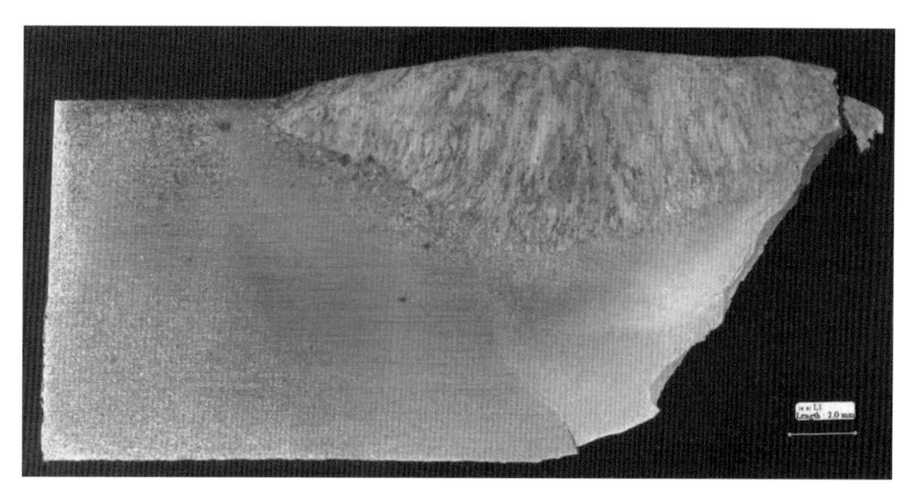

圖 1-67　IP 瑕疵處之金相

4. 硬度

使用微小硬度機，進行銲道、熱影響區與母材之硬度測試，測試位置如圖 1-68 所示，其結果如表 1-7 所示。由表顯示銲道之硬度高於熱影響區，母材硬度最低，但另一邊母材硬度最高。

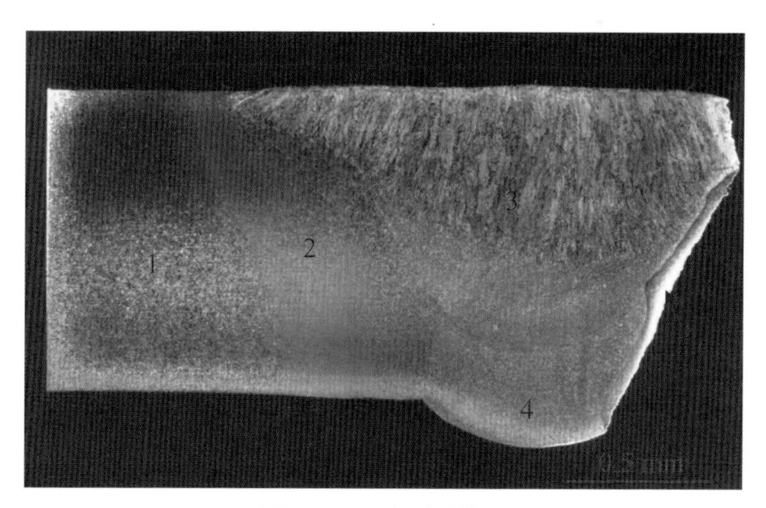

圖 1-68　硬度測試位置

表 1-7　銲道、熱影響區與母材之硬度測試結果

測試位置	測試值（HV0.3）					平均值（HV0.3）
母材（圖 1-68 位置 1）	139	140	145	141	143	142
熱影響區（圖 1-68 位置 2）	158	157	156	156	157	157
銲道（圖 1-68 位置 3）	199	200	196	199	201	199
銲道（圖 1-68 位置 4）	203	205	208	195	201	202
母材（圖 1-68 位置 5）	357	360	352	349	355	355

5. 掃描式電子顯微鏡（SEM）及能量散佈光譜分析儀（EDS）微區成分分析

使用 SEM 觀察破裂面之形貌與使用 EDS 分析破裂面之成分。破裂起始之位置呈現撕裂狀之破壞形貌與腐蝕生成物生成（圖 1-69 與 1-70）；破裂面成長區呈現沿晶破裂形貌（圖 1-70 至圖 1-73）；最後破裂區呈現撕裂狀破壞形貌（圖 1-74 與圖 1-75），使用 EDS 分析破裂面之成分有 C、O、Na、Mg、S、Al、Si、Cr、Fe、Mn 等元素（圖 1-76），主要成分應以氧化物為主。

圖 1-69　破裂起始位置破裂形貌

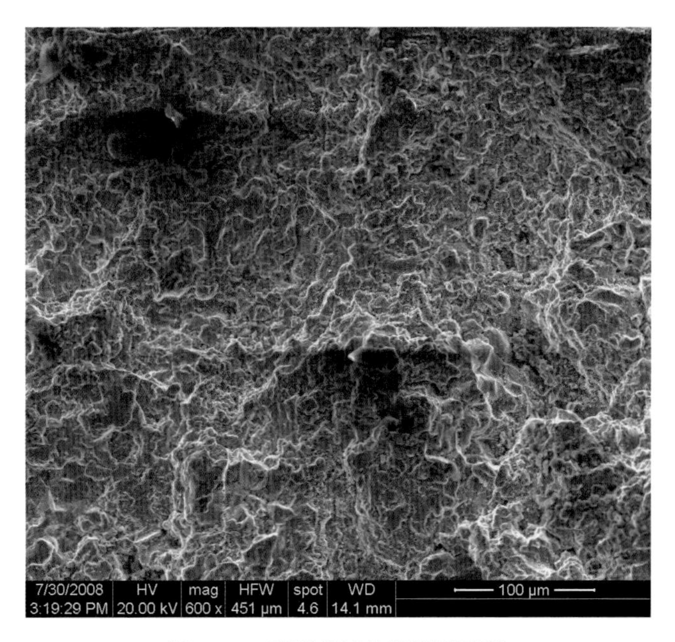

圖 1-70　破裂起始位置破裂形貌

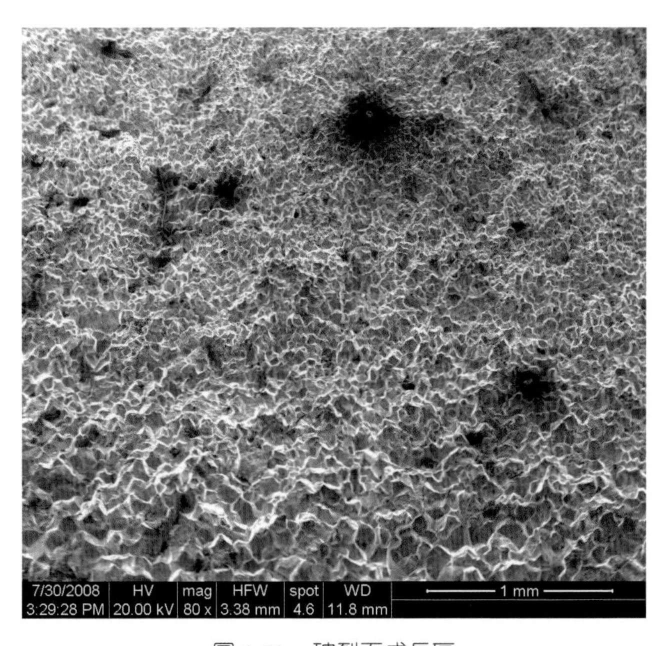

圖 1-71　破裂面成長區

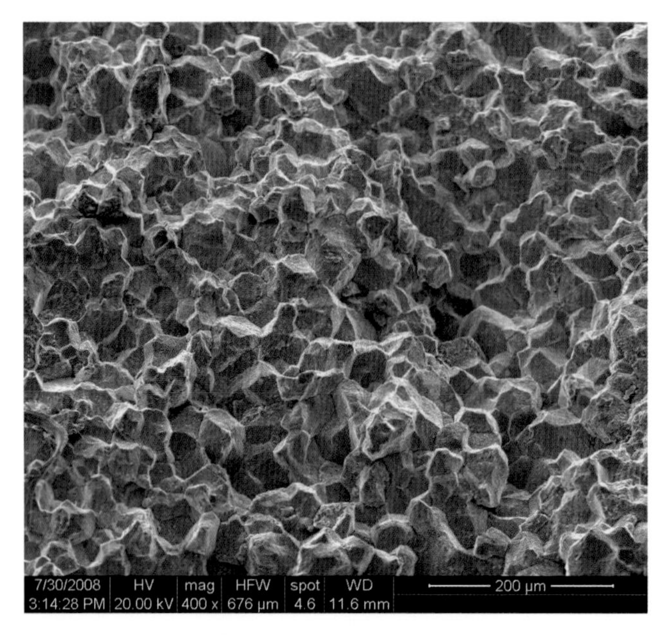

圖 1-72　破裂面成長區

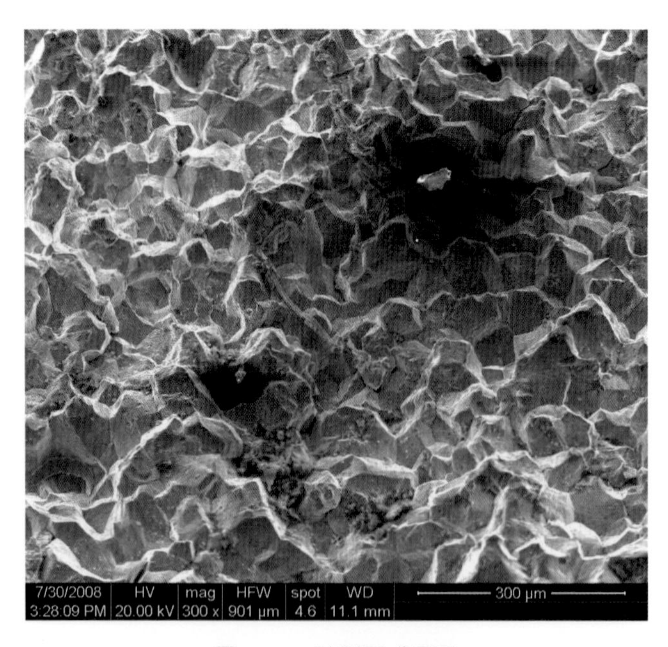

圖 1-73　破裂面成長區

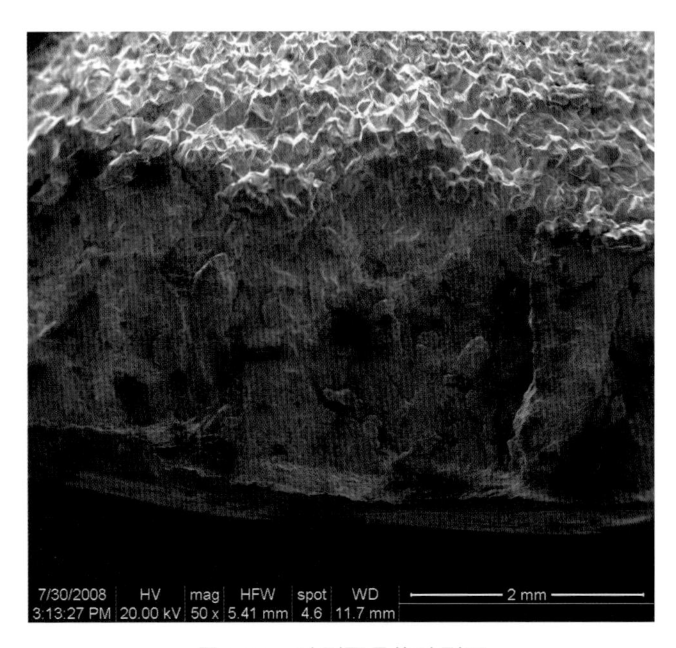

圖 1-74　破裂面最後破裂區

圖 1-75　破裂面最後破裂區

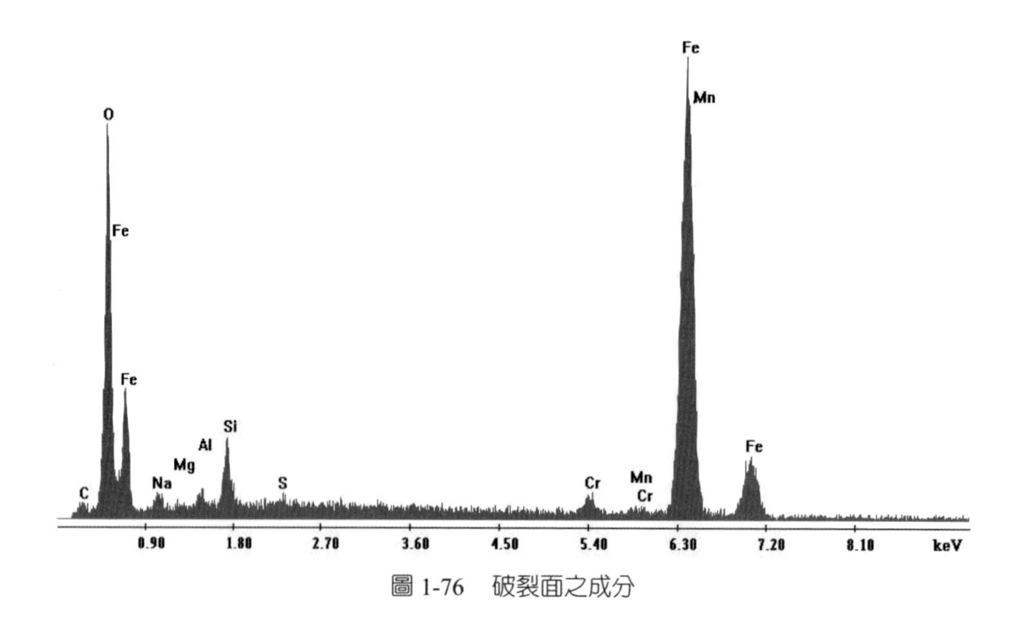

圖 1-76　破裂面之成分

四、結果與討論

蒸汽管管帽經檢驗結果可得以下結論：

1. 由外觀檢視蒸汽管管帽之破裂面，顯示破裂面位於銲接處，且破裂面由管內銲趾處開始沿著銲道熱影區往管外快速成長，進而造成斷裂。

2. 蒸汽管管帽母材成分符合 JIS G3454 STPG 370 之材質規範。銲道施工 TIG 與 MIG 銲接，其銲材應符合 TGA50 與 GMX71 規定。至於管帽另一端之母材應屬於低合金鋼（經 QA XRF 實際測試後，推測為 STPA 24 材質），而與原先設計 JIS G3454 STPG 370 母材材質相差甚多。

3. 蒸汽管銲接位置有明顯之滲透不足（IP），IP 處有裂縫生成；而無 IP 之瑕疵位置之金相組織，其蒸汽管管帽母材之金相為肥粒鐵與波來鐵基地組織，銲道與熱影響區之組織皆無明顯瑕疵，但其熱影響區有稍微較寬之現象，而銲道另一端似乎無熱影響區，直接與母材面接觸，且破裂面主要在此母材面上，破裂起始位置呈現穿晶破壞，破裂成長區呈現沿晶破裂。

4. 硬度測試結果顯示銲道之硬度高於熱影響區，母材硬度最低，但另一邊母材（STPA 24）硬度最高。

5. 使用 SEM/EDS 分析，顯示破裂起始位置呈現撕裂狀破壞與破裂成長區為沿晶破壞為主，破裂面有腐蝕生成物，EDS 分析主要以氧化物為主。

6. 綜合上述試驗分析，蒸汽管管帽銲接施工以 TIG（TG50）打底+MIG（GMX-71）銲接（原先銲接程序應為 TIG（天泰 TG50）打底+ARC（LB52 或 TL50）被覆銲接），由巨觀與金相檢視銲道破裂面，銲接處有明顯之滲透不足（IP）之銲接瑕疵，雖然其銲道成分皆符合規範規定，金相組織與硬度分析亦無明顯之異常，由於銲道兩邊之母材成分不同（一為碳鋼，一為低合金鋼），其金相組織與硬度試驗分析，可知其成分與性質皆大不相同；故蒸汽管管帽在施以此非標準程序之銲接施工後，銲道有嚴重之滲透不足（IP）之瑕疵（應力集中位置），加上兩邊母材之機械性質與銲接狀態相異太大（熱影響區太大），再加上長時間應力（熱應力、操作應力或銲接後殘留應力）下，在管帽無法承受負荷，進而從銲道熱影響區 IP 處產生裂縫後，進而沿著銲道熱影響區成長，而造成管帽斷裂。

7. 建議此蒸汽管帽定期嚴密監控，如果允許狀況下，儘早更換，銲接時使用銲接標準程序（WPS）進行銲接，銲接後需進行非破壞檢驗，以確保銲接品質。

1.4 直升機吊眼螺絲斷裂分析

一、背景

直升機欲起飛時，發現螺旋槳發生異聲，經緊急停機後，發現螺旋槳上之吊眼螺絲（圖 1-77）有斷裂之現象，欲了解吊眼螺絲斷裂原因，遂進行一組原廠螺絲與一組斷裂件螺絲進行比較與斷裂分析。

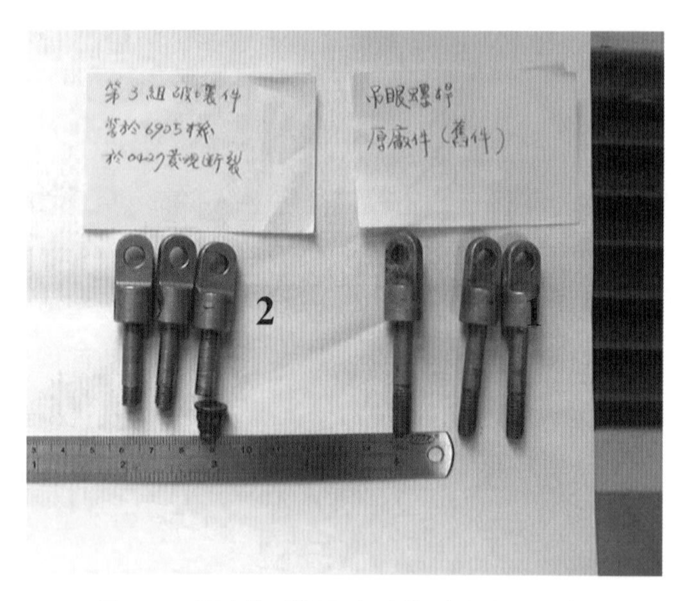

圖 1-77　原廠件（位置 1）與斷裂件（位置 2）

二、檢驗項目

吊眼螺絲檢驗項目有以下三項，分析之步驟如下：

1. 外觀檢視：首先對吊眼螺絲進行外觀檢視，使用照相機觀察照相記錄。

2. 化學成分分析：使用分光分析儀分析螺桿之化學成分。

3. 金相試驗：將鑲埋試片拋光後，依據 ASTM E407 規範中之 No.74（Nital）腐蝕液腐蝕後，使用光學顯微鏡（OM）觀察腐蝕後之金相組織。

三、試驗結果

1. 外觀檢視

觀察吊眼螺絲斷裂件，其破斷面呈現快速斷裂形貌（圖 1-78），由圖 1-79 顯示出，吊眼螺絲從牙谷往心部產生破壞成長，最後導致吊眼螺絲斷裂。

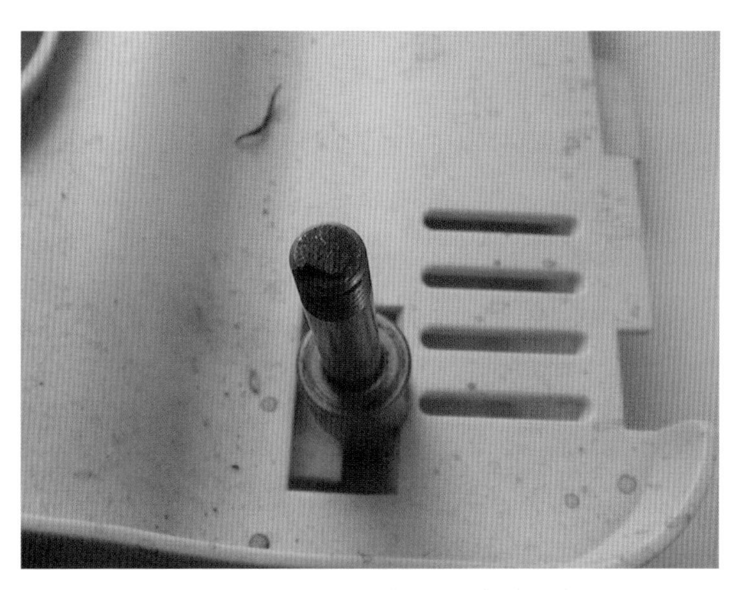

圖 1-78　吊眼螺絲破斷面屬於快速破壞

圖 1-79 破裂方式由牙谷往心部成長

2. 成分分析

使用分光分析儀進行成分分析，其結果如表 1-8 所示。通常規範規定材料之化學成分皆有一定上下限之範圍限定，故由表 1-8 可知，原廠件與破裂件成分應屬於同一種材質規範。

表 1-8 分光分析儀進行成分分析結果

成分	C	Si	Mn	P	S	Ni	Cr	Mo	Cu
原廠件	0.30	0.28	0.57	0.010	0.014	0.11	1.02	0.17	0.12
斷裂件	0.30	0.27	0.56	0.011	0.016	0.12	1.05	0.21	0.13

3. 金相組織

取原廠件與斷裂件進行金相組織分析，圖 1-80 與圖 1-81 為原廠件與斷裂件之金相組織，其組織皆為麻田散鐵組織，其斷裂件介在物較多

（圖 1-81）。圖 1-82 顯示出原廠件螺紋第一牙處有做倒角處理（紅色圓圈處），而斷裂件則無倒角處理（圖 1-83 與圖 1-84），且螺紋牙谷相同位置處皆有裂縫產生，甚至貫穿螺絲（圖 1-85 與圖 1-86）；而破斷面之破裂屬於穿晶破壞（圖 1-87）。

圖 1-80　原廠件之金相組織為麻田散鐵組織

圖 1-81　斷裂件之金相組織為麻田散鐵組織，介在物較多

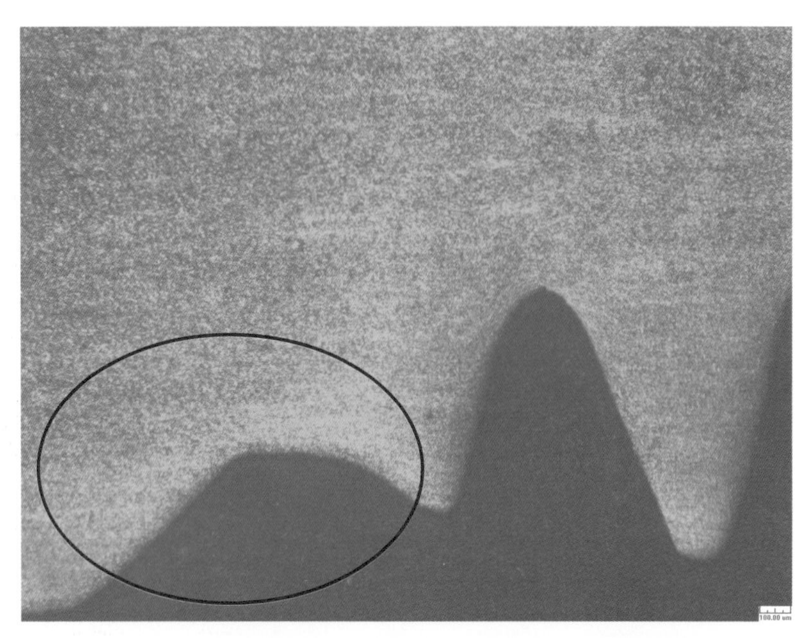

圖 1-82　原廠件螺紋第一牙處有做倒角處理（紅色圓圈處）

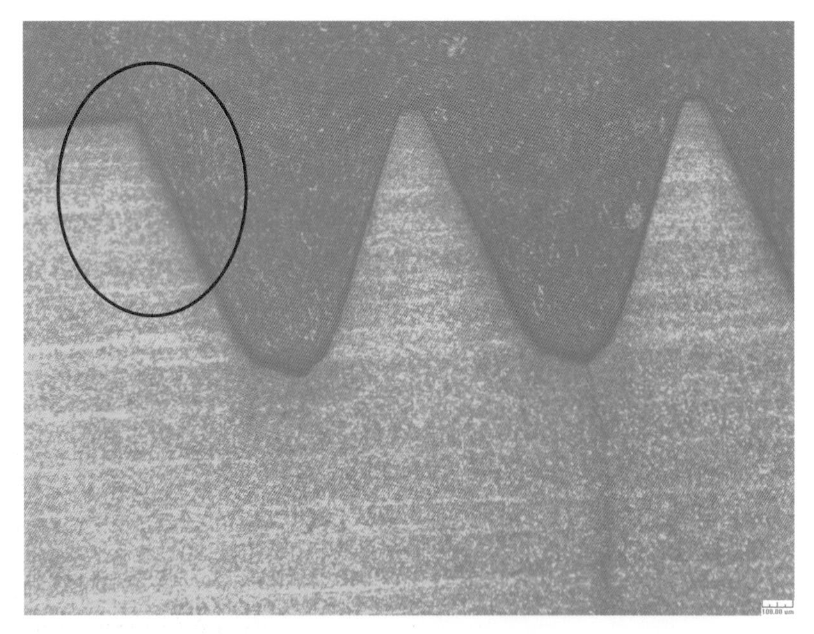

圖 1-83　斷裂件螺紋第一牙處沒有做倒角處理（紅色圓圈處）

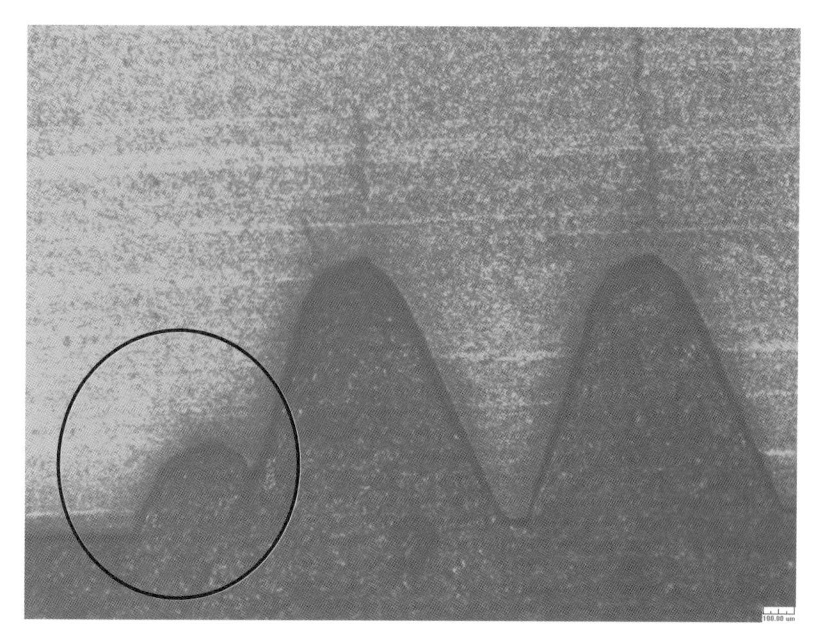

圖 1-84　斷裂件螺紋第一牙處沒有做倒角處理（紅色圓圈處）

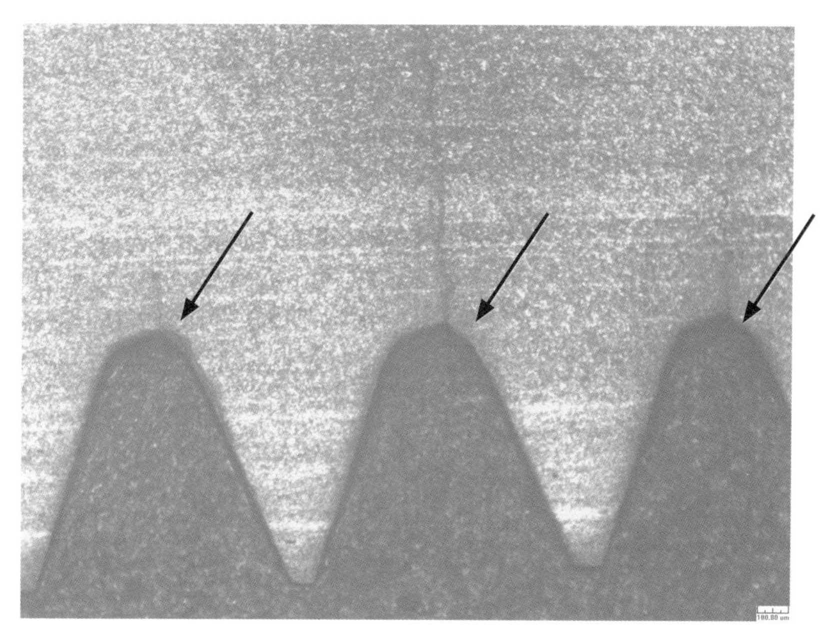

圖 1-85　斷裂件螺紋牙谷相同位置（紅色箭頭處）有裂縫產生，並貫穿螺絲

圖 1-86　斷裂件螺紋牙谷相同位置（紅色箭頭處）有裂縫產生，並貫穿螺絲

圖 1-87　斷裂件螺絲破斷面屬於穿晶破壞

四、結果與討論

直升機吊眼螺絲經檢驗結果可得以下結論：

1. 由外觀檢視，吊眼螺絲破斷面呈現快速破裂形貌。

2. 經成分分析，原廠件與斷裂件之成分應屬於同一種材質規範。

3. 金相試驗，原廠件與斷裂件皆為麻田散鐵組織，斷裂件介在物較多，斷裂件破斷面呈現穿晶破壞；原廠件在螺紋第一牙處有做倒角處理，斷裂件則無，且斷裂件在螺紋牙谷處（相同位置）皆有裂縫產生，甚至貫穿螺絲本體。觀察螺紋牙谷之金相流線，原廠件應為輥牙製品，斷裂件應為車牙製品。

4. 經上述試驗，此吊眼螺絲斷裂主要原因，應屬於螺絲成形時，在螺紋牙谷相同位置所造成之「尖端」（應力集中點），而造成在使用時發生快速斷裂現象。

5. 建議購買螺絲時，應要求輥製螺紋，避免車牙螺絲以及在第一牙螺紋要求做倒角處理，避免應力集中。

1.5 T 形螺絲破損分析

一、背景

螺絲工廠一批 T 形螺絲（1/2″×3－1/2）廠損分析（圖 1-88），經成形後，頭部有裂縫或凹痕產生。為了解破壞原因，故取破壞品與未破壞品進行試驗與分析。

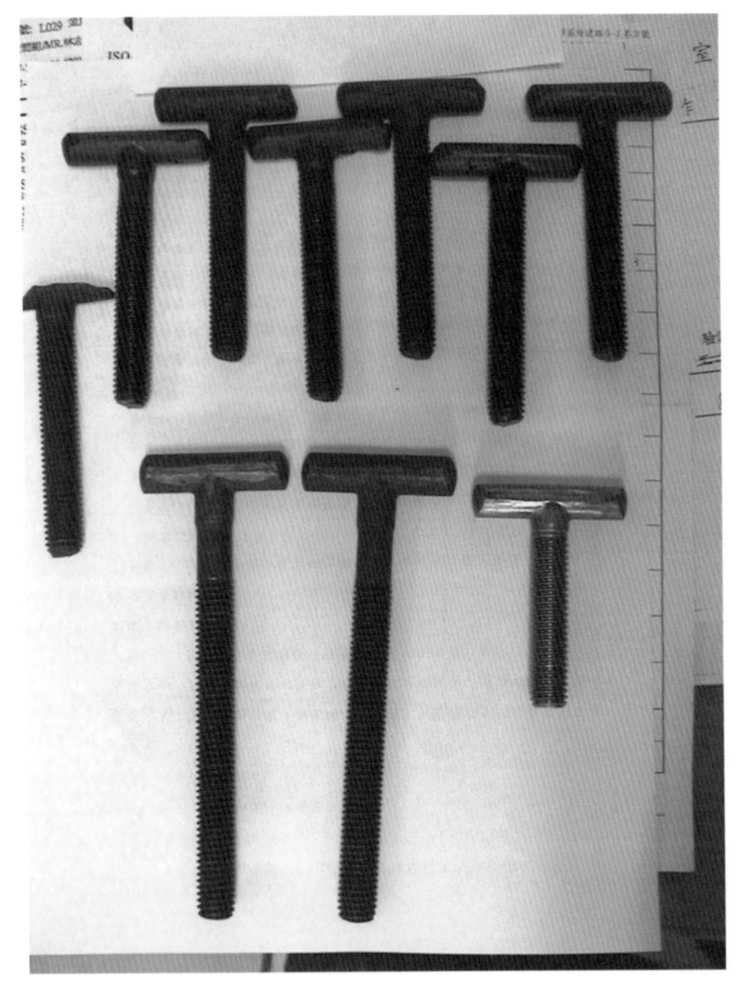

圖 1-88　T 形螺絲（1/2″×3－1/2）全圖

二、檢驗項目

T 形螺絲檢驗項目有以下五項：

1. 外觀檢視與巨觀金相流線：首先對 T 形螺絲進行外觀檢視，使用照相機拍照記錄，再將 T 形螺絲頭部處剖半，經研磨拋光後，依據

ASTM E340 Table 5 腐蝕液（HCl：H_2O 比例 1：1）腐蝕後，使用立體（實體）顯微鏡觀察流線組織。

2. 金相試驗：將鑲埋試片拋光後，依據 ASTM E407 規範中之 No.74（Nital）腐蝕液腐蝕後，使用光學顯微鏡（OM）觀察腐蝕後之金相組織。

三、試驗結果

1. 外觀檢視與巨觀金相流線

觀察螺絲頭部表面，有明顯之裂縫貫穿頭部（圖 1-89）和成形不足所產生之凹痕（圖 1-90），而此凹痕在不同螺絲之同一位置皆有此現象；圖 1-91 則顯示出螺絲頭部破斷面屬於快速破裂形貌。取斷裂品兩支螺絲，正常品取一支螺絲，進行鍛造流線試驗，圖 1-92 顯示出斷裂品之螺絲頭部鍛造流線並不很平滑，圖 1-93 甚至由裂縫區隔出兩個區域之流線區，圖 1-94 顯示正常品螺絲之鍛造流線比斷裂品之鍛造流線對稱且平滑。

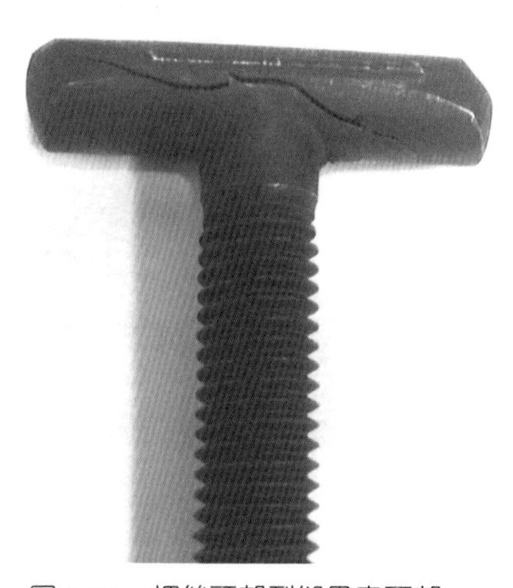

圖 1-89　螺絲頭部裂縫貫穿頭部

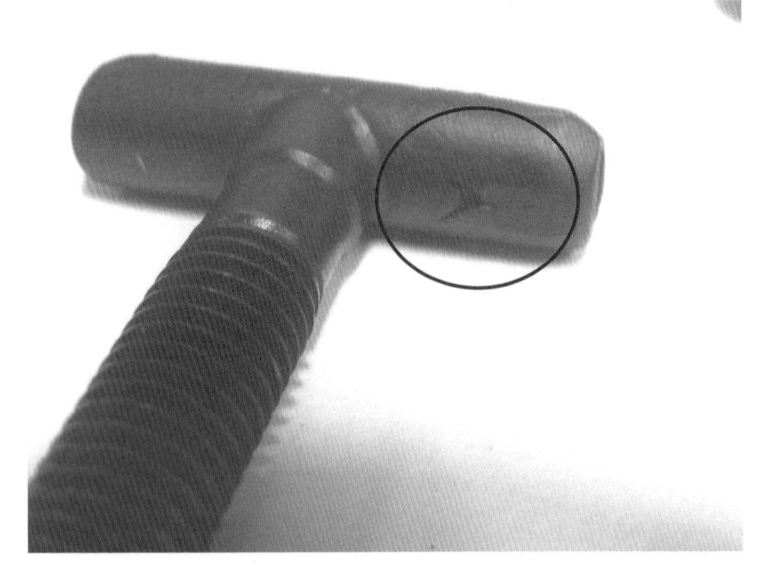

圖 1-90　螺絲頭部下端有成形不足之凹痕（紅色圓圈處）

圖 1-91　螺絲頭部呈現快速破裂形貌

圖 1-92　斷裂品螺絲鍛造流線在頭部並不很平滑之現象

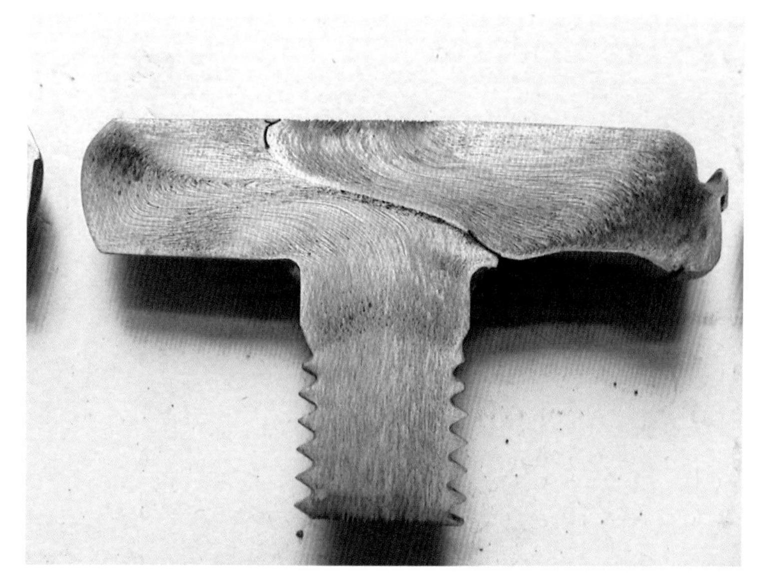

圖 1-93　斷裂品螺絲鍛造流線在頭部呈現兩個區域，且由裂縫區隔開

圖 1-94　正常品螺絲鍛造流線在頭部呈現平滑現象

2. 金相組織

取斷裂品（兩支）與正常品之螺絲桿部未經搓牙位置進行金相組織觀察，圖 1-95 與圖 1-96，顯示斷裂品螺絲之組織則是肥粒鐵與波來鐵組織，正常品螺絲之組織亦同斷裂品之組織（圖 1-97），兩者差別在正常品之晶粒組織有方向性排列，斷裂品則無明顯方向性排列。

圖 1-95　斷裂品之螺絲金相為肥粒鐵與波來鐵組織

圖 1-96　斷裂品之螺絲金相為肥粒鐵與波來鐵組織

圖 1-97　正常品螺絲之組織為肥粒鐵與波來鐵組織（晶粒組織有方向性排列）

四、結果與討論

T 形螺絲經檢驗結果可得以下結論：

1. 由外觀檢視，斷裂品螺絲頭部有裂縫及凹痕產生，其破裂模式屬於快速破裂型態，孔洞應是螺絲頭部成形所造成。將螺絲頭部進行鍛造流線試驗，發現斷裂品之螺絲頭部鍛造流線並不對稱與平滑且有裂縫產生，故可以知道此螺絲頭部在成形並不順暢，可能是模具對位不足或損傷，進而螺絲成形時，造成裂縫及凹痕。

2. 由金相組織試驗可知，斷裂品與正常品之金相組織皆相同，差別在正常品之組織有方向性排列，斷裂品則無，兩者內部並無明顯之介在物（雜質）存在。

3. 經上述試驗及觀察，此 T 形螺絲頭部破裂原因，應屬於螺絲頭部成形時，模具可能有對位、損傷之情形，或是鍛造作業程序若有不恰當之處，都會造成螺絲頭部之破裂。

五、建議

1. 模具對位或損傷要非常重視，重新檢討製程，規劃適當之鍛造作業程序。

2. 新製程首批須檢查流線與金相，量產後，定時檢查模具及依鍛造程序生產。

1.6 汽車右後避震器斷裂破損分析

一、背景

汽車右後避震器（圖 1-98），經使用半年後，在 Upper Metal 位置發生斷裂，由於後避震器為汽車零組件中之重要零件，遂進行斷裂原因分析。

圖 1-98　汽車右後避震器（紅色箭頭處為斷裂處）

二、檢驗項目

汽車右後避震器項目有以下兩項目，分析之步驟如下：

1. 外觀檢視：首先對避震器進行外觀檢視，使用照相機觀察照相記錄。

2. 金相試驗：將鑲埋試片拋光後，依據 ASTM E407 規範中之 No.74（Nital）腐蝕液腐蝕後，使用光學顯微鏡（OM）觀察腐蝕後之金相組織。

三、試驗結果

1. 外觀檢視

觀察右後避震器破斷位置（圖 1-99 箭頭處），其破裂位置位於 Joint 與避震器本體之銲道附近之熱影響區，且 Joint 與避震器本體已有彎曲現象，並沒有呈一直線，而其破斷面破壞方向如圖 1-100 之箭頭之方向，藍色圓圈處為破裂起始位置，紅色圓圈處為最後斷裂位置，破斷面呈現快速破壞型態。而圖 1-101 則為後避震器破裂形貌，與圖 1-100 相互對應，兩邊之破斷面皆有磨損現象產生，且其破斷面呈現非常平坦（圖 1-102）。觀察 Joint 上之緩衝橡膠（圖 1-103 至圖 1-105），已經呈現變形之現象。

圖 1-99　箭頭處為破裂起始點

圖 1-100　破壞方向如箭頭方向所示，藍色圓圈處為破裂起始位置，紅色圓圈處為最後斷裂位置

圖 1-101　另一側避震器本體之破斷面

圖 1-102　破斷面非常平整

圖 1-103　Joint 上之緩衝橡膠已經變形

圖 1-104　Joint 上之緩衝橡膠已經變形

圖 1-105　Joint 上之緩衝橡膠已經變形（箭頭處）

2. 金相組織

取 Joint 銲接處（破裂位置）進行金相組織分析。觀察銲道與母材之金相，顯示兩道銲道與母材間皆有氣孔產生（圖 1-106 與圖 1-107），母材破斷表面有裂縫產生（圖 1-108）。

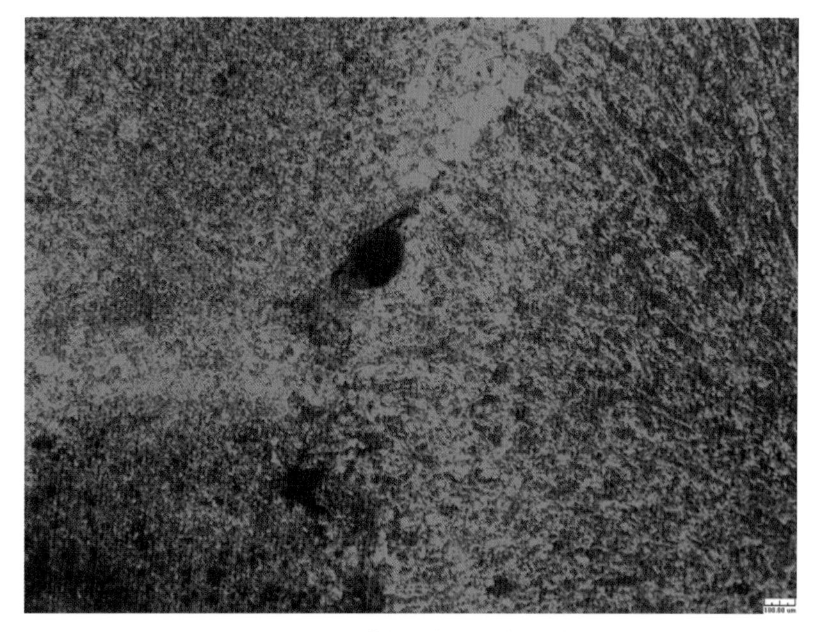

圖 1-106　銲道與母材間有氣孔產生

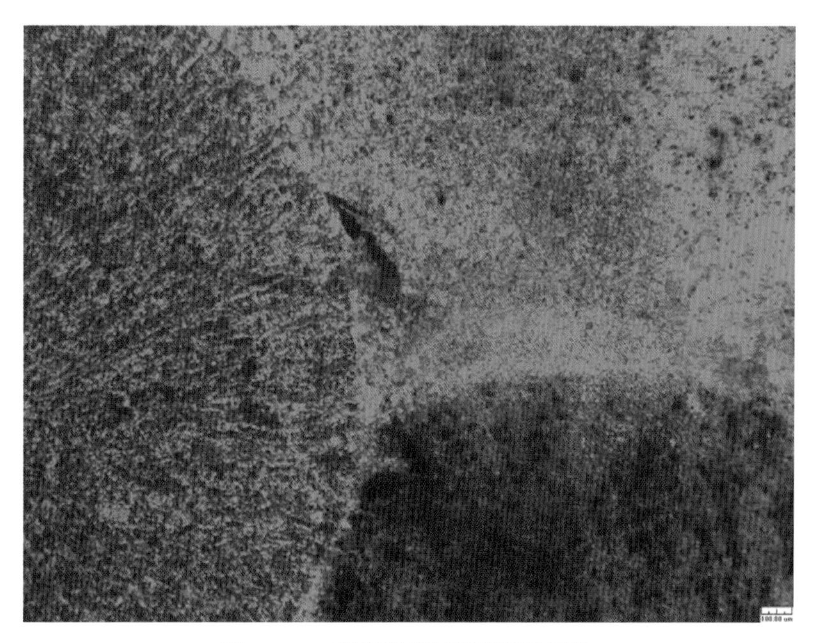

圖 1-107　銲道與母材間有氣孔產生

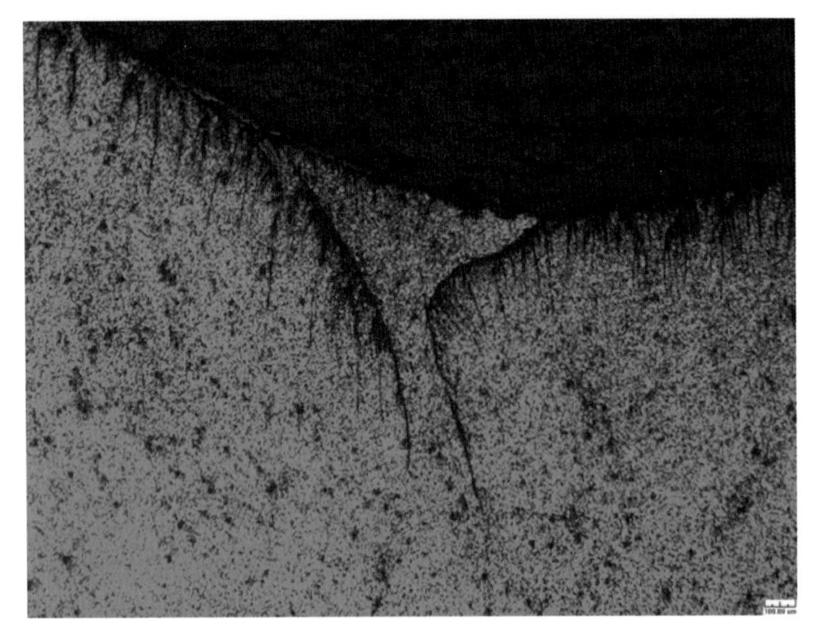

圖 1-108　破斷表面有裂縫產生

四、結果與討論

汽車右後避震器項目經檢驗結果可得以下結論：

1. 經外觀檢視，根據破斷表面以及避震器 Joint 上之緩衝橡膠變形方向，顯示此斷裂後避震器之破壞方式，是由於受到側向力（原本應受軸向力）而造成從避震器與 Joint 間銲道位置斷裂。

2. 由金相分析，銲道與母材之間有氣孔產生，此為銲接缺陷，但此缺陷並不是此避震器斷裂主要因素。

3. 綜合上述試驗，此後避震器是從 Joint 與避震器本體之銲道附近開始破壞，由於此處為銲接後，銲道與母材間之外觀並不是很平滑（Smooth），因為此位置剛好是應力集中最大處，加上避震器受到側向力，故裂縫從銲道熱影響區開始往避震器本體成長，最後發生斷裂。

五、建議

1. 針對後避震器之所承受力量的傳遞，進行實際分析，避免有側向力的產生，而造成跟原先設計（承受軸向力）不同，而易造成斷裂。

2. 避震器本體與 Joint 銲接時，最好能夠整個圓周銲接，不要分成兩次銲接，並調整銲接參數（入熱量、速度或適當之銲條），避免銲接所產生之缺陷（氣孔、夾渣或裂縫），以及平滑之銲道外觀（母材與銲道無應力集中處），並建立 WPS（銲接標準程序），以維護銲道之品質。

第二章 疲勞破壞

疲勞破壞是指材料遭受循環應力的破壞，其破壞時外觀將有明顯變形的徵兆（例如海灘紋），而大多是在無預警且不可預期的情況下發生。疲勞破壞過程依先後順序可區分為三個主要階段：微裂縫形成、裂縫成長及破壞斷裂。實際分析案例如下：

2.1 推進柴油主機曲拐軸曲柄臂破損分析

一、背景

船用推進柴油主機曲拐軸曲柄臂之軸頸（Journal）於使用 20～30 年後發生斷裂（圖 2-1），由於曲柄臂負責動力傳輸之重要零件，故須探討其斷裂分析，減少損失。

圖 2-1　斷裂之曲拐軸全圖

二、檢驗項目

推進柴油主機曲拐軸檢驗項目有以下五項：

1. 外觀檢視：首先對曲拐軸進行外觀檢視，使用照相機觀察照相記錄。

2. 化學成分分析：使用分光分析儀分析曲拐軸之化學成分。

3. 硬度試驗：將曲拐軸取樣後，使用洛氏硬度機（Rockwell Tester）進行心部硬度以及以微小硬度機（Micro Vickers Tester）進行硬化層深度測試。

4. 金相試驗：將鑲埋試片拋光後，依據 ASTM E407 規範中之 No.74（Nital）腐蝕液腐蝕後，使用光學顯微鏡（OM）觀察腐蝕後之金相組織。

5. 掃描式電子顯微鏡（SEM）及能量散佈光譜分析儀（EDS）微區成分分析：使用掃描式電子顯微鏡（SEM）觀察曲拐軸斷裂面表面破損之形貌，並使用能量散佈光譜分析儀（EDS）分析斷裂面表面之成分。

三、試驗結果

1. 外觀檢視

圖 2-2 為取樣後送至本中心之曲拐軸，將兩破斷破面組合（圖 2-3），顯示出破斷面有一小破斷面已經掉落，形成一孔洞，圖 2-4 與圖 2-5 為破斷面之破裂起始點，圖 2-6 顯示出軸頸有不對稱之磨損。

觀察整體曲拐軸破裂形貌，裂縫由曲拐軸軸頸表面（兩個破裂起始點），然後裂縫沿著 45° 方向往曲拐臂（Arm）成長，最後貫穿曲柄臂而快速斷裂。

圖 2-2　經取樣之曲拐軸

圖 2-3　將破斷面組合後，發現破斷處有一小破斷面掉落，形成孔洞

圖 2-4　標記星號位置為破裂起始點，呈現海灘紋痕跡成長

圖 2-5　箭頭處為另一破斷面之破裂起始點

圖 2-6　軸頸位置已經有不對稱之磨損

2. 成分分析

使用分光分析儀，進行成分分析，其結果如表 2-1 所示。由於碳之含量範圍由 0.46～0.50 wt% 之間，由表 2-1 可知曲拐軸之成分可能為 SAE/AISI 1043 或 SAE/AISI 1046 規範成分。

表 2-1　分光分析儀成分分析結果

成分（wt%）	C	Si	Mn	P	S
曲拐軸	0.46～0.50	0.24	0.98	0.008	0.014
SAE/AISI 1043	0.39～0.47	0.15～0.35	0.7～1.0	0.030max	0.05max
SAE/SISI 1046	0.42～0.50	0.15～0.35	0.7～1.0	0.030max	0.05max

3. 硬度試驗

使用洛氏硬度機，進行曲拐軸心部硬度測試，其心部硬度平均為 99 HRBW（表 2-2 所示）。由於此曲拐軸軸頸表面有硬化處理，故使用微小硬度機進行硬化層深度量測，其結果如表 2-3 所示。由表 2-3 顯示曲拐軸軸頸硬化層約為 3.0 mm（硬化門檻值 300 HV）。

表 2-2　洛氏硬度量測值

位置	測試值（HRBW）	平均值（HRBW）
心部	98　99　99	99

表 2-3　硬化層深度量測值

距離（mm）	0.1	0.3	0.5	0.8	1.1	1.4	1.7	2.0	2.3	2.6
硬度值（HV0.3）	566	575	606	602	579	555	538	496	451	400
距離（mm）	2.9	3.2	3.5	3.8	4.1	5.0	6.0	7.0	8.0	12
硬度值（HV0.3）	334	280	253	256	265	264	259	254	261	253

4. 金相試驗

使用光學顯微鏡，進行曲拐軸金相組織分析，其心部組織為波來鐵與肥粒鐵組織（圖 2-7）。

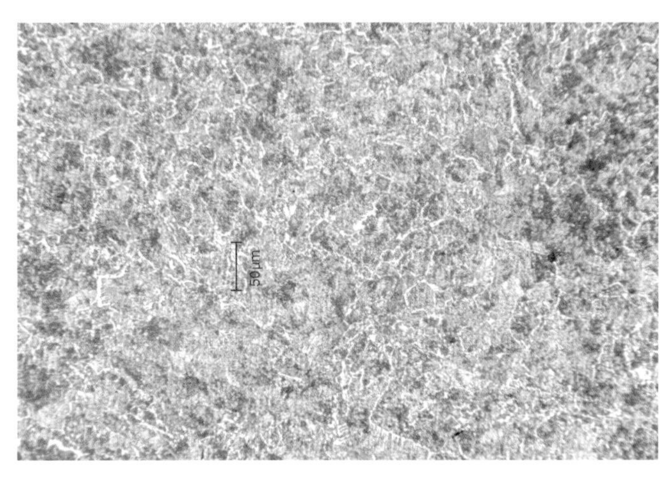

圖 2-7　心部為波來鐵與肥粒鐵組織

5. **掃描式電子顯微鏡（SEM）及能量散佈光譜分析儀（EDS）微區成分分析**

使用 SEM 觀察曲拐軸軸頸之破斷表面，顯示出表面已有裂縫產生（圖 2-8），往曲柄臂觀察則呈現裂縫成長型態為疲勞條紋（Fatigue Striation）（圖 2-9）。使用 EDS 做破斷面微區成分分析（圖 2-10），只有 Fe、Mn、Si、S、O 等元素。

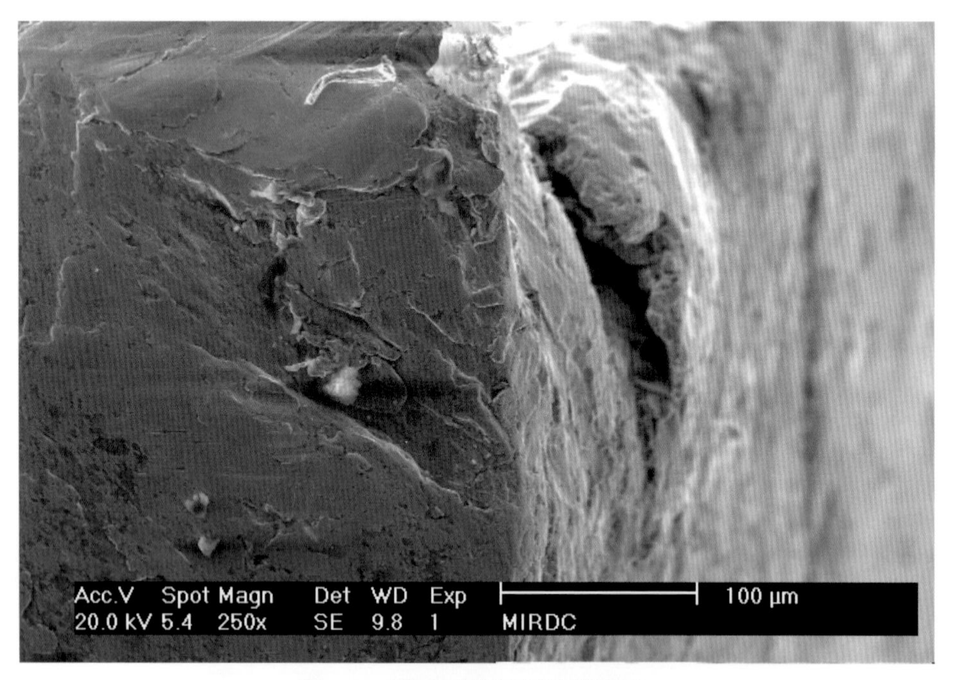

圖 2-8　破裂起始點已有裂縫產生

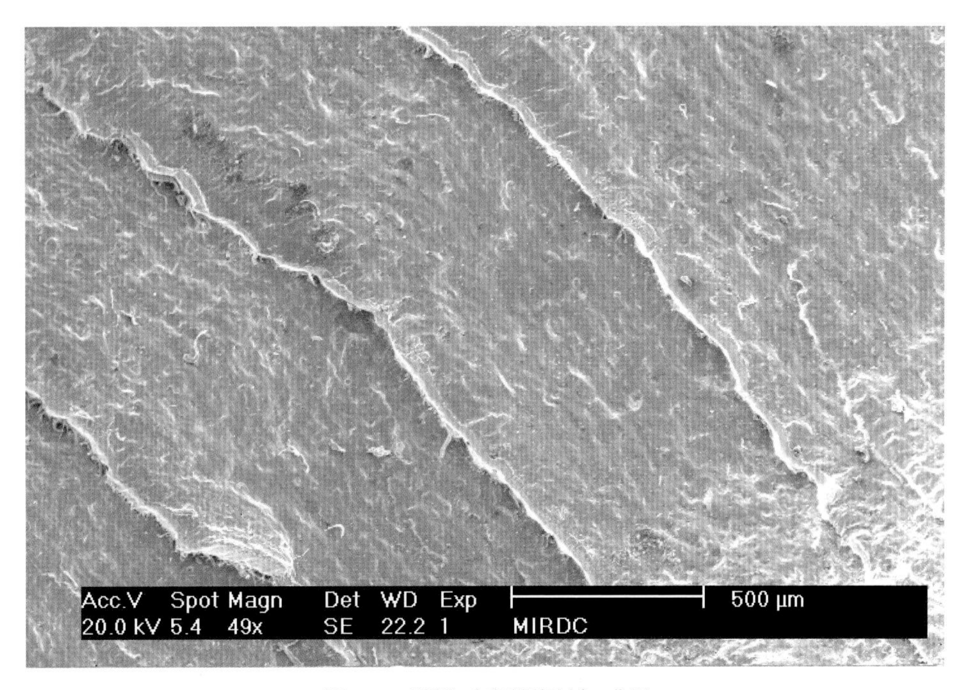

圖 2-9 裂縫（疲勞條紋）成長

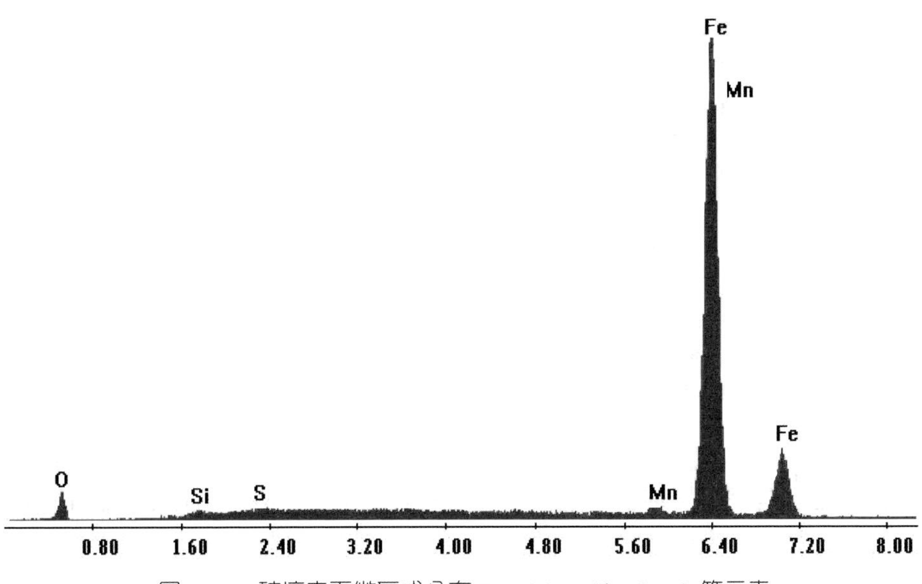

圖 2-10 破壞表面微區成分有 Fe、Mn、Si、S、O 等元素

四、結果與討論

推進柴油主機曲拐軸經檢驗結果可得以下結論：

1. 由曲拐軸之破斷面觀察，顯示破壞起始位置為曲拐軸軸頸表面，裂縫呈 45° 方向往曲柄臂成長而斷裂。由整個破斷面外觀（海灘紋）顯示出破壞主因應為疲勞破壞。

2. 曲拐軸之成分可能為 SAE/AISI 1043 或 SAE/AISI 1046。

3. 曲拐軸之心部硬度平均為 99 HRBW，硬化層約 3.0 mm。

4. 曲拐軸之金相組織為波來鐵與肥粒鐵組織。

5. 使用 SEM 觀察破斷表面附近，曲拐軸軸頸表面已有裂縫產生，往曲柄臂觀察有疲勞紋產生，EDS 微區成分分析並無外來元素。

6. 綜合上述試驗分析，此曲拐軸之成分符合 SAE/AISI 1043，硬度為 99 HRBW，硬化層約 3.0 mm，金相組織無異常，而由破斷面觀察，破斷面呈現多處疲勞紋痕跡，加上 SEM 觀察破裂起始位置，曲拐軸軸頸表面有微細裂縫，故此曲拐軸之破壞原因可能是由於軸頸表面有微小裂縫或是加工痕跡，曲拐軸經長時間操作使用後，由於應力集中因素，裂縫或加工痕跡慢慢成長（疲勞條紋），曲拐軸慢慢變形，曲拐軸軸頸局部磨損，最後導致斷裂。故曲拐軸破壞主因為疲勞破壞。

7. 建議在定期維修拆缸後，進行曲拐軸表面瑕疵或裂縫檢測（磁粒檢測（MT）或液滲檢測（PT）），避免曲拐軸之使用斷裂。

2.2 船艇中車大軸破損分析

一、背景

船艇中車大軸使用時發生斷裂（圖 2-11），導致動力喪失，由於大軸為船艇最重要的動力傳輸零件，故欲了解此中車大軸斷裂原因，遂進行破壞原因分析。

圖 2-11　斷裂之中車大軸全圖

二、檢驗項目

船艇中車大軸檢驗項目有以下五項：

1. 外觀檢視：首先對中車大軸進行外觀檢視，使用照相機觀察照相記錄。

2. 化學成分分析：使用分光分析儀分析中車大軸之化學成分。

3. 硬度試驗：將中車大軸取樣後，使用洛氏硬度機（Rockwell Tester）進行心部硬度。

4. 金相試驗：將鑲埋試片拋光後，依據 ASTM E407 規範中之 No.74（Nital）腐蝕液腐蝕後，使用光學顯微鏡（OM）觀察腐蝕後之金相組織。

5. 掃描式電子顯微鏡（SEM）及能量散佈光譜分析儀（EDS）微

區成分分析：使用掃描式電子顯微鏡（SEM）觀察中車大軸斷裂面表面破損之形貌，並使用能量散佈光譜分析儀（EDS）分析斷裂面表面之成分。

三、試驗結果

1. 外觀檢視

觀察中車大軸軸身，其軸身有微小裂縫產生以及銲補之情形（圖 2-12 至圖 2-14），破斷面顯示破裂方式為海灘紋形貌，是由中車大軸表面（有四個破裂起始位置）開始往心部進行（圖 2-15），圖 2-16 與圖 2-17 顯示出破裂起始點有海灘紋產生，圖 2-18 顯示最後斷裂為快速破壞形貌，故中車大軸其主要破壞成長形貌為海灘紋，由中車大軸表面開始生成，直到中車大軸無法承受負荷，而發生斷裂。

圖 2-12　中大軸軸身有裂縫產生（箭頭處）

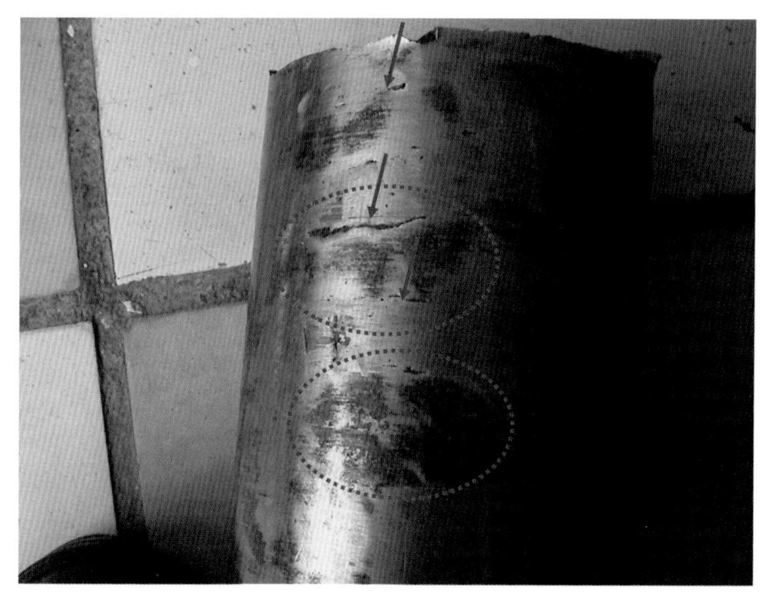

圖 2-13　中車大軸軸身有裂縫產生（箭頭處）及銲補之痕跡（圓圈處）

圖 2-14　中車大軸破斷面有裂縫產生

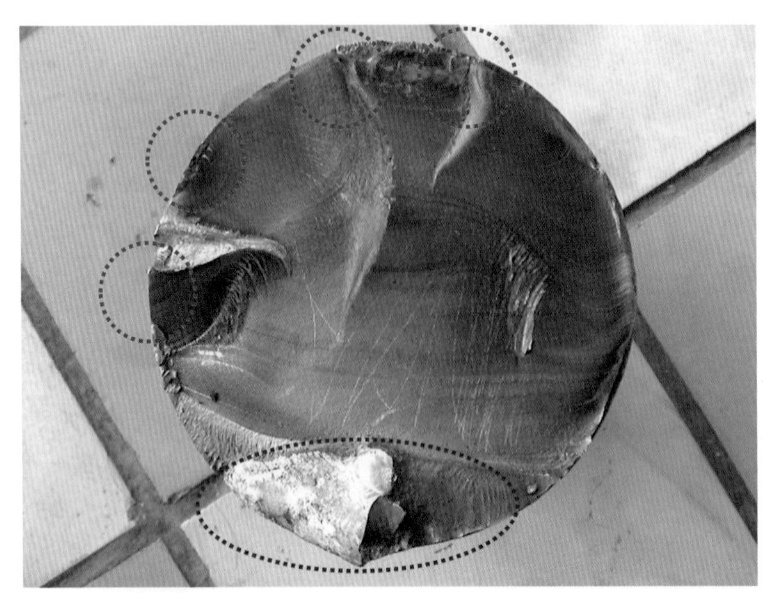

圖 2-15　中車大軸破斷面呈現海灘紋破壞形貌（紅色圓圈），藍色圓圈處為最後斷裂區

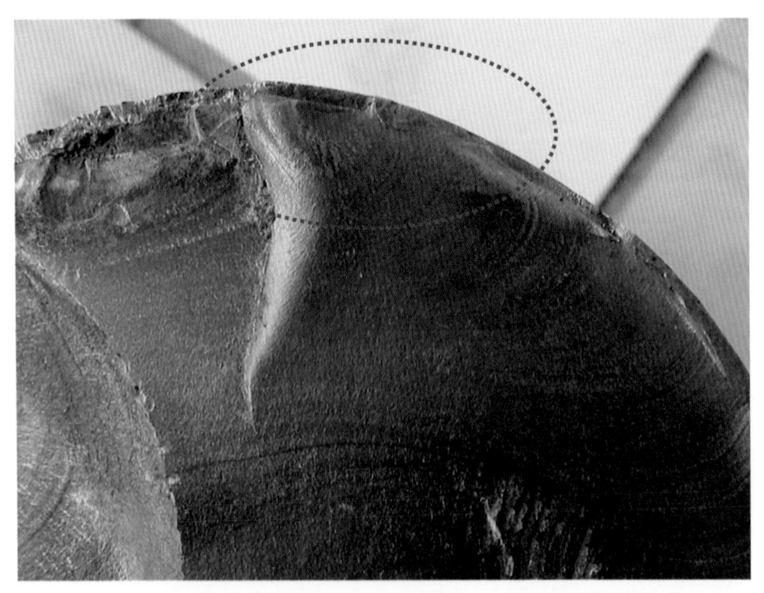

圖 2-16　中車大軸主要為破裂形貌為海灘紋，紅色圓圈處為破壞起始點

圖 2-17　中車大軸主要為破裂形貌為海灘紋，紅色圓圈處為破壞起始點

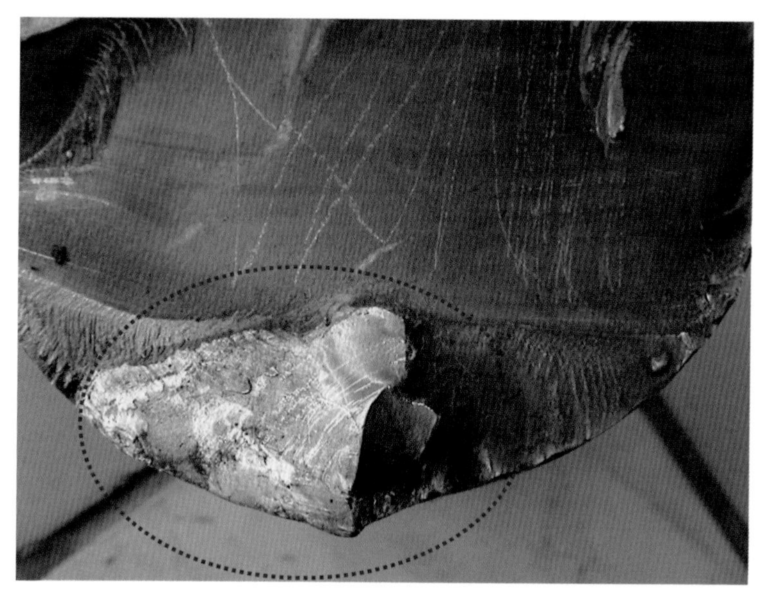

圖 2-18　最後斷裂區呈現快速破裂形貌（藍色圓圈處）

2. 成分分析

使用分光分析儀，進行成分分析，其結果如下表所示。由表 2-4 可知中車大軸之成分為 ASTM A564/A564M 中 UNS S17400（AISI 630）編號之規範成分。

表 2-4　分光分析儀成分分析結果

成分（wt%）	C	Si	Mn	P	S	Cr	Ni	Cu	Nb
中車大軸	0.04	0.64	0.63	0.025	0.006	15.57	4.17	3.2	0.22
UNS S17400	0.07 max	1.0	1.0	0.04 max	0.03 max	15～17	3～5	3～5	0.15～0.45

3. 硬度試驗

使用洛式硬度機，進行中車大軸硬度測試。經測試其硬度平均為 32 HRC，比較 ASTM A564/A564M 之規範硬度值為小於 38 HRC，符合規範規定。

表 2-5　洛式硬度機硬度測試結果

位置	測試值（HRC）	平均值（HRC）
心部	313232	32
UNS S17400	≤ 38 HRC	

4. 金相試驗

取中車大軸破斷面附近，進行金相試驗。圖 2-19 與圖 2-20 顯示出中車大軸破斷面有銲接及裂縫產生之現象，使用顯微鏡進行微觀觀察，其銲道附近（熱影響區）有裂縫產生（裂縫附近局部放大如圖 2-21

所示），呈現穿晶破壞型態，中車大軸基地組織為麻田散鐵組織（圖 2-22）。而另一側銲道之熱影響區一有裂縫產生（圖 2-23）。

圖 2-19　中車大軸破斷面附近有銲接及裂縫產生之現象

圖 2-20　為圖 2-19 局部放大

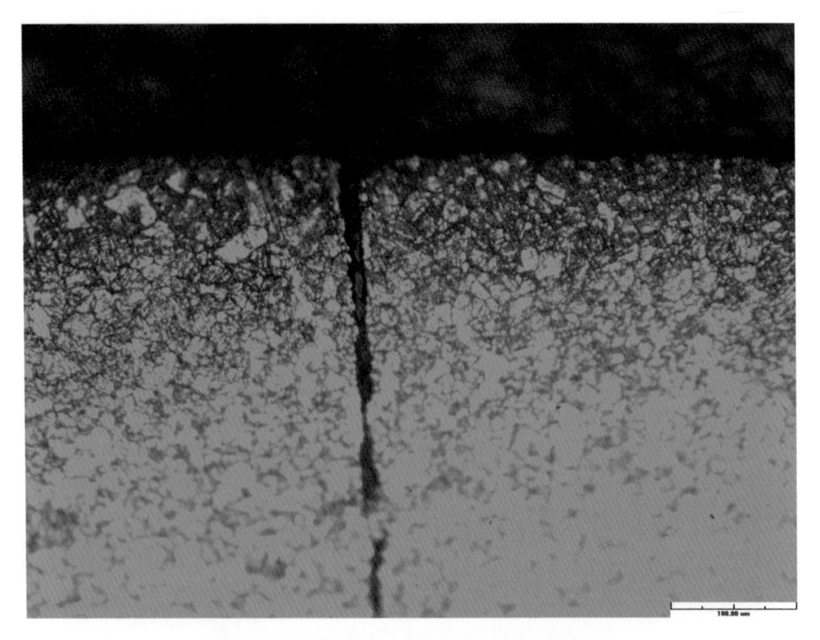

圖 2-21　為圖 2-19 裂縫附近局部放大

圖 2-22　裂縫呈現穿晶破壞形貌，基地組織為麻田散鐵組織

圖 2-23　另一側銲道附近亦有裂縫產生

5. 掃描式電子顯微鏡（SEM）及能量散佈光譜分析儀（EDS）微區成分分析

使用 SEM 觀察中車大軸之破斷表面，顯示出表面呈撕裂狀、劈裂狀破壞與有腐蝕生成物產生（圖 2-24 與圖 2-25），以及平坦狀疲勞破壞形貌（圖 2-26）。使用 EDS 做破斷面微區成分分析（圖 2-27），微區成分有 Fe、Cr、Ni、Cu、Zn、Ca、Si、P、S、K、Al、Mg、O 等元素，顯示出破斷表面之腐蝕生成物主要成分為 Ca、Mg、Si 等元素。

圖 2-24　破裂起始點為撕裂狀及有腐蝕生成物產生

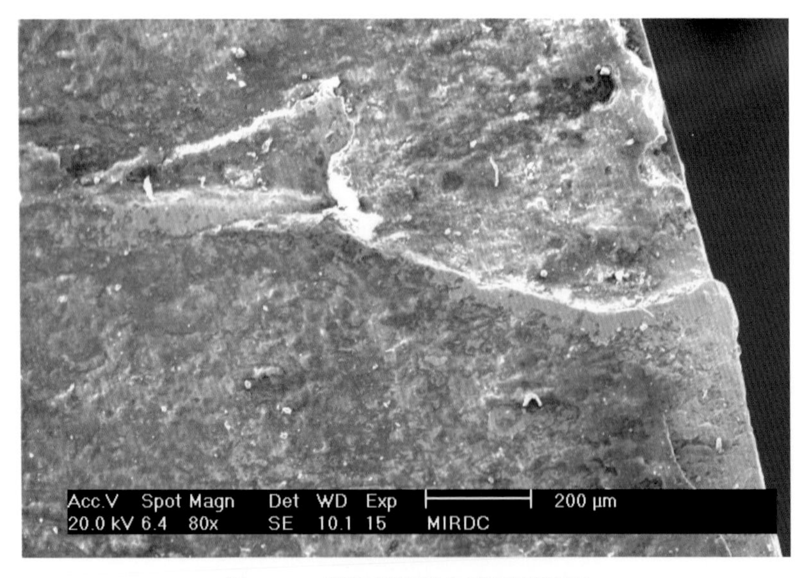

圖 2-25　破裂起始點為劈裂狀破壞

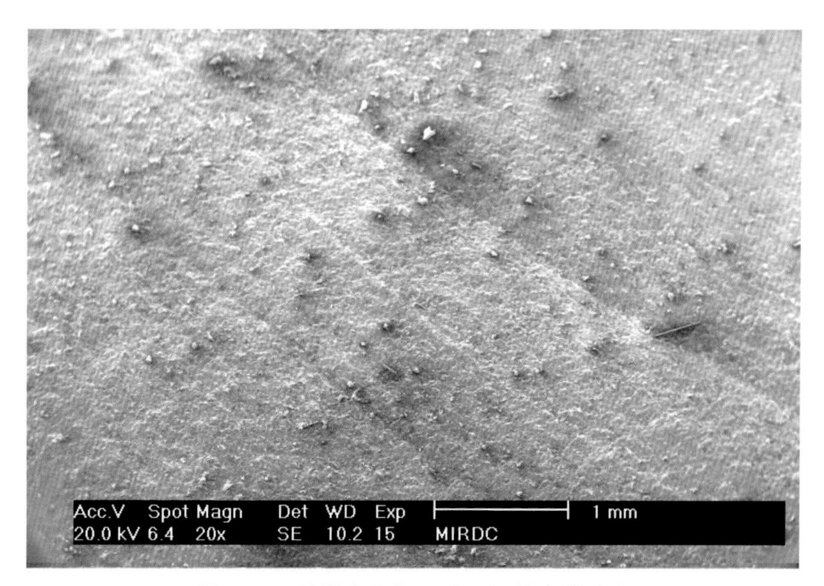

圖 2-26　破斷表面為呈現平坦狀疲勞破壞

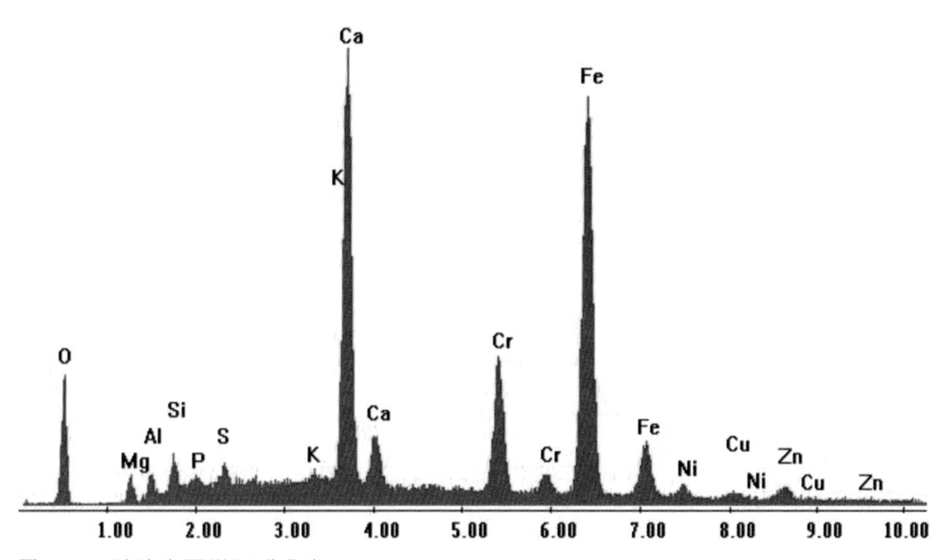

圖 2-27　破壞表面微區成分有 Fe、Cr、Ni、Cu、Zn、Ca、Si、P、S、K、Al、Mg、O 等元素

四、結果與討論

推進柴油主機曲拐軸經檢驗結果可得以下結論：

1. 中車大軸之破斷面觀察，顯示破壞起始位置為中大軸表面開始產生破壞，破壞主要形式為海灘紋，裂縫往心部成長後，最後中車大軸無法負荷而快速斷裂。中車大軸軸身有銲補之痕跡，且銲補附近有裂縫產生。

2. 中車大軸之成分與硬度符合 ASTM A564/A564M 之 UNS 17400 規範規定。

3. 中車大軸之破斷處附近面金相組織為麻田散鐵組織，其軸身表面有銲接之銲道產生，且在熱影響區有裂縫產生，裂縫呈現穿晶破壞形貌。

4. 使用 SEM 觀察破斷表面附近，中車大軸表面呈現撕裂及劈裂狀破壞，其裂縫成長為疲勞裂紋成長，EDS 微區成分分析，腐蝕生成物主要元素為 Ca、Mg 與 Si 等元素。

5. 綜合上述試驗分析，此中大軸之破壞主要因素為疲勞破壞。此中車大軸之破壞原因可能是由於中車大軸表面多處有微小裂縫（表面因銲補造成之內應力產生），加上中車大軸經長時間操作使用後，由於應力集中因素，裂縫慢慢成長（疲勞紋），最後導致斷裂。

五、建議

1. 若需使用銲補維修，應使用正確檢定過之銲接程序規範（WPS），選擇正確之銲條及合格之銲接操作員進行銲接。

2. 銲接後，應執行非破壞檢測（液滲檢測 PT），以確認軸身未產生瑕疵。

3. 適當時機做停機檢測，以確定無疲勞裂紋產生及建立維修檢測機制，以便追蹤。

2.3 不銹鋼三通管破損分析

一、背景

不銹鋼三通氣體管件（圖 2-28）使用約一個月後發現斷裂，導致氣體洩露壓力下降，造成局部停機，遂進行此管件斷裂原因分析。

圖 2-28　三通管全圖

二、檢驗項目

不銹鋼三通氣體管件檢驗項目有以下四項：

1. 外觀檢視：首先對三通管進行外觀檢視，使用照相機觀察照相記錄。

2. 硬度試驗：使用微小硬度機進行銲道、熱影像區與銲道硬度測試。

3. 金相試驗：將鑲埋試片拋光後，依據 ASTM E407 規範中之 No.13 腐蝕液進行電解腐蝕後，使用光學顯微鏡（OM）觀察腐蝕後之金相組織。

4. 掃描式電子顯微鏡（SEM）及能量散佈光譜分析儀（EDS）微區成分分析：使用掃描式電子顯微鏡（SEM）觀察三通管斷裂面表面破損之形貌，並使用能量散佈光譜分析儀（EDS）分析斷裂面表面之成分。

三、試驗結果

1. 外觀檢視

觀察三通管破斷面，其破斷面為平坦狀與海灘紋形貌破壞型態（圖 2-29 至圖 2-32）。

圖 2-29　斷裂處呈現平坦狀破壞

圖 2-30　破斷面有海灘紋形貌

圖 2-31　破斷面有海灘紋形貌

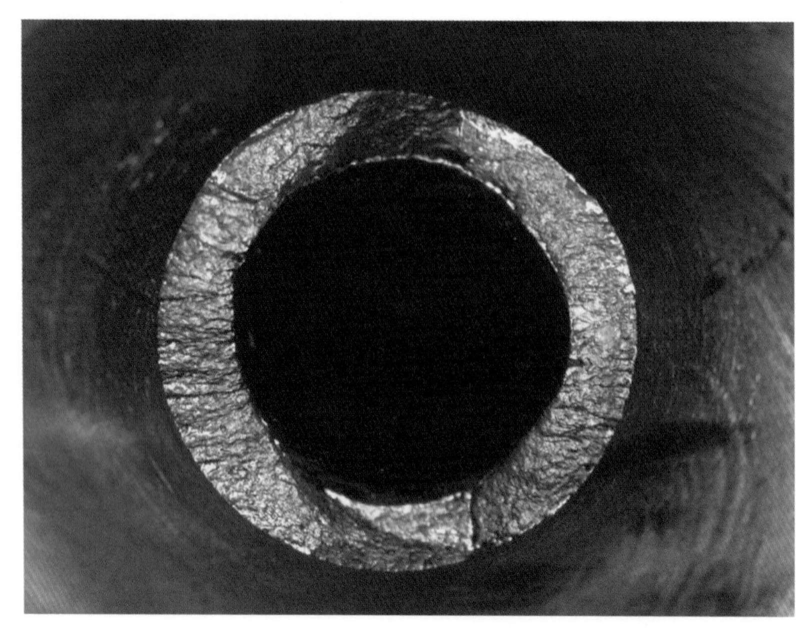

圖 2-32　為圖 2-31 之放大，破斷面有海灘紋形貌

2. 硬度

使用微小硬度機進行斷裂處附近、銲道、熱影響區與母材處之硬度試驗，其結果如表 2-6 所示。表 2-6 顯示斷裂處之硬度比其他三個位置硬度高。

表 2-6　斷裂處附近、銲道、熱影響區與母材處之硬度試驗結果

位置編號	測試值（HV0.3）					平均值（HV0.3）
斷裂處	324	340	339	336	346	337
母材處	190	203	183	186	185	189
銲道	168	178	171	175	169	172
熱影響區	166	155	161	166	175	165

3. 金相組織

進行三通管斷裂處與母材處之金相組織分析，觀察破裂面附近金相，顯示破斷處在銲道上，呈現穿晶破壞（圖 2-33 與圖 2-34），熱影響區無異常組織（圖 2-35 與圖 2-36）。母材處為沃斯田鐵基地組織，無異常組織（圖 2-37 與圖 2-38）

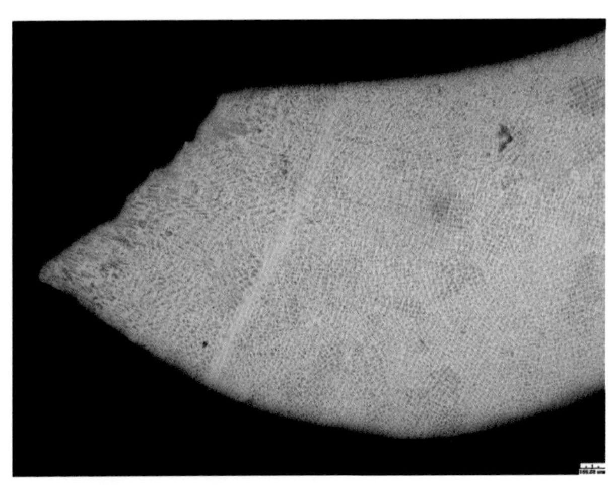

圖 2-33　斷裂處在銲道區域（倍率 50X）

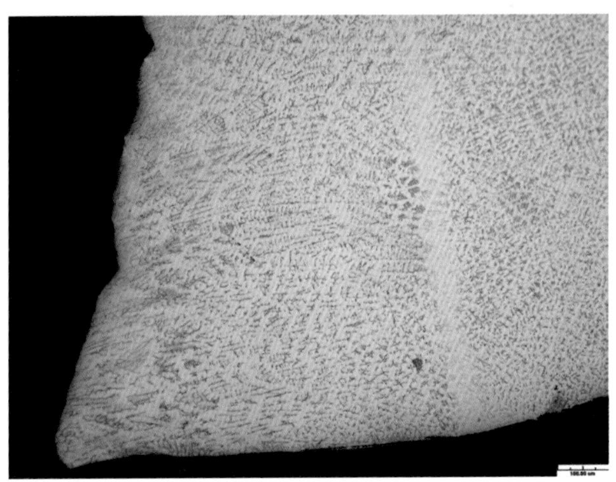

圖 2-34　銲道斷裂處呈現穿晶破壞（倍率 100X）

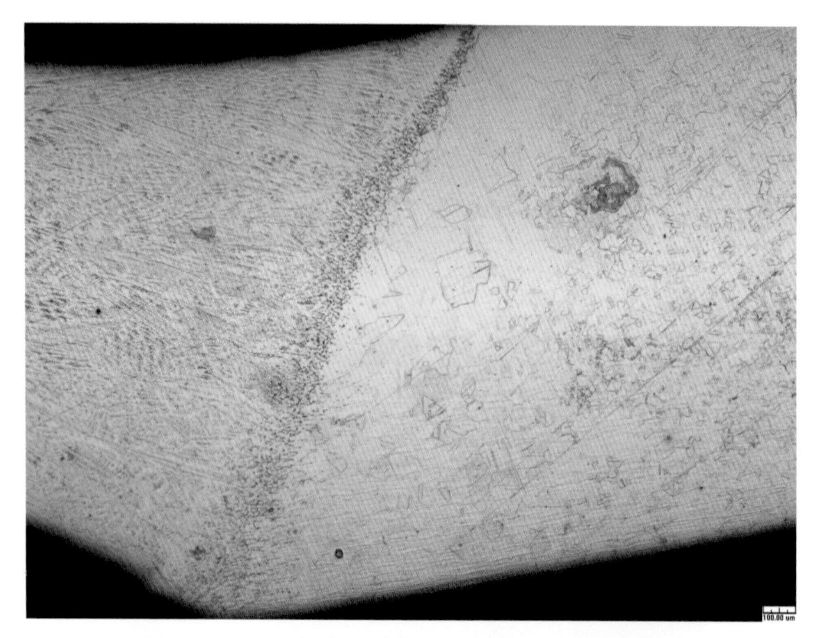

圖 2-35　銲道與熱影像區之金相組織（倍率 50X）

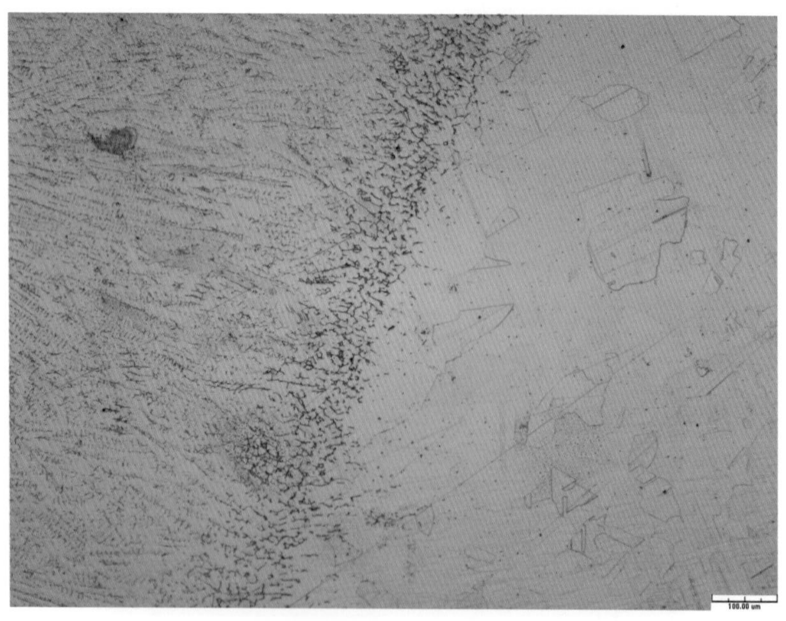

圖 2-36　銲道與熱影像區之金相組織（倍率 100X）

圖 2-37　母材之金相組織（倍率 100X）

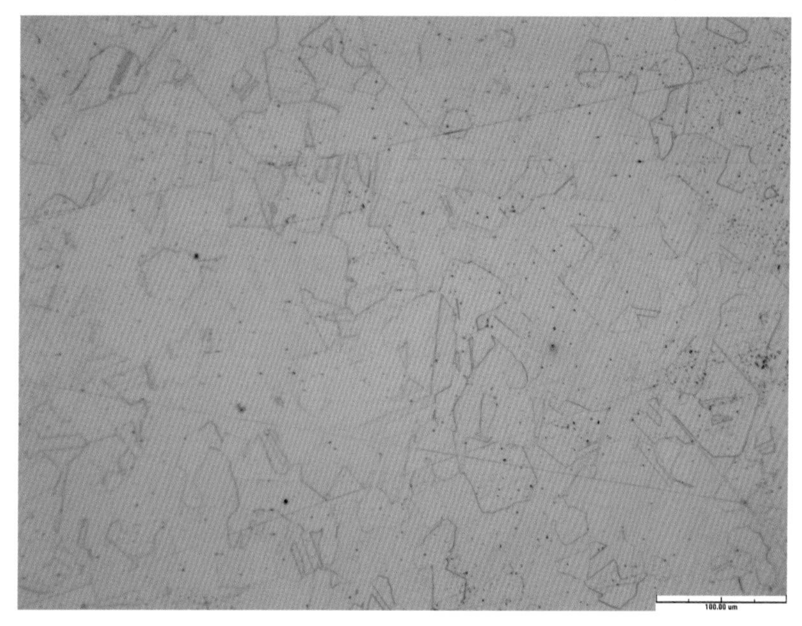

圖 2-38　母材之金相組織（倍率 200X）

4. SEM 觀察與 EDS 分析

使用 SEM 觀察三通管破斷表面（圖 2-39 至圖 2-43），破斷表面呈現撕裂狀之破壞形貌以及疲勞條紋生成；破斷表面之成分有 C、O、Mo、Si、Cr、Ni、Mn 與 Fe 等元素，無外來腐蝕因子（圖 2-44）。

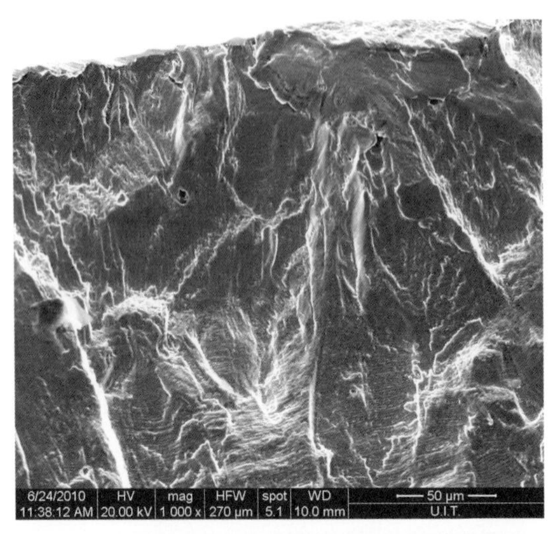

圖 2-39　破斷表面呈現撕裂狀破壞及疲勞條紋生成

圖 2-40　破斷表面呈現撕裂狀破壞及疲勞條紋生成

圖 2-41　破斷表面呈現撕裂狀破壞及疲勞條紋生成

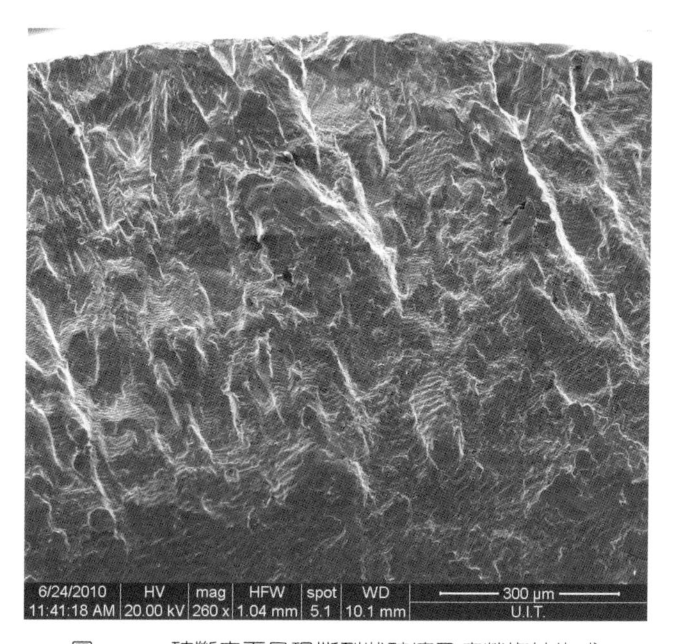

圖 2-42　破斷表面呈現撕裂狀破壞及疲勞條紋生成

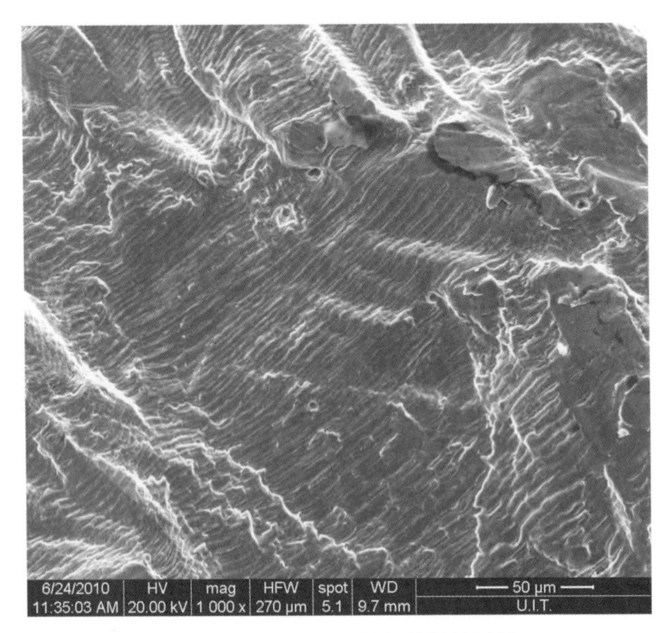

圖 2-43　破斷面呈現疲勞條紋破壞

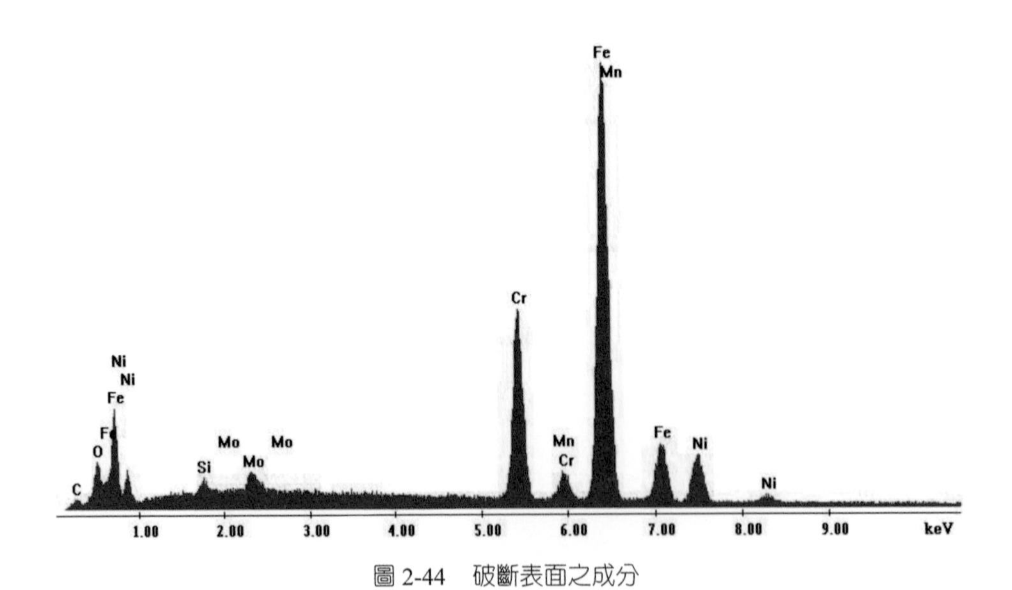

圖 2-44　破斷表面之成分

四、結果與分析

三通管經檢驗結果可得以下結論：

1. 觀察三通管破斷表面，顯示破斷表面屬於疲勞破裂之破壞形貌。

2. 由硬度試驗可知斷裂處之硬度高於未斷裂處硬度，應是可預期的，但銲道硬度低於母材硬度，則屬較不佳之銲接狀態（應為銲接時入熱量太高導致）。

3. 由金相組織可知，破斷處在銲道處，為穿晶破裂型態，母材與熱影響區並無異常組織。

4. 使用 SEM 觀察三通管破斷表面，顯示破斷表面顯示疲勞破壞形態；破斷表面無外來腐蝕因子。

5. 綜合上述試驗，此三通管可能由於在銲接處受到外力震動後，進而使三通管表面產生微小（疲勞）裂縫後，進而快速成長，最後造成三通管斷裂之現象。

6. 而依據對於現場管路走向及環境的描述，藉由目視可以確實看見 1/4” 管路受外在震動源影響，呈現頻率不一的前後及左右搖動，加上 1/4” 支管端銜接一 1/4” Swagelok Type 球閥，對於支管銲道的受力及負荷可能因此放大，故銲道位置強度之設計要求則必須重新考慮。

7. 建議使用者應提出產品使用環境及條件（提供圖面需求）或與製造商應就做事前評估以決定用料選擇及強度需求，雙方達成產品設計需求之共識，則可避免產品在使用後，發生失效之狀況產生，造成雙方損失。

2.4 彈簧破損分析

一、背景

彈簧（圖 2-45）於廠內進行疲勞試驗時，突然發生斷裂，遂進行斷裂原因探討。

圖 2-45　斷裂之彈簧

二、檢驗項目

彈簧檢驗項目有以下四項：

1. 外觀檢視與磁粒檢測（MT）：首先對彈簧進行外觀檢視與磁粒檢測（MT）彈簧表面是否有瑕疵存在，使用照相機觀察照相記錄。

2. 硬度試驗：使用微小硬度機進行心部硬度測試。

3. 金相試驗：將鑲埋試片拋光後，依據 ASTM E407 規範中之

No.74（Nital）腐蝕液進行腐蝕後，使用光學顯微鏡（OM）觀察腐蝕後之金相組織。

4. 掃描式電子顯微鏡（SEM）及能量散佈光譜分析儀（EDS）微區成分分析：使用掃描式電子顯微鏡（SEM）觀察彈簧斷裂面表面破損之形貌，並使用能量散佈光譜分析儀（EDS）分析斷裂面表面之成分。

三、試驗結果

1. 外觀檢視與磁粒檢測（MT）

使用磁粒檢測彈簧之表面，其結果沒有微小裂縫產生（圖 2-46）；觀察彈簧之破斷面，顯示出破裂方式由表面往心部產生（圖 2-47），彈簧表面有擦撞傷之痕跡（圖 2-48，紅色圓圈處）。

圖 2-46　磁粒檢測，彈簧表面無微小裂縫產生

圖 2-47　破裂方式為彈簧表面往心部產生破壞

圖 2-48　彈簧表面有擦撞之痕跡（紅色圓圈處）

2. 硬度試驗

使用微小硬度機，進行彈簧硬度測試。經測試其硬度平均為 527 HV0.3，使用 ASTM E140 規範將維氏硬度轉換成洛式硬度約為 51

HRC 左右，經與廠商所提供硬度值 48～50 HRC 比較，稍微超出規定值，不過此彈簧硬度應屬於合格範圍。

表 2-7　彈簧硬度測試結果

樣品	測試值（HV0.3）	平均值（HV0.3）
彈簧	525　528　529　530　525	527

3. 金相試驗

取彈簧破斷面附近，進行金相試驗。圖 2-49 顯示出彈簧之金相組織為回火麻田散鐵組織，其破斷表面有擦撞傷之痕跡產生（圖 2-50）。

圖 2-49　彈簧基地組織為回火麻田散鐵組織

圖 2-50　彈簧表面有擦撞傷之痕跡（紅色圓圈處）

4. 掃描式電子顯微鏡（SEM）及能量散佈光譜分析儀（EDS）微區成分分析

使用 SEM 觀察之破斷表面，顯示出表面呈撕裂狀及疲勞條紋產生（圖 2-51 與圖 2-52），破斷表面有腐蝕生成物生成（圖 2-53 與圖 2-54），使用 EDS 做微區成分分析（圖 2-55），有 Fe、Cr、Zn、Ca、Si、P、S、K、Al、Na、O 等元素，其外來元素有 Zn、Ca、Si、P、S、K、Al、Na 等元素。

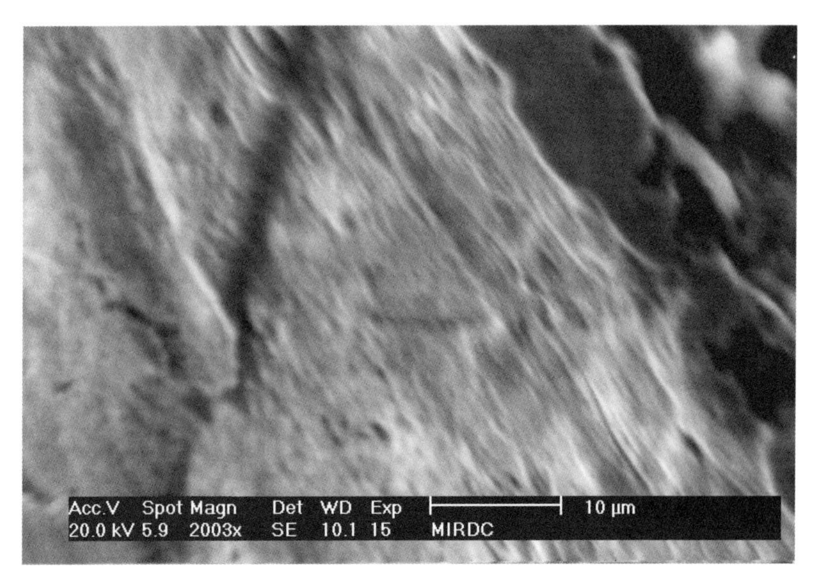

圖 2-51　破裂表面為撕裂狀破壞及疲勞條紋產生

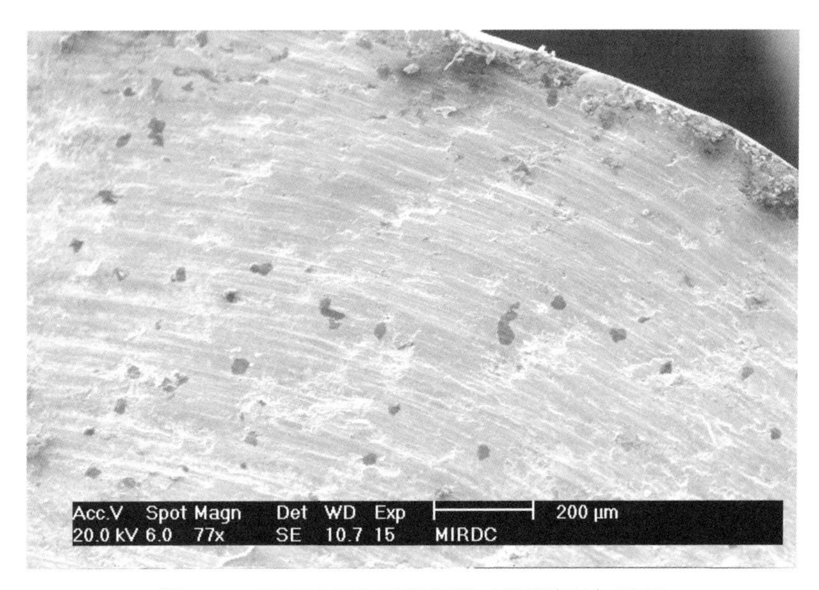

圖 2-52　破斷表面為呈現疲勞（疲勞條紋）破壞

圖 2-53　破斷表面有腐蝕生成物

圖 2-54　破斷表面有腐蝕生成物

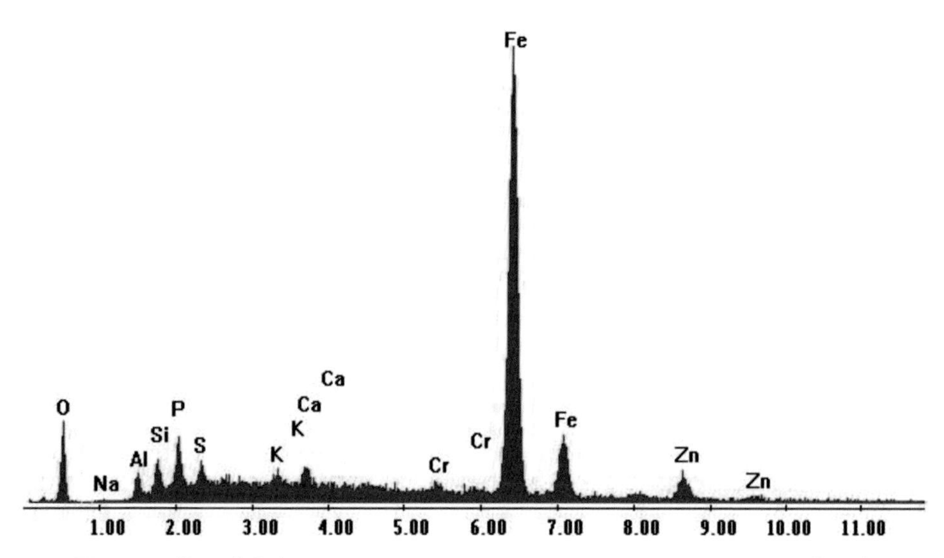

圖 2-55 微區成分有 Fe、Cr、Zn、Ca、Si、P、S、K、Al、Na、O 等元素

四、結果與討論

彈簧經檢驗結果可得以下結論：

1. 彈簧之破斷面觀察，顯示破壞起始位置為彈簧表面開始往心部產生破壞。

2. 彈簧之硬度符合應符合廠商之硬度值規定。

3. 彈簧之金相組織為回火麻田散鐵組織，其破斷表面有擦撞傷之痕跡。

4. 使用 SEM 觀察破斷表面附近，彈簧表面呈現撕裂狀及疲勞條紋，裂縫成長為疲勞裂紋成長，EDS 微區成分分析，腐蝕生成物主要元素為 Zn、Ca、Si、P、S、K、Al、Na 等元素。

5. 綜合上述試驗分析，此彈簧之破壞主要因素為疲勞破壞。此彈簧之破壞原因可能是由於彈簧表面有微小裂縫（擦撞傷），由於應力集中因素，裂縫慢慢成長（疲勞條紋），最後導致斷裂。

6. 建議彈簧成品進行表面瑕疵或裂縫檢測（磁粒檢測，MT），並避免表面受到撞擊而產生裂縫。

2.5 船用救生筏之氣瓶破裂破壞分析

一、背景

船用救生筏氣瓶構造為鋁合金氣瓶外披覆複合材料，於使用 30～40 年後，突然從氣瓶中間爆裂，一半的氣瓶因氣瓶內部壓力大，掉入海中不見，只剩一半之氣瓶（約 30 公分長，如圖 2-56 所示），由於氣瓶破裂方式異於一般壓力容器破裂方式（周向破壞），遂進行破壞分析。

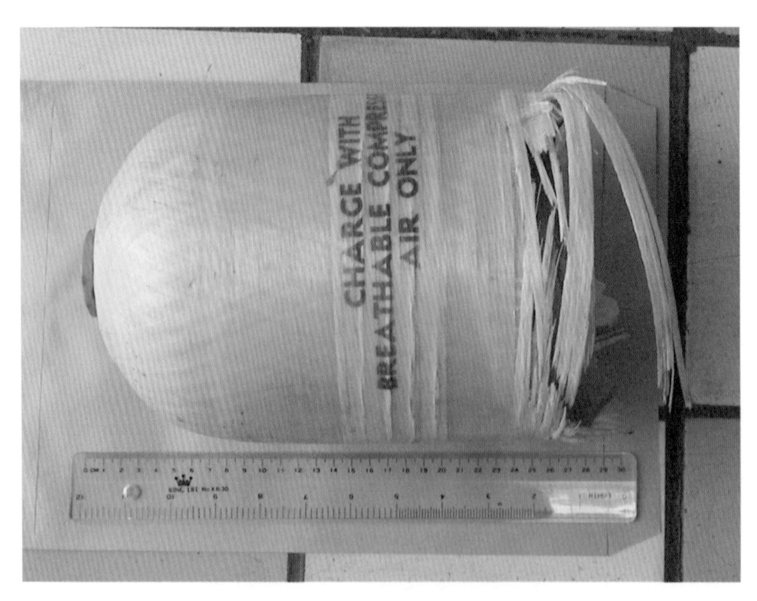

圖 2-56　已破裂之氣瓶

二、檢驗項目

船用救生筏氣瓶項目有以下五項：

1. 外觀檢視：首先對氣瓶進行外觀檢視，使用照相機觀察照相記錄。

2. 化學成分分析：使用分光分析儀分析氣瓶之化學成分。

3. 拉伸試驗：將氣瓶依據 CNS 2112 取樣後，使用萬能試驗機進行機械強度測試。

4. 金相試驗：將鑲埋試片拋光後，依據 ASTM E407 規範中之 No.1 腐蝕液腐蝕後，使用光學顯微鏡（OM）觀察腐蝕後之金相組織。

5. 掃描式電子顯微鏡（SEM）及能量散佈光譜分析儀（EDS）微區成分分析：使用掃描式電子顯微鏡（SEM）觀察氣瓶斷裂面表面破損之形貌，並使用能量散佈光譜分析儀（EDS）分析斷裂面表面之成分。

三、檢驗結果

1. 外觀檢視

由整體破斷面觀察（圖 2-57），破裂起始點為箭頭所指示，由破裂起始點往兩側由內往外成 45 度角快速破裂（圖 2-58）。圖 2-59 為破裂起始點局部放大，箭頭所指之位置為氣瓶壁內之介在物（Inclusion），其長度約 7 mm 左右。

圖 2-57　氣瓶破裂面整體圖，箭頭位置為破裂起始點

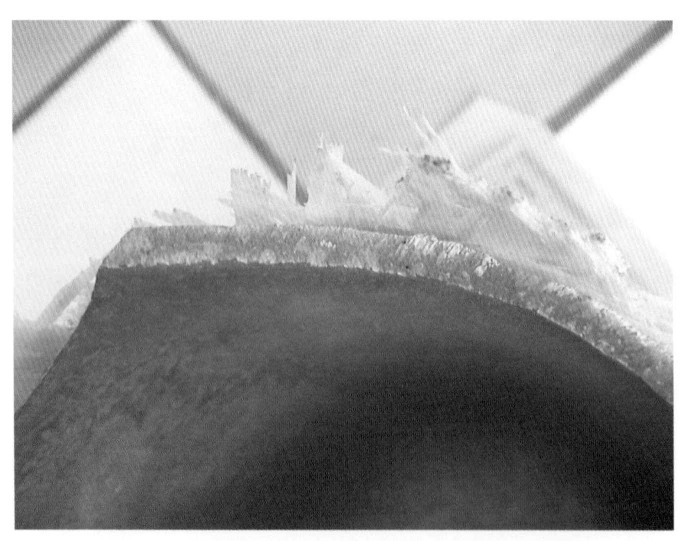

圖 2-58　氣瓶破裂方式由內而外 45 度快速破裂

圖 2-59　破裂起始點瓶壁內側位置有一明顯之介在物存在，長約 7 mm

2. 成分分析

使用分光分析儀進行氣瓶成分分析，其結果如表 2-8 所示。氣瓶成分相當符合 ASTM B209 6061。

表 2-8　分光分析儀氣瓶成分分析結果

成分	Si	Fe	Cu	Mn	Mg	Zn	Cr	Ti	Al
wt%	0.57	0.17	0.24	0.002	0.97	0.001	0.09	0.008	Bal
ASTM B209 6061	0.4～0.8	0.7	0.15～0.40	0.15	0.8～1.2	0.25	0.04～0.35	0.15	Bal

3. 拉伸試驗

使用萬能試驗機進行拉伸試驗，其結果如表 2-9 所示。根據 ASTM B209 規範中之材質 6061 T6 之抗拉強度為 290 MPa，降服強度 240 MPa，伸長率 10% 以上，故氣瓶之材質符合此規範之規定。

表 2-9　萬能試驗機拉伸試驗結果

試片	抗拉強度 kgf/mm^2（MPa）	降服強度 kgf/mm^2（MPa）	伸長率 %
No.1	35.8（351）	23.0（225）	14
No.2	33.8（331）	30.0（294）	12
No.3	36.0（353）	31.7（311）	11
平均值	35.2（345）	28.2（277）	12.7
6061 T6	≥ 290Mpa	≥ 240Mpa	≥ 10

4. 金相試驗

將試片進行金相組織分析，圖 2-60 顯示為鋁合金組織，黑色點為 Mg_2Si 析出物，由金相組織來看此氣瓶有經過 T6（固溶化及時效）熱處理。

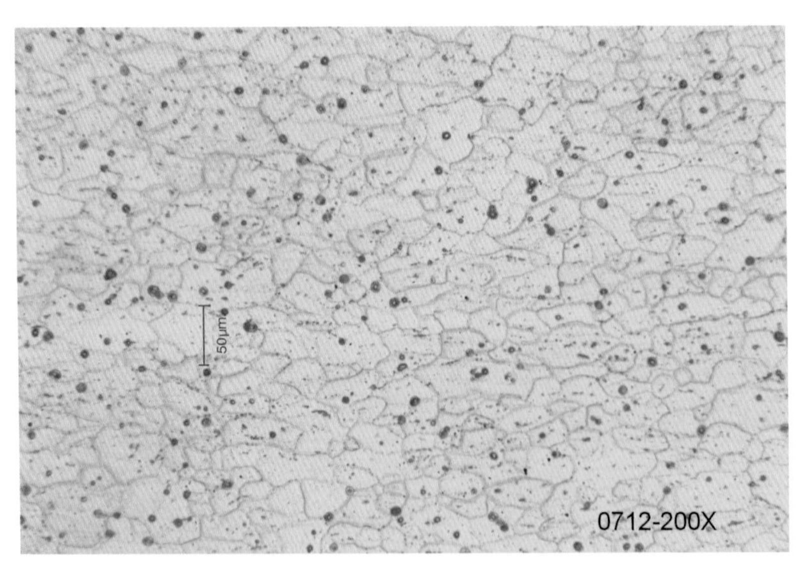

圖 2-60　氣瓶經過 T6 熱處理，黑色點為 Mg_2Si 析出物

5. 掃描式電子顯微鏡（SEM）觀察及能量散佈光譜分析儀（EDS）微區成分分析

觀察破裂起始點附近（圖 2-61），屬於沿晶破裂型態，有腐蝕生成物生成以及裂紋成長（圖 2-62）現象產生，而整個破斷面皆屬於快速劈裂型態（圖 2-63）。對於圖 2-61 之介在物進行微區成分分析，其成分有 Al、Si、Mg、Na、P、S、Cl、K、Ca、Fe、O 等元素（圖 2-64）。

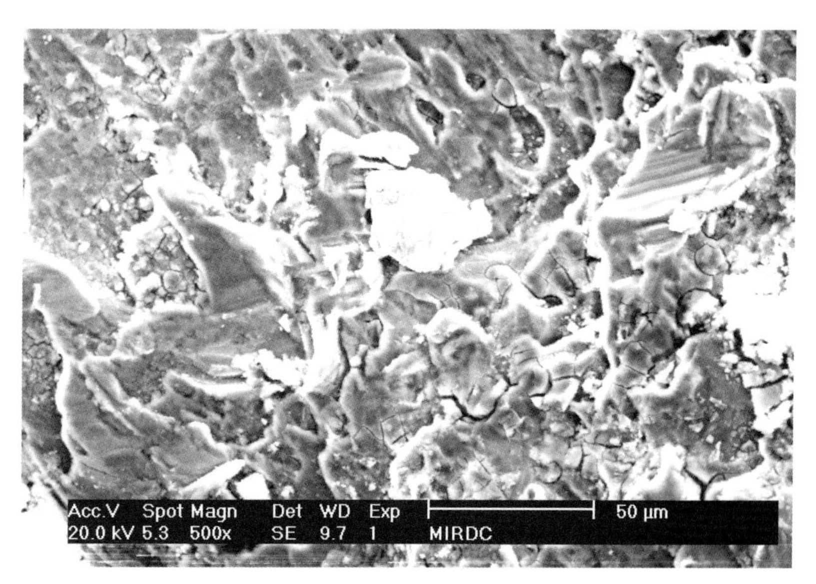

圖 2-61　破裂起始點屬於沿晶破裂以及有腐蝕生成物生成

圖 2-62　破裂起始點附近裂紋成長現象

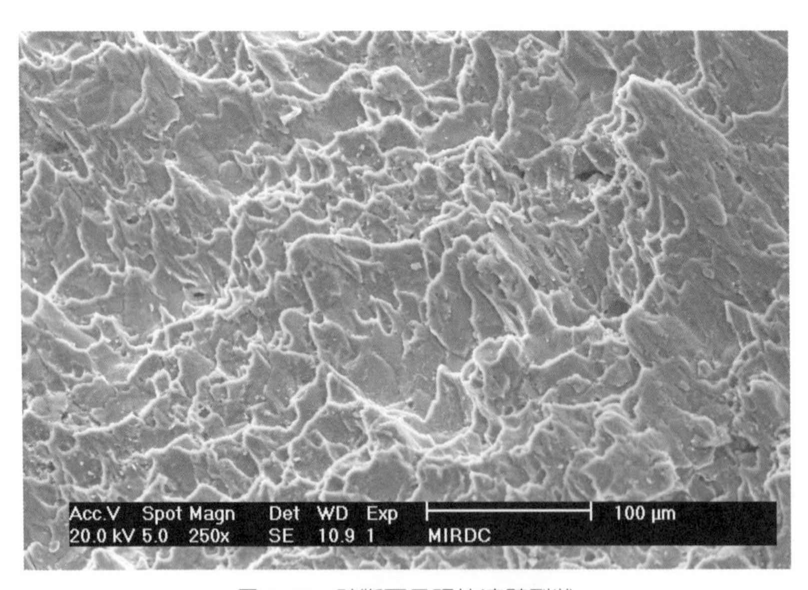

圖 2-63　破斷面呈現快速劈裂狀

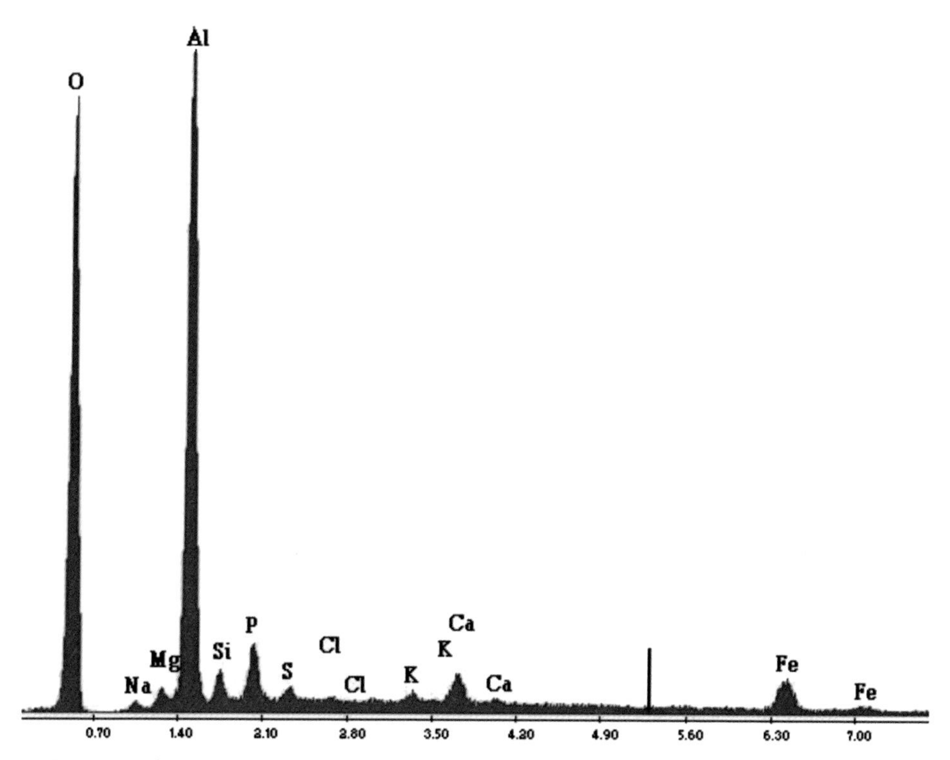

圖 2-64　介在物之成分有 Al、Si、Mg、Na、P、S、Cl、K、Ca、Fe、O 等元素

四、結果與討論

船用救生筏氣瓶經檢驗結果可得以下結論：

1. 由巨觀檢視氣瓶破斷面，發現破斷面屬於由內往外，呈現 45 度角快速破裂型態，在破裂起始點管壁附近有一明顯介在物（長約 7 mm）產生，此介在物是屬於較大面積的偏析物，極有可能會影響氣瓶局部區域之特性。

2. 由廠商提供，氣瓶規範屬於 MIL-C-24604，TYPE II 之規範要求材質，由於沒有此規範詳細內容，故參考 ASTM B209 中 6061 之規範要求，而實際檢驗之數據與 ASTM B209 6061 相符合。

3. 拉伸試驗結果得知拉伸強度符合 ASTM B209 規範中之材質 6061 T6。

4. 由金相組織觀察得知此材質經過 T6（固溶化及時效）熱處理。

5. 由 SEM 觀察及 EDS 分析，得知在破裂起始點附近有微細裂紋產生與生長，整個破斷面是屬於快速劈裂破斷型態；對於介在物成分分析有 Al、Si、Mg、Na、P、S、Cl、K、Ca、Fe、O 等元素，顯示出在此區域之成分非常不穩定，此介在物有可能在原材料熔煉時，因雜質而產生。因此在長時間氣瓶受到極大之壓力（5000 Psi），在氣瓶組織局部缺陷（介在物或氣孔）慢慢成長，形成微細裂紋，然後再慢慢成長，最後不能承受強大壓力，進而造成氣瓶瞬間之爆裂。

6. 根據一般壓力容器爆破試驗，其破斷裂縫型態通常為沿著軸向發生，而送驗之氣瓶則為周向破斷，故推斷此氣瓶不是由壓力過大產生爆裂。

7. 根據成分分析、拉伸試驗與金相組織等試驗此氣瓶之材質、機械強度皆符合 ASTM B209 6061 規範要求，氣瓶本身尚可以承受氣瓶高壓氣體之壓力，但是由巨觀檢視及 SEM 觀察，破斷面位置有一明顯知介在物（約 7 mm 長）存在，由於氣瓶使用時間已經相當久，且保持高壓狀態（5000 Psi），材料破壞通常從組織最弱位置（內部與表面缺陷），慢慢成長成為微細裂紋，最後材料承受不了外力，進而導致材料破斷。故此氣瓶由於內部存有巨大介在物，加上長時間受到極高壓力，進而微細裂紋產生，進而破壞。

8. 由上述試驗結果得知，此氣瓶可能是由於原材料熔煉過程中，因雜質而產生之介在物，而且此介在物剛好在此氣瓶之內壁附近，經由這瑕疵，再加上長時間及高壓狀態下受力，進而造成氣瓶之破裂，而這應屬於機率極低之偶發現象。而氣瓶原先設計並沒有問題，同型同批製造之氣瓶，不一定有相同瑕疵，而發生此現象之機率極低。

2.6 螺絲成形機曲軸破損分析

一、背景

螺絲成形機輸出至國外後，使用約 2～3 個月後，螺絲成形機內之曲軸突然發生斷裂（圖 2-65），由於此曲軸支直徑為 460 mm ，發生此斷裂現象屬於非常異常，故進行破壞原因分析。

圖 2-65　斷裂之曲拐軸全圖

二、檢驗項目

螺絲成形機曲軸項目有以下七項：

1. 外觀檢視：首先對曲軸進行外觀檢視，使用照相機觀察照相記錄。

2. 磁粒（MT）及超音波（UT）檢測：使用 Western Instruments WC-6 Yoke 配合 LABINO PS-135 黑光燈檢查曲軸表面以及使用 KRAUTKRAMER USN 52 超音波檢測儀搭配 K4G 探頭檢查曲軸內部。

3. 化學成分分析：使用分光分析儀分析曲軸之化學成分。

4. 拉伸試驗：依據 CNS 2112 取樣後，使用萬能試驗機進行機械強度測試。

5. 硬度試驗：使用洛氏硬度機（Rockwell Tester）進行心部硬度以及硬化層深度測試。

6. 金相試驗：將鑲埋試片拋光後，依據 ASTM E407 規範中之 No.74（Nital）腐蝕液腐蝕後，使用光學顯微鏡（OM）觀察腐蝕後之金相組織。

7. 掃描式電子顯微鏡（SEM）及能量散佈光譜分析儀（EDS）微區成分分析：使用掃描式電子顯微鏡（SEM）觀察曲軸斷裂面表面破損之形貌，並使用能量散佈光譜分析儀（EDS）分析斷裂面表面之成分。

三、試驗結果

1. 外觀檢視

觀察曲軸破斷面，可顯示破裂方式是由曲軸表面開始往心部（紅色虛線顯示其方向）進行，由圖 2-66 顯示出此曲軸破壞型態分成三個區域，區域 1 為破裂起始區，區域 2 為放射區，區域 3 為最後斷裂區。區域 1 破裂起區域有海灘紋產生（圖 2-67）。

2. 磁粒檢測（MT）與超音波檢測（UT）

使用 Western Instruments WC-6 Yoke 配合 LABINO PS-135 黑光燈檢查曲軸表面，其斷裂處之軸表面沒有瑕疵（裂縫）產生，而在兩邊齒輪端，則發現組裝過程因拆卸或壓入軸承、傳動齒輪等作業層傷及軸表面，有裂縫及銲補的殘留痕跡（如圖 2-68 與圖 2-69）。

圖 2-66　破裂型態分三個區域，藍色箭頭處為破壞起始點

圖 2-67　曲軸表面有海灘紋產生

圖 2-68　軸端部表面損傷

圖 2-69　軸表面銲補痕跡及裂紋

使用 KRAUTKRAMER USN 52 超音波檢測儀搭配 K4G 探頭檢查曲軸內部，均無明顯之瑕疵，但在圖 2-65 之位置 1、2 或 3 處，回波信號強度有遞減之現象，圖 2-65 位置 1 至軸端超音波訊號最強且衰減情況均勻（圖 2-70 與圖 2-71），相同檢測靈敏度（64 dB）圖 2-65 位置 2 超音波信號衰減大半（圖 2-72 與圖 2-73），圖 2-65 位置 3 衰減最嚴重（圖 2-74 至圖 2-77），訊號不到位置 1 之十分之一。

圖 2-70　為圖 2-65 位置 1

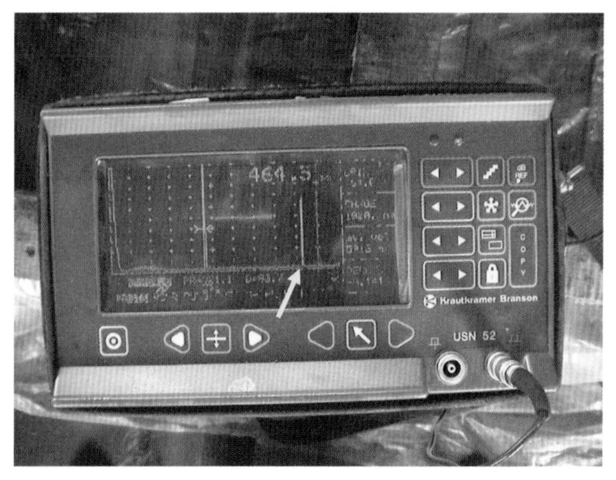

圖 2-71　為圖 2-65 位置 1，B_{900} = 70%（64 dB）

圖 2-72　為圖 2-65 位置 2

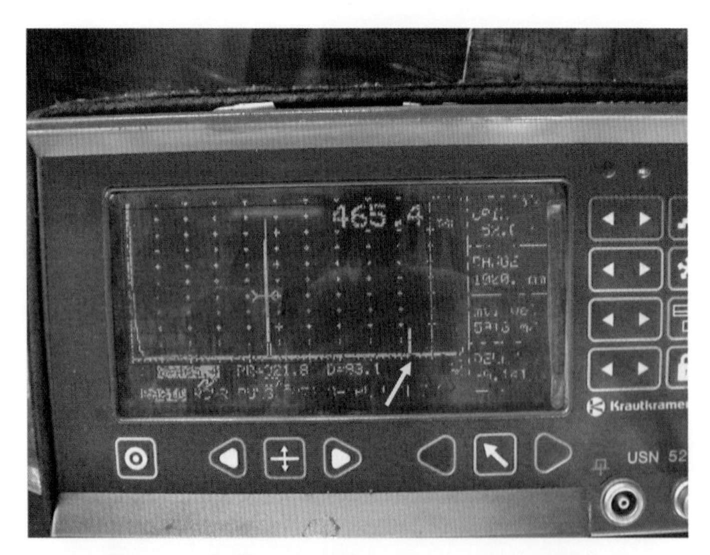

圖 2-73　為圖 2-65 位置 2，B_{900} < 10%（64 dB）

圖 2-74　為圖 2-65 位置 3

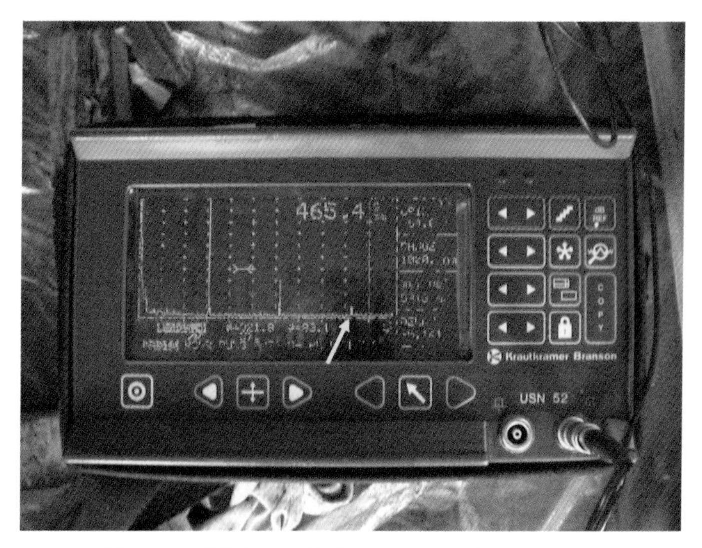

圖 2-75　為圖 2-65 位置 3，$B_{900} < 10\%$（64 dB）

圖 2-76　為圖 2-65 位置 3

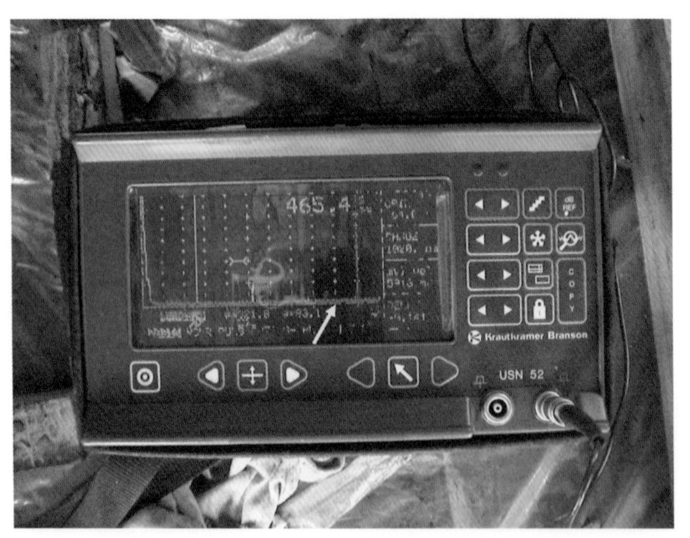

圖 2-77　為圖 2-65 位置 3，$B_{900} \approx 0\%$（64 dB）

3. 成分分析

使用分光分析儀，進行成分分析，其結果如表 2-10 所示。由表 2-10 可知曲軸之成分為 JIS G4053 SCM 440 規範成分。

表 2-10　分光分析儀成分分析結果

成分（wt%）	C	Si	Mn	P	S	Cr	Mo	Ni	Cu
曲軸	0.41	0.26	0.77	0.009	0.004	0.99	0.16	0.09	0.13
SCM 440	0.42～0.50	0.15～0.35	0.7～1.0	≤ 0.030	≤ 0.05	0.9～1.2	0.15～0.3	≤ 0.3	≤ 0.3

4. 拉伸試驗

取曲軸心部進行拉伸試驗，其結果如表 2-11 所示。

表 2-11　曲軸心部拉伸試驗結果

樣品	抗拉強度（kgf/mm^2）	降服點（kgf/mm^2）	伸長率（%）
曲軸	85	57	21

5. 硬度試驗

使用洛式硬度機，進行曲軸表部、心部及硬化層曲線硬度測試。取斷裂位置及齒輪端（圖 2-65，位置 2 與位置 3）進行測試。其表面與心部硬度如表 2-12 所示。從曲軸表面往心部進行，其結果如表 2-13（斷裂位置）與表 2-14（齒輪端）所示。

表 2-12　表面硬度與心部硬度

測試位置	表面硬度	心部硬度
斷裂位置	24.8（HRC）	98.6（HRBW）
齒輪端	91.4（HRBW）	93.3（HRBW）

表 2-13　斷裂位置之硬度曲線

距離（mm）	1	3	8	13	18	23	28	33	38	43
硬度值（HRC）	25.6	28.6	28.9	27.9	29.0	28.4	28.1	28.1	27.4	26.6
距離（mm）	48	53	58	63	68	73	78	83	88	93
硬度值（HRC）	27.4	27.4	27.8	24.9	24.9	21.8	19.7	17.6	20.1	(18.5)
距離（mm）	98	103	108	113	118	123	128	133	138	143
硬度值（HRC）	(18.9)	(16.5)	(17.1)	(15.4)	(14.7)	(13.7)	(12.1)	(11.4)	(10.7)	(10.3)

註：(　) 為參考值

表 2-14　齒輪端位置之硬度曲線

距離（mm）	3	6	11	16	21	26	31	36	41	46	51	56
硬度值（HRBW）	91.5	92.9	93.5	92.2	92.7	93.2	95.1	93.2	94.3	94.2	93.3	94.8

6. 金相試驗

取斷裂面位置及齒輪端進行金相試驗。圖 2-78 顯示出破斷面表面之金相組織為麻田散鐵組織及有裂縫產生，心部組織為波來鐵與肥粒鐵組織（圖 2-79），而在齒輪端之組織為波來鐵與肥粒鐵組織（圖 2-80）且有局部偏析之現象。

圖 2-78　破斷面表面處附近組織為麻田散鐵組織，且有裂縫產生

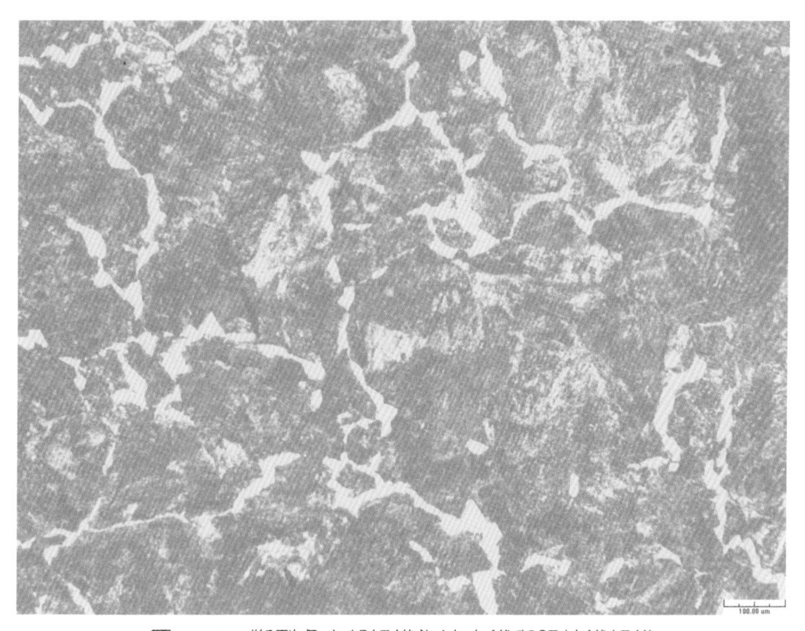

圖 2-79　斷裂處心部組織為波來鐵與肥粒鐵組織

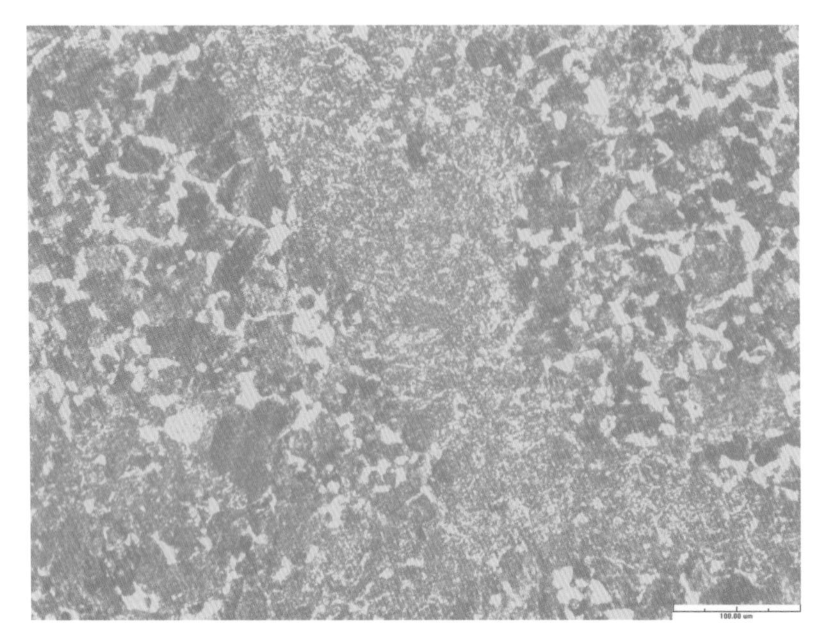

圖 2-80　齒輪端心部組織為波來鐵與肥粒鐵組織，其組織有偏析現象

7. 掃描式電子顯微鏡（SEM）及能量散佈光譜分析儀（EDS）微區成分分析

使用 SEM 觀察曲軸之破斷表面，顯示出表面呈撕裂狀產生（圖 2-81），以及平坦狀疲勞破壞形貌（圖 2-82），放射線破裂區呈現劈裂型態破裂（圖 2-83），曲軸心部最後破裂型態屬於劈裂破壞（圖 2-84）。使用 EDS 做破斷面微區成分分析（圖 2-85），有 Fe、Cr、Si、K、P、S、K、O 等元素，無外來元素。

圖 2-81　破裂起始點為撕裂狀

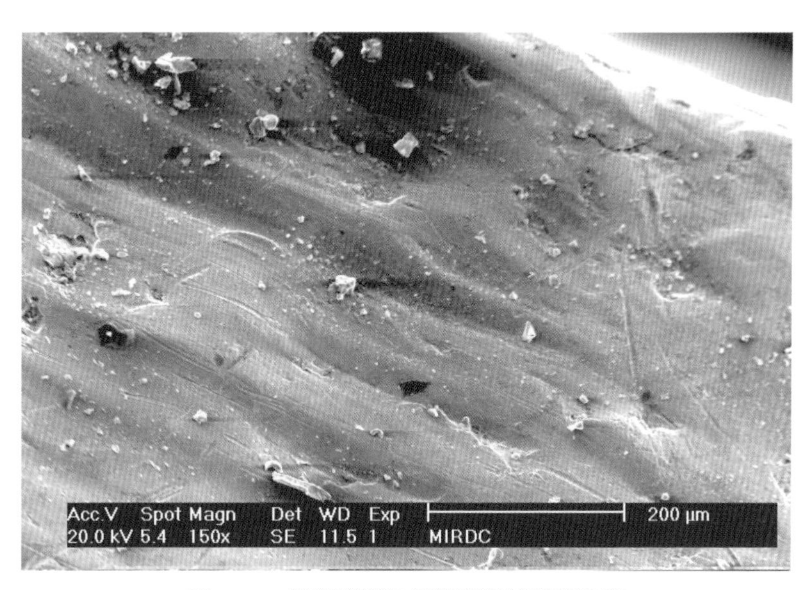

圖 2-82　破斷表面為呈現平坦狀疲勞破壞

圖 2-83　曲軸放射線破裂成長區呈現劈裂破壞型態

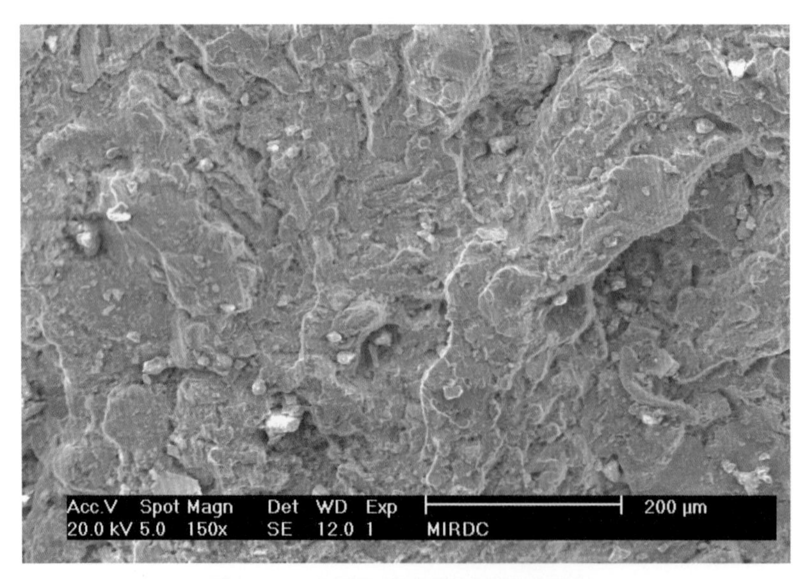

圖 2-84　曲軸心部呈現劈裂破壞型態

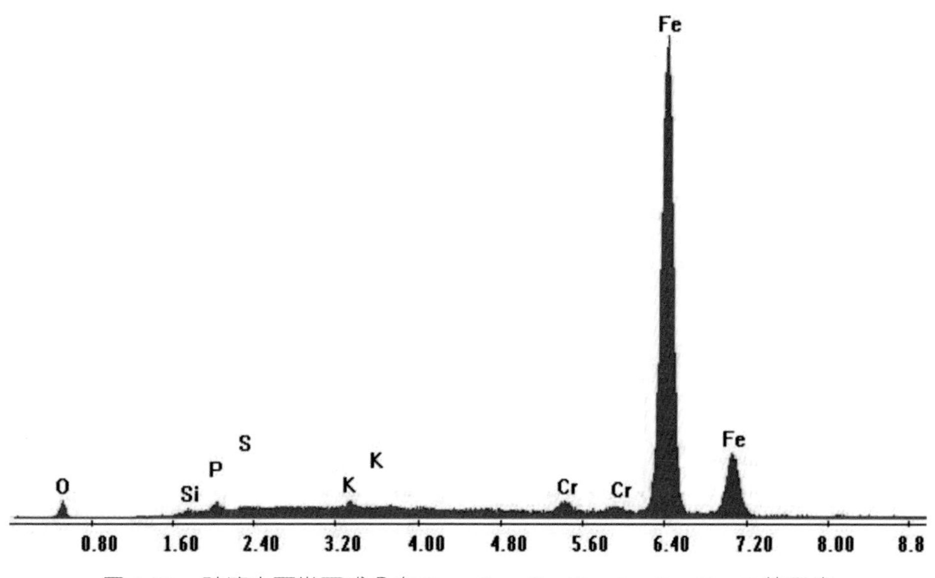

圖 2-85　破壞表面微區成分有 Fe、Cr、Si、K、P、S、K、O 等元素

四、結果與討論

本章螺絲成形機曲軸經檢驗結果可得以下結論：

1. 由曲軸之破斷面觀察，顯示破壞起始位置為曲軸表面開始產生破壞，破壞主要形式為海灘紋，裂縫成長後往曲軸心部呈現放射線破壞成長，最後曲軸強度不足而快速斷裂。由整個破斷面外觀顯示出為破壞主因為表面產生疲勞裂縫（海灘紋）。

2. MT 檢測曲軸破裂位置附近表面沒有瑕疵顯示，因此並非表面瑕疵造成本次斷裂。

3. 超音波檢測發現如圖 2-65 位置 1 範圍內以相同靈敏度檢測，底面回波信號（B）穩定無瑕疵顯示，900 mm 處之底面回波可達 70% 垂直全尺度（B_{900} = 70%），位置 2（斷裂點之另一側）底面回波明顯下降，900 mm 處之底面回波降至 10% 垂直全尺度以下（B_{900} < 10%），圖 2-65

位置 3 底面回波與圖 2-65 位置 2 類似，最靠近軸端更差，此區亦無瑕疵信號出現，唯斷裂點兩側之超音波衰減有明顯差異，一般超音波穿透材料之特性以晶粒大小、瑕疵多寡、熱處理差異均會造成明顯的影響，本次超音波檢測並未發現內部具有明顯瑕疵，因此底面回波信號明顯降低應屬晶粒大小及熱處理差異所造成。

4. 曲軸之成分為符合 SCM 440 規範規定。

5. 曲軸之斷裂處（圖 2-65 位置 2）之心部硬度平均為 98.6 HRBW，表面硬度為 24.8 HRC，齒輪端（圖 2-65 位置 3）之心部硬度平均為 91.4 HRBW ，表面硬度為 93.3 HRBW ，與委託公司所提供之圖面（曲軸之規定在調質處理後，硬度要達到 34±2 HRC）做一比較，顯示出此曲軸硬度皆未達到圖面所規定，不符合原先設計規定。再進行硬度曲線測試，破斷面位置（圖 2-65 位置 2）之測試結果顯示由曲軸表面至心部 60～70 mm 附近有經過調質處理，但其硬度硬化程度不高（硬度值 24.9～29.0 HRC），而在齒輪端（圖 2-65 位置 3）則顯示未經過調質處理（表面到心部硬度皆未有變化）。

6. 曲軸之破斷處（圖 2-65 位置 2）表面金相組織為麻田散鐵組織，心部則為波來鐵與肥粒鐵組織，齒輪端（圖 2-65 位置 3）組織則為波來鐵與肥粒鐵組織，但其組織並不均勻（局部偏析）。

7. 使用 SEM 觀察破斷表面附近，曲軸表面呈現撕裂狀及疲勞紋，裂縫成長區皆屬於劈裂狀破壞，EDS 微區成分分析並無外來元素。

8. 綜合上述試驗分析，此曲軸之成分符合 SCM 440，MT 檢測曲軸破裂位置附近表面沒有瑕疵顯示，超音波檢測（UT）並未發現內部具有明顯瑕疵，但是由圖 2-65 位置 1 往位置 3 掃描，超音波衰減有明顯差異；在硬度測試曲軸之破斷處（圖 2-65 位置 2）有經硬化處理（硬化層約為 60～70 mm ，但硬化程度不高（硬度值 24.9～29.0 HRC），齒輪端（圖 2-65 位置 3）則顯示未經過調質處理；金相組織在曲軸之破斷處（圖 2-65 位置 2）表面有麻田散鐵組織（有調質處理），齒輪端（圖 2-65 位置 3）組織則為波來鐵與肥粒鐵組織（未經調質處理）；從 UT、硬度與金相組織來觀察與推論，此曲軸在圖 2-65 位置 1 之有經過調質處理（晶粒較小），在破斷面（圖 2-65 位置 2）則有明顯之差別（UT 訊號衰減較大），有調質處理，但不符合設計圖面要求，在齒輪端（圖 2-65 位置 3），UT 訊號與位置 1 比較幾乎低於 10% 以下，其硬度與金相組織，皆顯示出無調質處理，故曲軸由於表面強度不足（不符合圖面設計要求），在使用後，從曲軸表面微小裂縫，產生疲勞破壞（SEM 觀察），最後曲軸本身無法承受，而產生快速斷裂。

五、建議

1. 調質熱處理要符合圖面要求，並要求提供測試報告。

2. 要求提供曲軸表面瑕疵之檢測報告，以降低表面缺陷產生，進而產生疲勞或其他方式之破壞。

第三章 腐蝕破壞

3.1 禁止下錨牌樓破損分析

3.2 鍋爐鰭管（Fin Tube）內部腐蝕破損分析

3.3 熱交換器鰭片管外部腐蝕破損分析

3.4 消防撒水用鋼管破損分析

3.5 板式熱交換器散熱片破損分析

3.6 熱交換管破損分析

3.7 葉輪破損分析

腐蝕破壞是指材料與其環境產生化學或電化學反應所造成的破壞。疲勞破壞主要發生在材料表面，但間接亦會造成強度的降低，甚至材料的斷裂。實際分析案例如下：

3.1 禁止下錨牌樓破損分析

一、背景

位於海邊排放站內禁止下錨牌樓（圖 3-1）發生嚴重生鏽、腐蝕現象，為了確定此牌樓是否堪用及避免危險，遂進行此牌樓之破損分析。

圖 3-1　禁止下錨牌樓外觀

二、測試項目

禁止下錨牌樓檢驗項目有以下五項：

1. 外觀檢視：首先對牌樓進行現場外觀檢視，並使用照相機觀察照相記錄。

2. 化學成分分析：使用分光分析儀分析牌樓之化學成分。

3. 機械性質分析：依據 CNS 2112 取樣後，使用萬能試驗機進行拉伸強度測試。

4. 表面塗層厚度：將鑲埋試片拋光後，依據 ASTM E407 規範中之 No.74（Nital）腐蝕液腐蝕後，使用光學顯微鏡（OM）觀察表面塗層厚度。

5. 掃描式電子顯微鏡（SEM）及能量散佈光譜分析儀（EDS）微區成分分析：使用能量散佈光譜分析儀（EDS）分析腐蝕面表面之成分。

三、測試結果

1. 外觀檢視

由外觀檢視牌樓，發現牌樓大部分支架都有嚴重生鏽以及斷裂現象產生（圖 3-2 至圖 3-8），在圖 3-3 顯示牌樓一座避雷針已經倒塌，卡在上面支架，顯示此牌樓已經受到海風嚴重腐蝕侵襲。

圖 3-2　牌樓下端支架皆有生鏽現象

圖 3-3　牌樓上避雷針已經掉落（圓圈處）

圖 3-4　牌樓下端支架嚴重腐蝕及斷裂

圖 3-5　牌樓下端支架斷裂

圖 3-6　牌樓下端支架斷裂

圖 3-7　牌樓支架嚴重腐蝕

圖 3-8　牌樓支架嚴重腐蝕

2. 成分分析

此牌樓圖面設計材質為 SS400 之鍍鋅鋼板。確認此牌樓材質，使用分光分析儀進行成分分析，其結果如表 3-1 所示。此材質符合圖面設計之 SS400 材質規範，屬於低碳鋼材質。

表 3-1　分光分析儀成分分析結果

成分 %	C	Si	Mn	P	S
牌樓	0.18	0.25	0.41	0.013	0.032
SS400	-	-	-	0.050max	0.050max

3. 機械性質分析

將牌樓取兩支支架（一為未腐蝕、一為有腐蝕現象），進行拉伸試驗，其結果如表 3-2 所示。顯示兩牌樓支架符合 SS400 之強度規定，但是有腐蝕之支架伸長率不足（低標準值 3%）。

表 3-2　未腐蝕、有腐蝕現象支架拉伸試驗結果

樣品	拉伸強度（MPa）	降伏點（MPa）	伸長率（%）
未腐蝕	480	353	24
有腐蝕	441	304	14
SS400	400～510	245 以上	17

4. 表面塗層厚度分析

將此試片進行表面鍍層進行鍍鋅量測試，發現表面塗層沒有鍍鋅層，只有表面塗層，其表面塗層厚度約 0.53～0.58 mm（圖 3-9）。

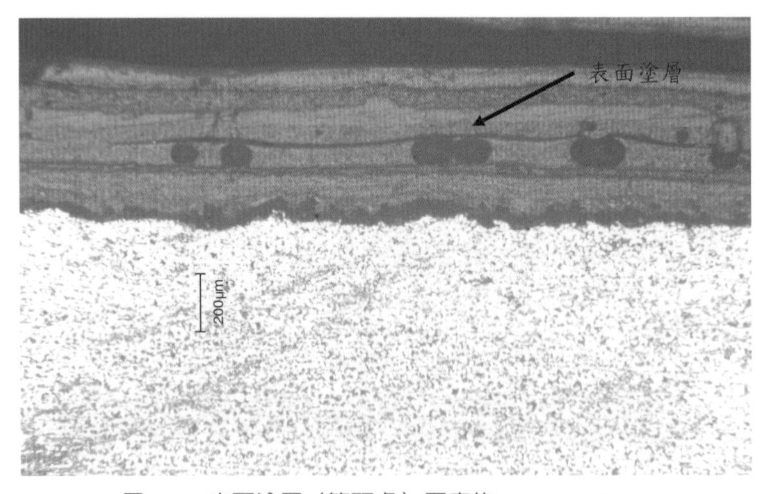

圖 3-9　表面塗層（箭頭處）厚度約 0.53～0.58 mm

5. 電子顯微鏡（SEM）與能量散佈光譜分析儀（EDS）微區成分分析

使用電子顯微鏡（SEM）與能量散佈光譜分析儀（EDS）對牌樓表面進行微區成分分析，其成分有 Fe、Cr、Ca、S、Ti、Cl、Si、Al、Mg、O、C 等元素（圖 3-10），由光譜顯示外來腐蝕因子有 Ca、S、Cl、Mg、O 等元素，Ti、Al 與 Cr 應為塗層成分。而由於沒有鋅（Zn）元素存在，顯示此牌樓表面沒有鍍鋅層。

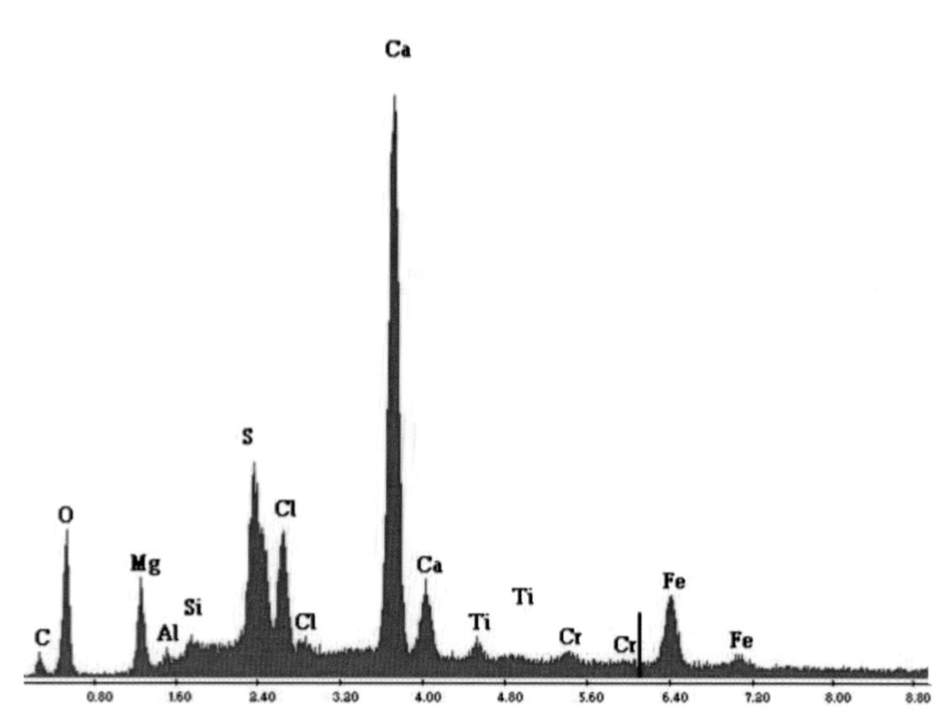

圖 3-10　基材表面附近塗層成分為 Fe、Cr、Ca、S、Ti、Cl、Si、Al、Mg、O、C 等元素

四、結果與討論

本章禁止下錨牌樓經檢驗結果可得以下結論：

1. 由外觀檢視，此牌樓支撐之支架，幾乎全部有生鏽腐蝕現象且有些已經斷裂，一座避雷針座已經倒塌，顯示此牌樓受到環境（海邊）腐蝕非常嚴重。

2. 此牌樓經成分分析符合 SS400 材質。

3. 依機械性質牌樓支架符合 SS400 規範。

4. 表面塗層厚度約為 0.53～0.58 mm。

5. EDS 分析可知表面塗層有外來腐蝕因子有 Ca、S、Cl、Mg、O 等元素造成腐蝕現象，而表面沒有鋅成分，顯示此牌樓沒有經過鍍鋅處理。

五、建議

1. 經上述試驗，牌樓支架材質符合 SS400 材質，而表面塗層約 0.53～0.58 mm 厚，但是沒有鍍鋅處理。由於此禁止下錨牌樓瀕臨在海邊，長期受到海水及海風之侵蝕，而且牌樓支架表面只有油漆處理而沒有鍍鋅處理，與原先設計圖面顯示需要鍍鋅處理不符合，造成抗蝕能力大幅度降低，故造成牌樓支架腐蝕斷裂。

2. 此牌樓依照目前腐蝕狀況來看是非常嚴重，無法檢修，有倒塌之虞，建議盡速更換，以維護安全。

3. 如果此牌樓重建時，材質檢驗與現場施工需要非常謹慎，特別需要注意材質以及銲接處之防鏽保護是否處理得當，最好能夠使用陰極防護，避免材質因表面腐蝕而斷裂。

3.2 鍋爐鰭管（Fin Tube）內部腐蝕破損分析

一、背景

石化廠廢熱鍋爐於運轉中突然爆管，由於鰭管（圖 3-11）爆管造成鍋爐停機損失，欲探討爆管原因，遂進行原因分析。

圖 3-11　取樣後鰭管全圖

二、試驗項目

鍋爐鰭管檢驗項目有以下五項：

1. 外觀檢視：首先對鰭管進行外觀檢視，使用照相機觀察照相記錄。

2. 化學成分分析：使用分光分析儀分析鰭管之化學成分。

3. 硬度試驗：將鰭管取樣後，使用微小硬度機（Micro Vickers Tester）進行鰭管心部硬度測試。

4. 金相試驗：將鑲埋試片拋光後，依據 ASTM E407 規範中之 No.74（Nital）腐蝕液腐蝕後，使用光學顯微鏡（OM）觀察腐蝕後之金相組織。

5. 掃描式電子顯微鏡（SEM）及能量散佈光譜分析儀（EDS）微區成分分析：使用掃描式電子顯微鏡（SEM）觀察鰭管斷裂面表面破損之形貌，並使用能量散佈光譜分析儀（EDS）分析斷裂面表面之成分。

三、試驗結果

1. 外觀檢視

將鰭管對半剖開，其管內部有腐蝕以及氧化物產生（圖 3-12 與圖 3-13），把腐蝕最嚴重之位置剖開（圖 3-14），發現鰭管由內部往外部腐蝕且已經快貫穿，並有一層相當厚的氧化層。

圖 3-12　鰭管內有腐蝕現象

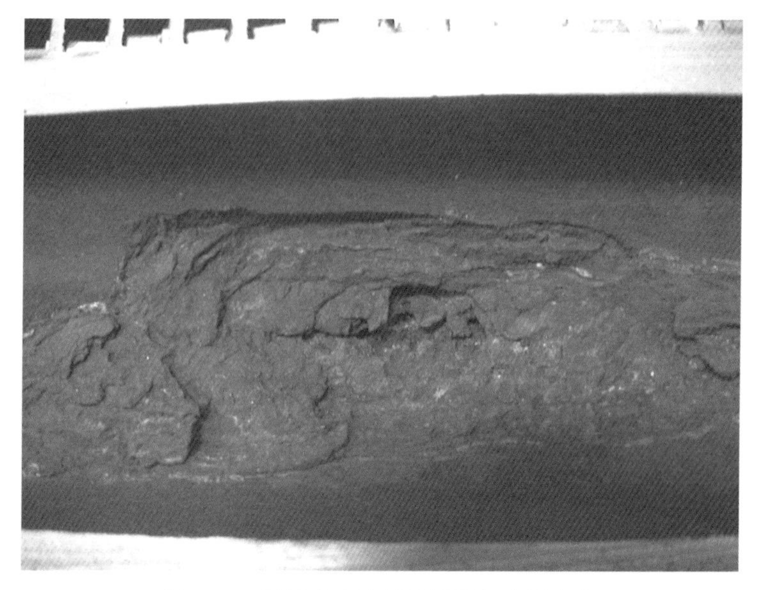

圖 3-13　鰭管內有腐蝕及層狀氧化層產生

圖 3-14　鰭管腐蝕嚴重及氧化層產生

2. 化學成分分析

使用分光分析儀進行鰭管之成分分析。由表 3-3 可知鰭管符合 SA 210 Grade A1 之成分規定。

表 3-3　分光分析儀進行鰭管之成分分析結果

成分（wt%）	C	Si	Mn	P	S
鰭管	0.18	0.10	0.51	0.011	0.002
SA 210 Grade A1	≤ 0.27	≤ 0.10	≤ 0.93	≤ 0.035	≤ 0.035

3. 硬度

使用微小硬度機進行鰭管之硬度值測試，測試結果如表 3-4 所示，其鰭管心部比表面氧化物之硬度值低。

表 3-4　微小硬度機進行鰭管之硬度值測試結果

測試位置	測試值（HV0.3）	平均值（HV0.3）
心部	121　128　130　126　127	126
表面氧化物	543　555　566　545　563	554

4. 金相組織

將鰭管腐蝕嚴重位置，進行金相組織觀察，顯示鰭管表面有一層氧化層（圖 3-15），且鰭管有腐蝕破裂之現象（圖 3-16）。在沒有氧化層之位置，則顯示出腐蝕現象（圖 3-17），鰭管內部組織為正常之波來鐵與肥粒鐵組織（圖 3-18）。

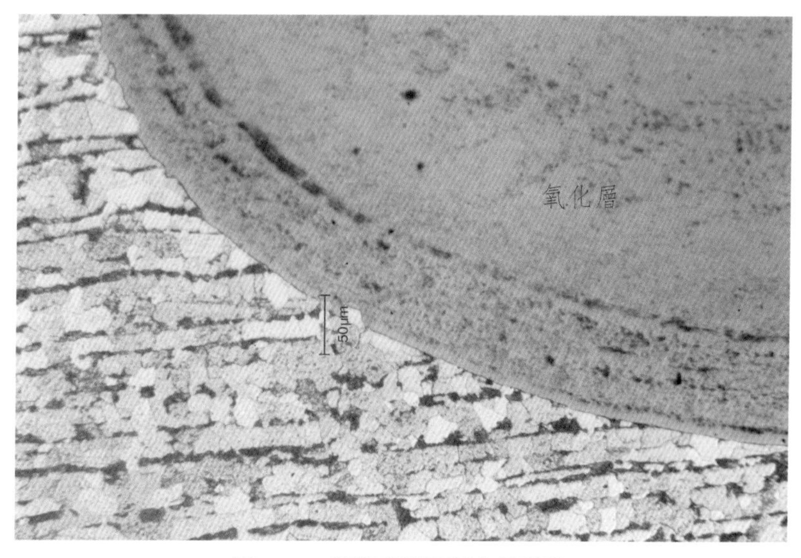

圖 3-15　鰭管表面有氧化層產生

圖 3-16　鰭管表面有腐蝕破壞現象

圖 3-17　鰭管在沒有氧化層之位置，顯現腐蝕破壞形貌

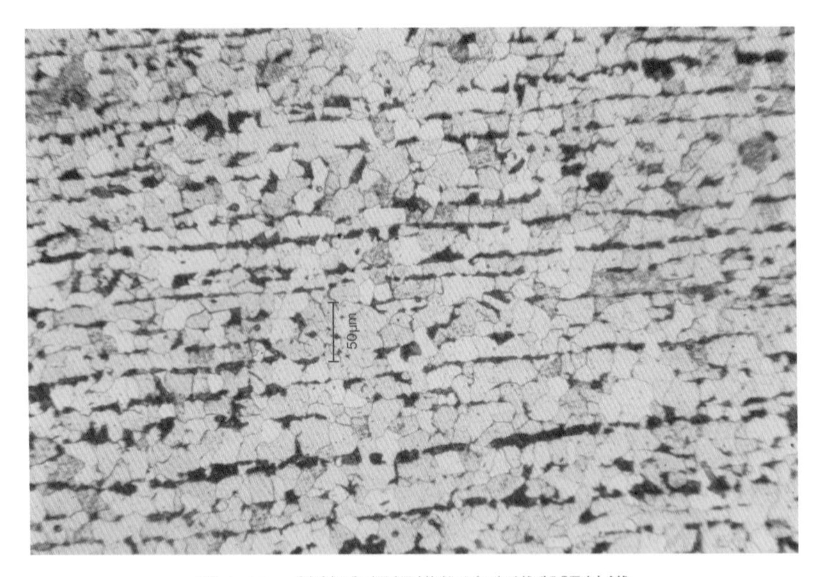

圖 3-18　鰭管金相組織為波來鐵與肥粒鐵

5. 掃描式電子顯微鏡（SEM）表面觀察與 EDS 微區成分分析

使用 SEM 觀察鰭管破壞位置表面型態（圖 3-19 與圖 3-20），顯示

出鰭管表面有腐蝕現象及腐蝕生成物生成，其成分有 Fe、Mn、Si、S、O 等元素（圖 3-21）。觀察鰭管與腐蝕生成物介面（圖 3-22 箭頭處）之成分有 Fe、S、O 等元素（圖 3-23）。

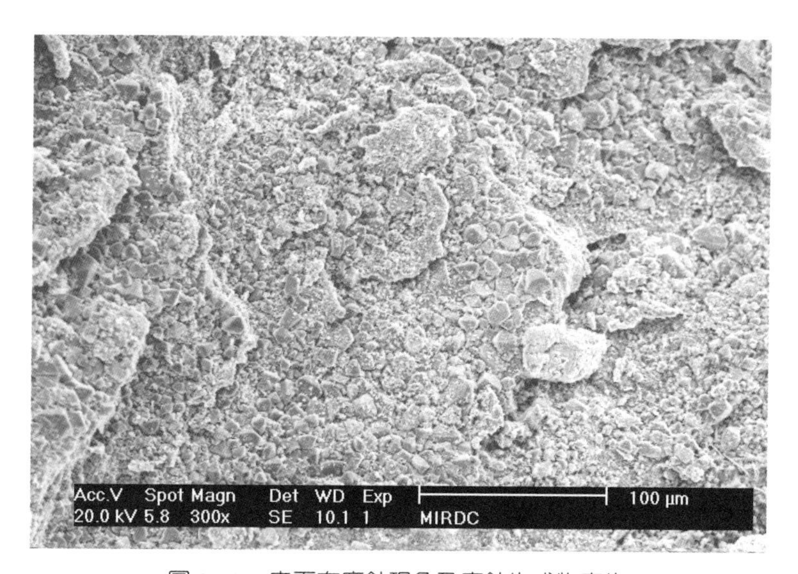

圖 3-19　表面有腐蝕現象及腐蝕生成物產生

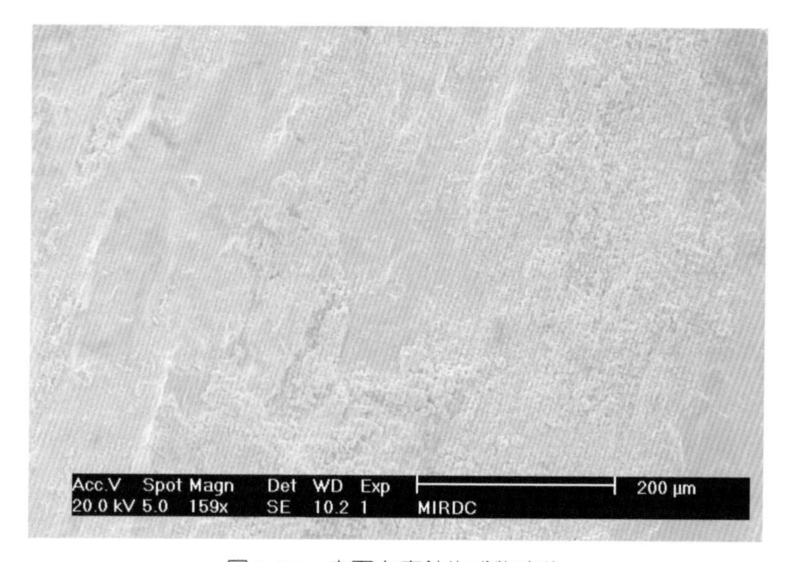

圖 3-20　表面有腐蝕生成物產生

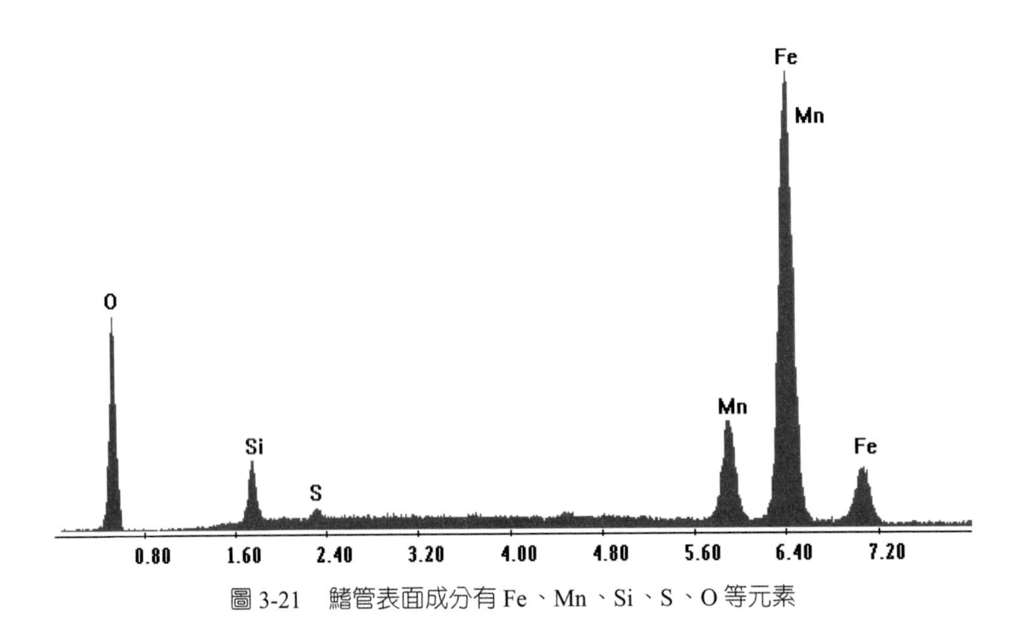

圖 3-21　鰭管表面成分有 Fe、Mn、Si、S、O 等元素

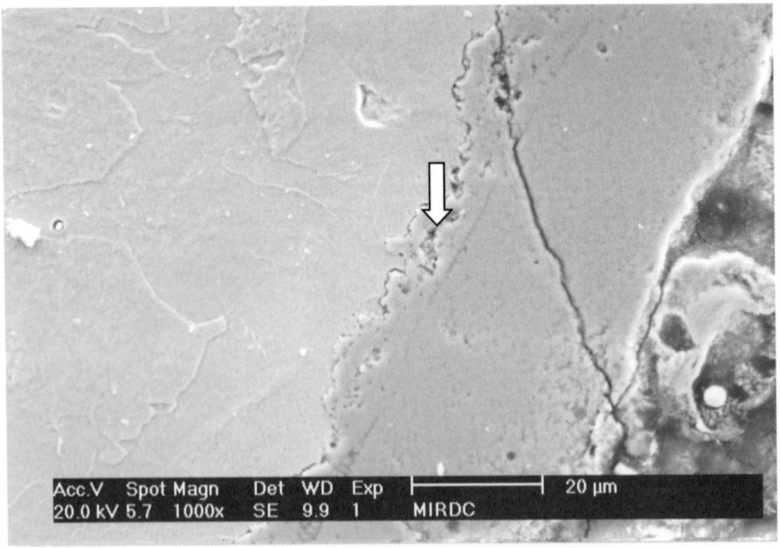

圖 3-22　鰭管與氧化物介面之形貌

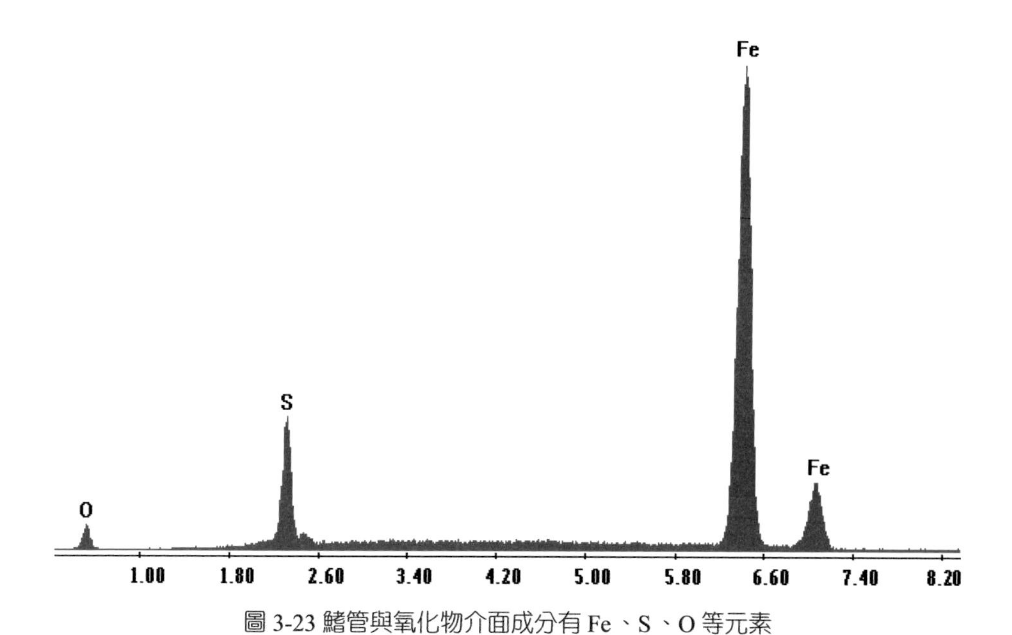

圖 3-23 鰭管與氧化物介面成分有 Fe、S、O 等元素

四、結果與討論

鍋爐鰭管經檢驗結果可得以下結論：

1. 由巨觀檢視，鰭管內部腐蝕嚴重，且有層狀氧化層產生，很容易剝落，顯示此氧化層非常硬且脆。

2. 鰭管之成分為 SA 210 Grade A1。

3. 鰭管硬度平均值為 129 HV，表面氧化物之硬度值為 523～566 HV。

4. 鰭管之金相組織為波來鐵與肥粒鐵組織；鰭管層狀氧化層與鰭管介面破壞型態為腐蝕破壞。

5. SEM 觀察破壞位置表面有腐蝕現象及氧化層產生，氧化層之成分 Fe、Mn、Si、S、O 等元素，在鰭管與氧化層介面有 S 元素存在。

6. 由上述試驗顯示，鰭管之破壞主要原因為鰭管由內部往外部產生腐蝕現象，而造成管壁減薄。由於鰭管內部環境有腐蝕因子 S 與 O 元素，進而使用時腐蝕管壁造成減薄甚而破管。

3.3 熱交換器鰭片管外部腐蝕破損分析

一、背景

火力發電廠廢氣熱交換器之鰭片管（圖 3-24）使用 3 年後發生破管現象造成停機，由於使用環境有大量粉塵與腐蝕源，廠方為了鰭片管腐蝕機制及評估其壽命，遂進行鰭片管破管分析。

圖 3-24　鰭片管破管全圖

二、檢驗項目

熱交換器鰭片管檢驗項目有以下五項，分析之步驟如下：

1. 外觀檢視：首先對鰭片管進行外觀檢視，使用照相機觀察照相記錄。

2. 化學成分分析：使用分光分析儀分析鰭片管之化學成分。

3. 硬度試驗：將鰭片管取樣後，使用微小硬度機進行硬度測試。

4. 金相試驗：將鑲埋試片拋光後，依據 ASTM E407 規範中之 No.74（Nital）腐蝕液腐蝕後，使用光學顯微鏡（OM）觀察腐蝕後之金相組織。

5. 掃描式電子顯微鏡（SEM）及能量散佈光譜分析儀（EDS）微區成分分析：使用掃描式電子顯微鏡（SEM）觀察鰭片管斷裂面表面破損之形貌，並使用能量散佈光譜分析儀（EDS）分析斷裂面表面之成分。

三、試驗結果

1. 外觀檢視

觀察破斷鰭片管，顯示鰭片管破管位置位於鰭片管上層位置（圖 3-25 至圖 3-26），且破管位置附近之鰭片已經遭受腐蝕而掉落不見（圖 3-27），破管處附近有黃色腐蝕生成物生成，而鰭片管上層附近亦有黑色腐蝕生成物生成（圖 3-28 至圖 3-30），而在鰭片管下層位置有白色腐蝕生成物生成，且鰭片減薄很多（圖 3-31）。

觀察鰭片管破斷面顯示鰭片管破斷表面之螺紋有受到嚴重腐蝕而減薄，進而破管，破斷模式屬於腐蝕破壞之型態。

圖 3-25　鰭片管破管處（上層）

圖 3-26　鰭片管破管處（上層）

圖 3-27　鰭片管破管處鰭片已經腐蝕掉落（上層）

圖 3-28　鰭片管有黃色腐蝕生成物（上層）

圖 3-29　鰭片管有黃色腐蝕生成物（上層）

圖 3-30　鰭片管有黑色腐蝕生成物（上層）

圖 3-31 鰭片管有白色腐蝕生成物（下層）

2. 化學成分

鰭片管之化學成分如表 3-5 所示，由表 3-5 可知鰭片管成分屬於 S-TEN1 之材質。

表 3-5　鰭片管之化學成分分析結果

樣品	C	Si	Mn	P	S	Cr	Sb	Cu
鰭片管	0.11	0.25	0.66	0.019	0.014	0.63	0.003	0.29
S-TEN1	≤ 0.14	≤ 0.55	≤ 1.60	≤ 0.025	≤ 0.025	-	≤ 0.15	0.25～0.50

3. 硬度分析

取鰭片管進行硬度測試，其結果如表 3-5 所示。

表 3-6　鰭片管硬度測試結果

位置	測試值（HV0.3）	平均值（HV0.3）
鰭片管	158　161　165　166　161	162

4. 金相組織

取鰭片管破管處與正常處心部之金相組織，鰭片管破管處為受到均勻腐蝕破壞之現象（圖 3-32 至圖 3-35），其破管處之心部組織為波來鐵與肥粒鐵之組織，且波來鐵有球化之現象產生（圖 3-36 至圖 3-38）；而鰭片與鰭片管之銲接處顯示出有局部晶粒變大，局部有裂痕生成（圖 3-39 至圖 3-44）；正常處鰭片管心部組織為波來鐵與肥粒鐵之組織，且波來鐵有球化之現象產生（圖 3-45），而鰭片組織為波來鐵與肥粒鐵之組織（圖 3-46），而鰭片之晶粒組織較鰭片管細。

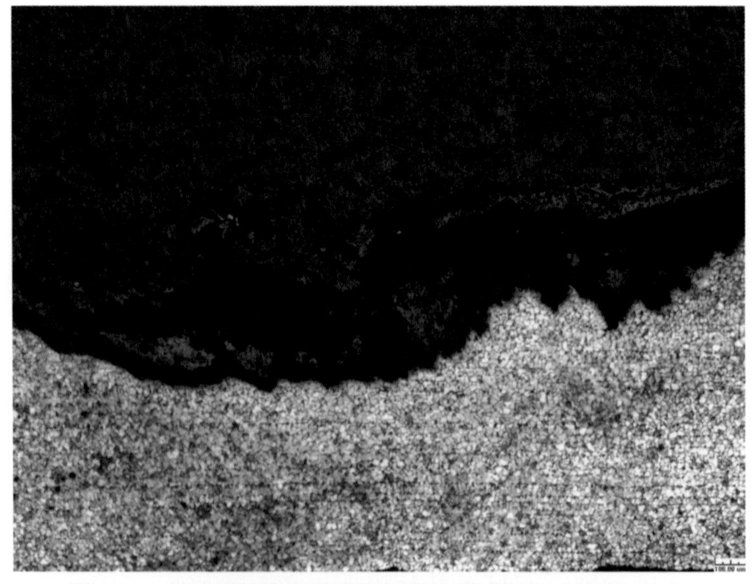

圖 3-32　鰭片管破管處呈現均勻腐蝕破壞型態（倍率 50X）

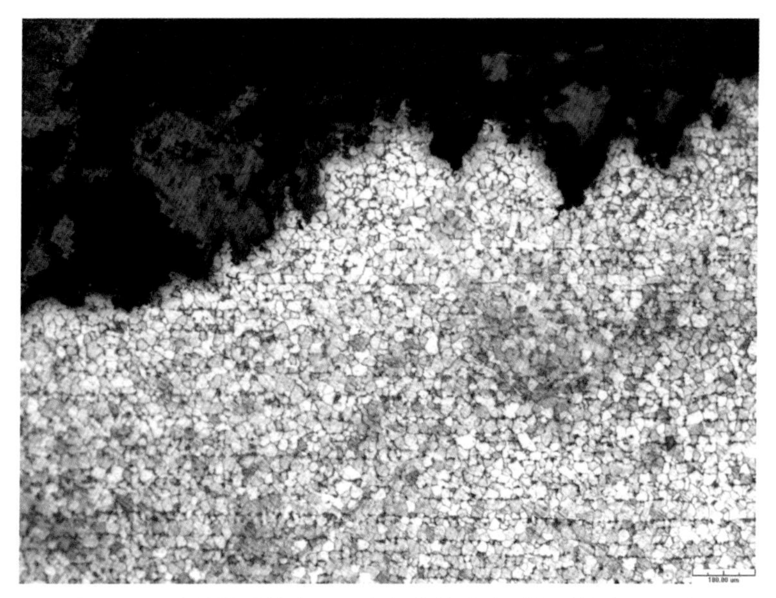

圖 3-33　鰭片管破管處呈現均勻腐蝕破壞型態（倍率 100X）

圖 3-34　鰭片管破管處呈現均勻腐蝕破壞型態（倍率 200X）

圖 3-35　鰭片管破管處呈現均勻腐蝕破壞型態（倍率 200X）

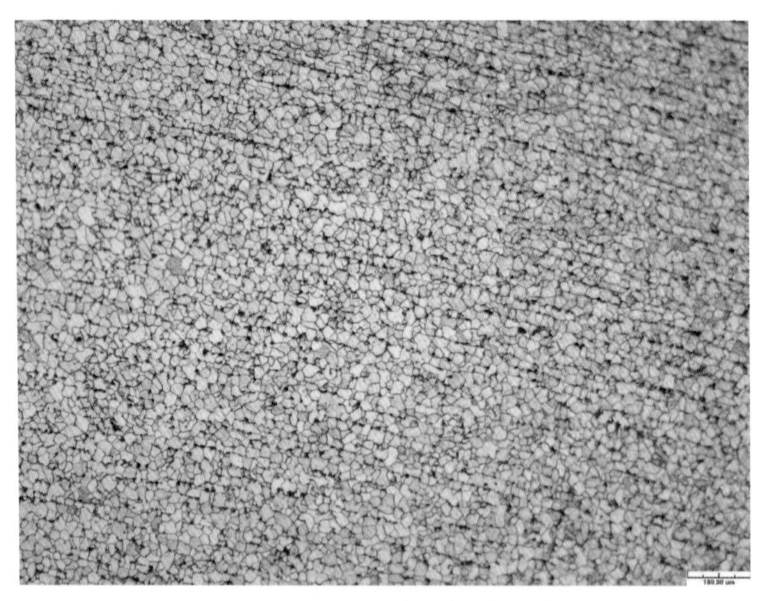

圖 3-36　鰭片管破管處心部為波來鐵與肥粒鐵之組織（倍率 100X）

圖 3-37　鰭片管破管處心部為波來鐵與肥粒鐵之組織，且波來鐵有球化之現象產生（倍率 200X）

圖 3-38　鰭片管破管處心部為波來鐵與肥粒鐵之組織，且波來鐵有球化之現象產生（倍率 500X）

圖 3-39　鰭片與鰭片管之銲接處顯示出有局部晶粒變大（倍率 50X）

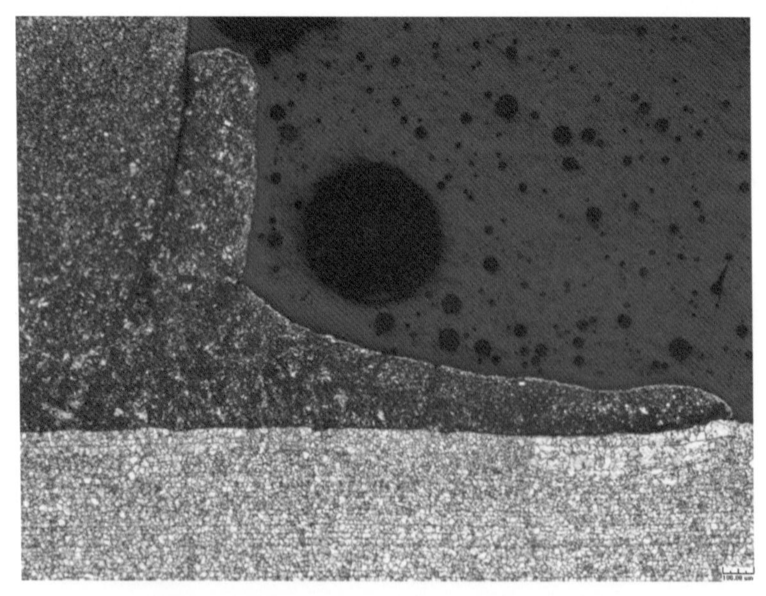

圖 3-40　另一側鰭片管與鰭片之銲接處顯示出有局部晶粒變大（倍率 50X）

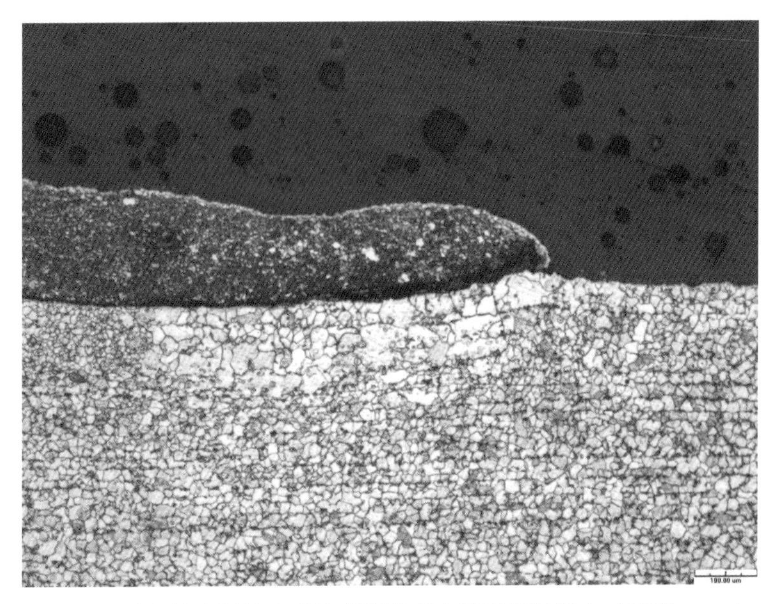

圖 3-41　鰭片管與鰭片之銲接處顯示出有局部晶粒變大（倍率 100X）

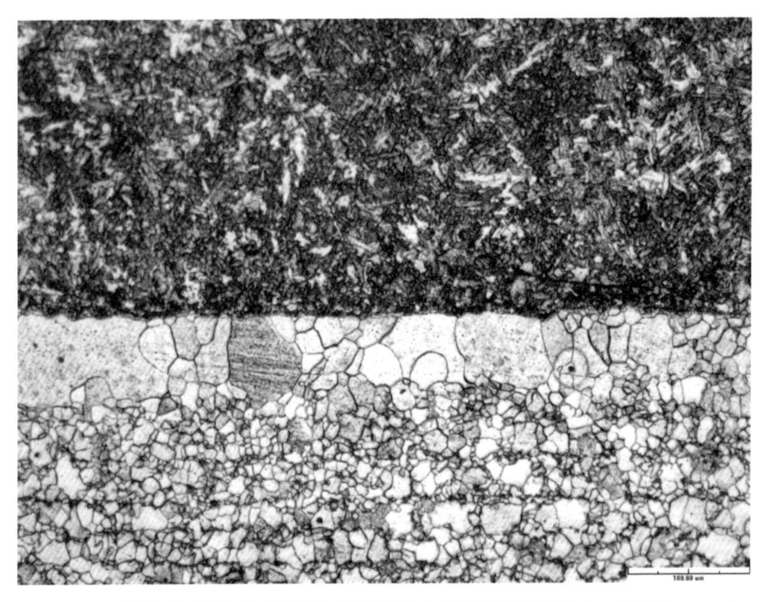

圖 3-42　鰭片管與鰭片之銲接處顯示出有局部晶粒變大（倍率 200X）

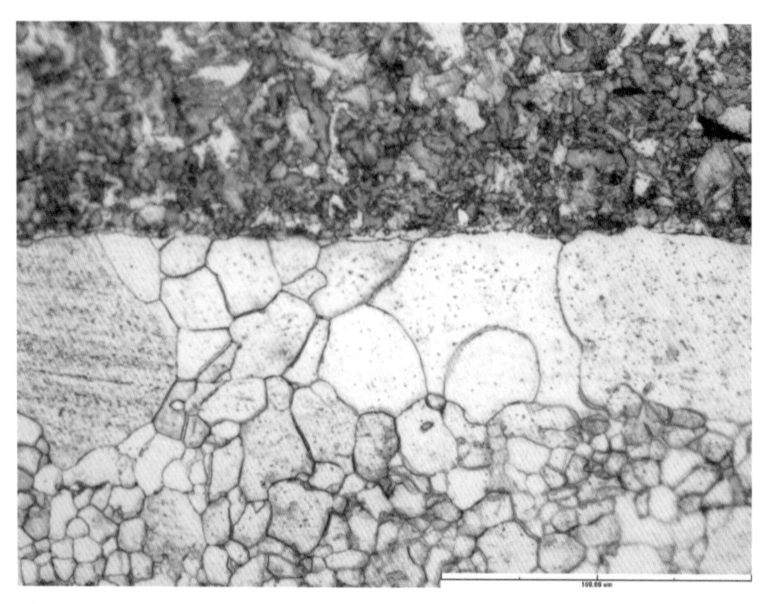

圖 3-43 鰭片管與鰭片之銲接處顯示出有局部晶粒變大（倍率 500X）

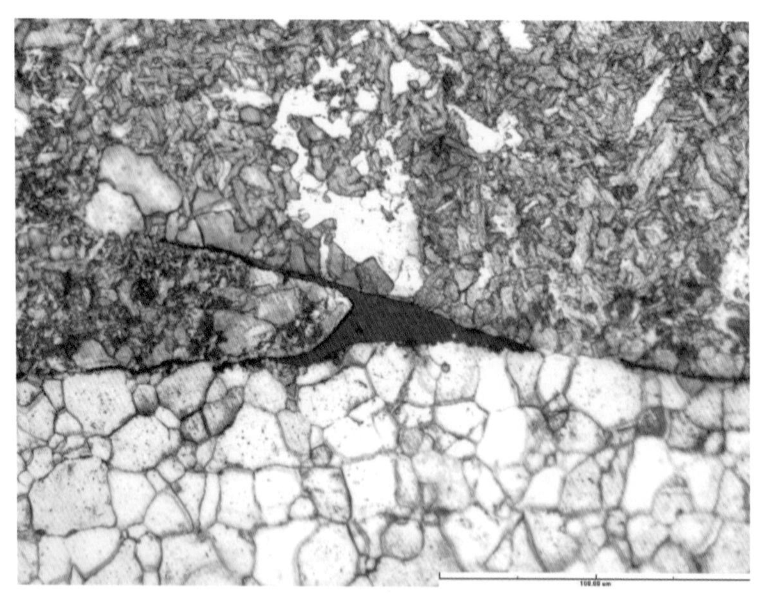

圖 3-44 鰭片管與鰭片之銲接處顯示出有局部裂痕生成（倍率 500X）

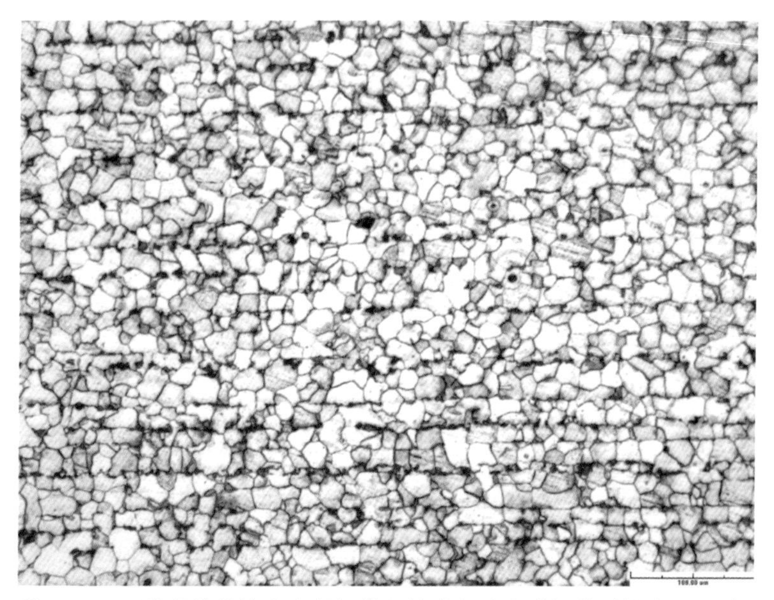

圖 3-45　正常處鰭片管之心部組織肥粒鐵與波來鐵組織（倍率 200X）

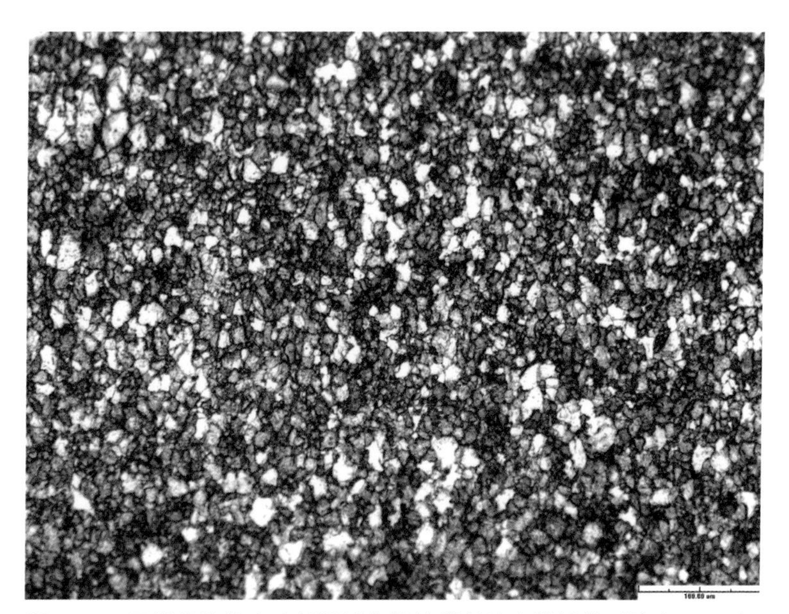

圖 3-46　正常處鰭片之心部組織為肥粒鐵與波來鐵組織（倍率 200X）

5. SEM **觀察與** EDS **分析**

使用 SEM 觀察鰭片管破管處與破斷表面，鰭片管破管處有腐蝕之形貌以及腐蝕生成物生成（圖 3-47 與圖 3-48），鰭片管表面皆為腐蝕破壞形貌與腐蝕生成物之形成（圖 3-49 至圖 3-52），鰭片管表面有 C、O、Na、Al、Mg、S、Si、Cl、K、Ca、Ti、Fe 等元素（圖 3-53），而圖 3-28 至圖 3-31 鰭片管外黃色、白色與黑色物質之主要成分為 C、O、Na、Al、Mg、S、Si、Cl、K、Ca、P、Ti、Fe 等元素（圖 3-54 至圖 3-56），外來腐蝕因子元素有 O、Na、Cl、S、P、Mg、K、Ca 等元素。

圖 3-47　鰭片管破管有腐蝕之形貌以及腐蝕生成物生成

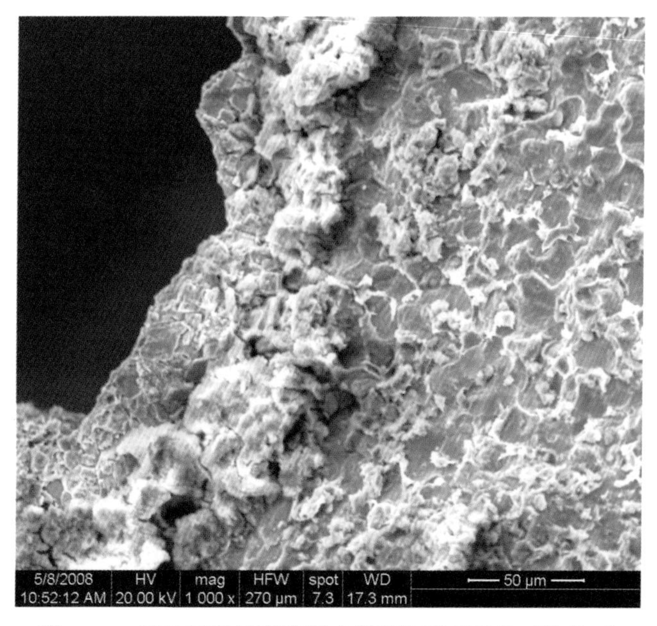

圖 3-48　鰭片管破管有腐蝕之形貌以及腐蝕生成物生成

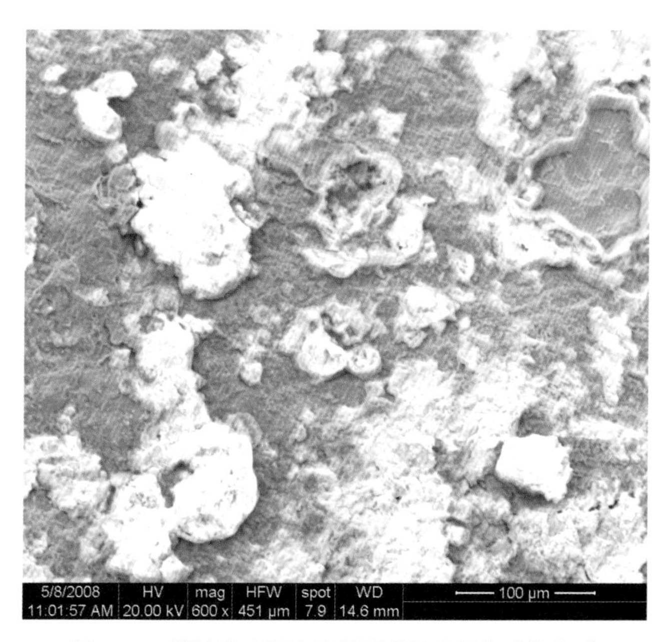

圖 3-49　鰭片管表面有腐蝕現象及腐蝕生成物生成

圖 3-50　鰭片管表面有腐蝕現象及腐蝕生成物生成

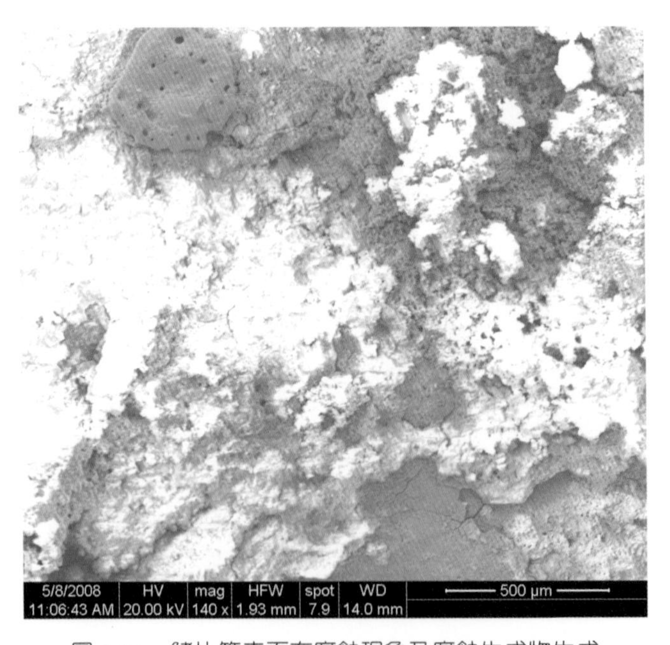

圖 3-51　鰭片管表面有腐蝕現象及腐蝕生成物生成

圖 3-52　鰭片管表面有腐蝕現象及腐蝕生成物生成

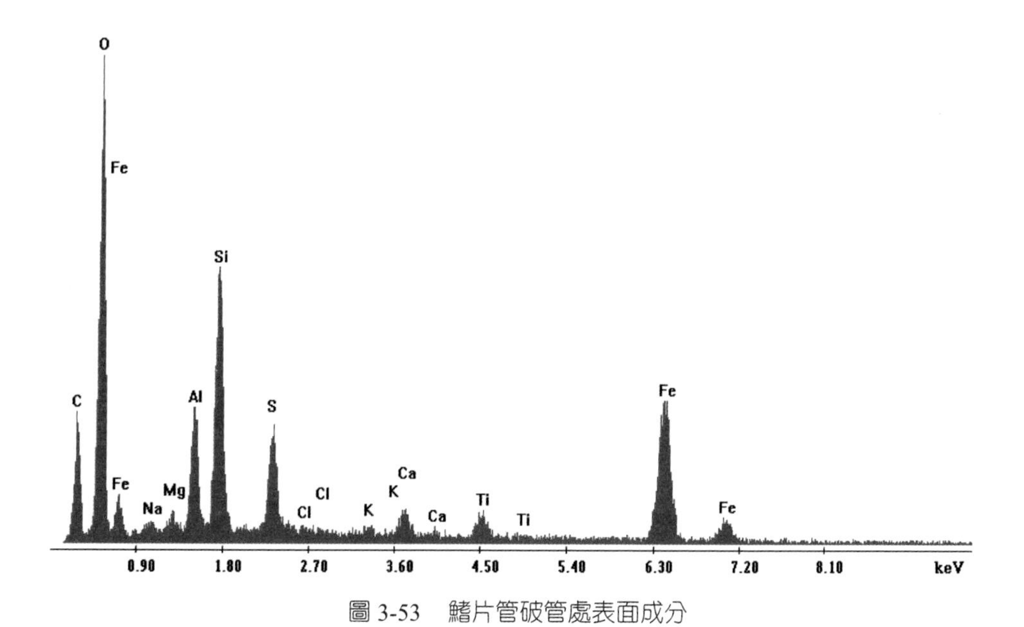

圖 3-53　鰭片管破管處表面成分

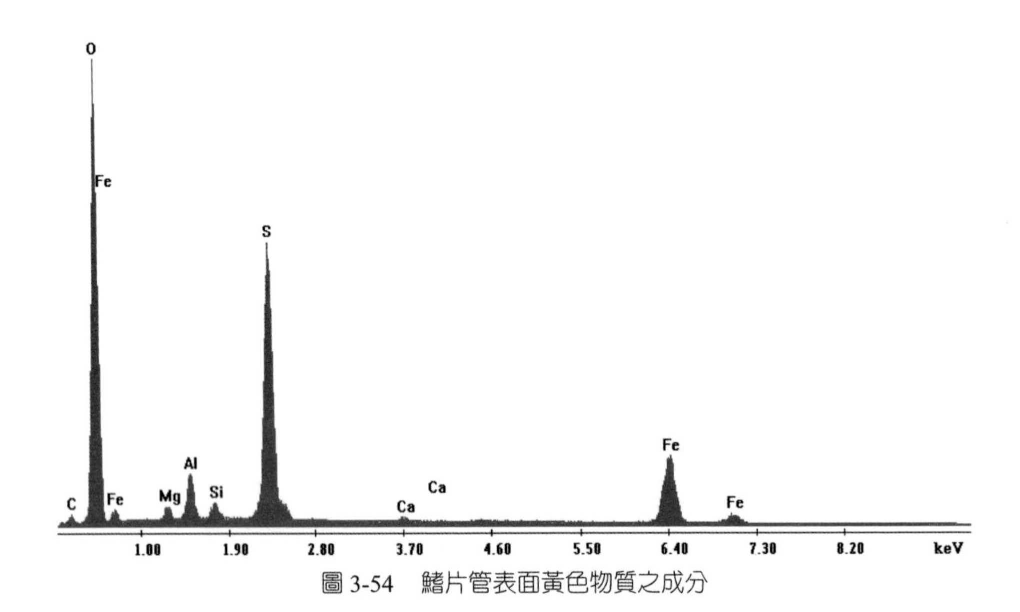

圖 3-54　鰭片管表面黃色物質之成分

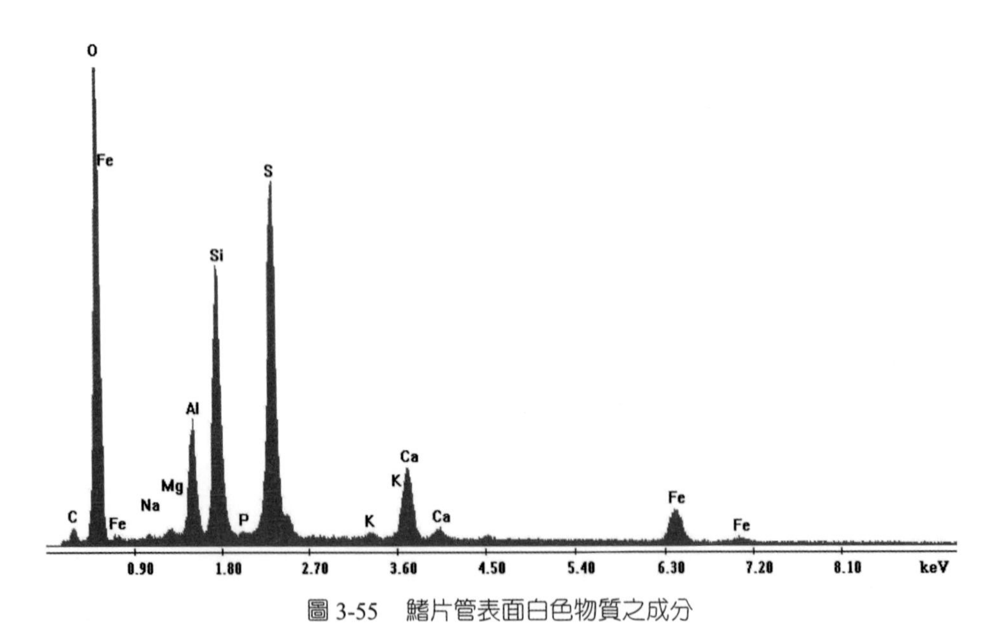

圖 3-55　鰭片管表面白色物質之成分

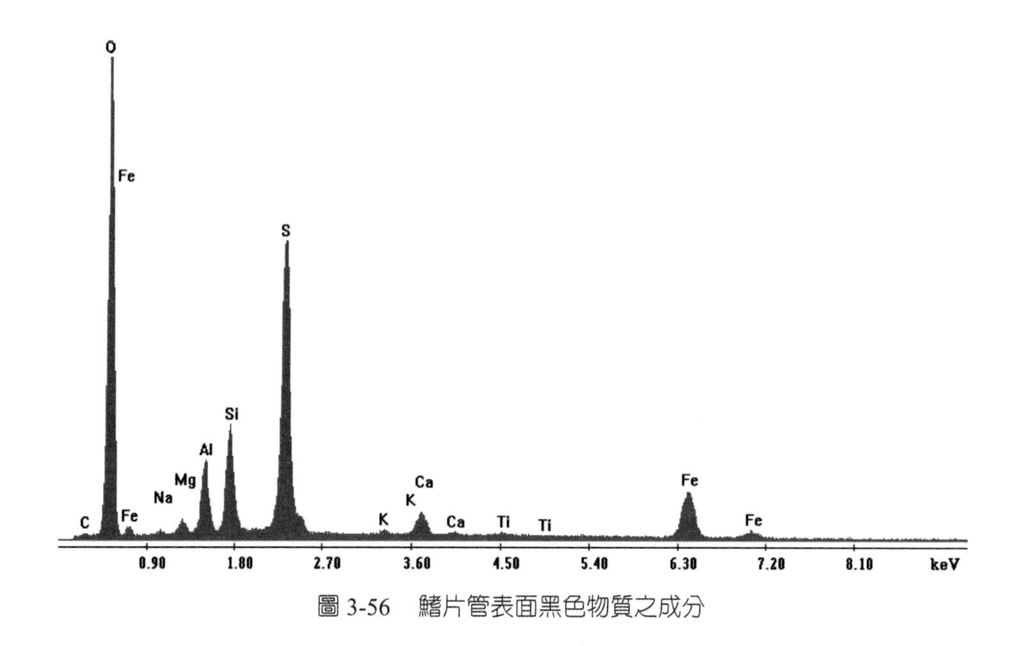

圖 3-56　鰭片管表面黑色物質之成分

四、結果與討論

熱交換器鰭片管經檢驗結果可得以下結論：

1. 觀察鰭片管破斷表面，顯示破斷表面為受到嚴重腐蝕之破壞形貌。

2. 鰭片管成分符合規範 S-TEN1 之材質規定。

3. 鰭片管硬度為 162 HV。

4. 鰭片管金相組織顯示受到腐蝕破壞型態，且基地波來鐵組織有球化現象。

5. 使用 SEM 觀察鰭片管破斷表面，顯示破斷表面屬於嚴重腐蝕之破壞型態，而破斷表面有外來腐蝕因子 O、Na、Cl、S、P、Mg、K、Ca 等元素。

6. 由上述實驗可知，此鰭片管受到外在環境有大量且濃度高之腐蝕因子殘留於表面，而於鰭片管表面產生嚴重腐蝕而形成破管現象。

3.4 消防撒水用鋼管破損分析

一、背景

消防撒水用鋼管使用 8 年後發現有漏水現象，取三支消防撒水用鋼管（圖 3-57），其中鋼管編號 No.A 已經有穿孔之現象，編號 No.B 與編號 No.C 則無穿孔，但是管內有腐蝕沉積物生成，欲了解此鋼管穿孔破壞發生原因，遂進行破管原因分析。

圖 3-57　鋼管外觀（編號 No.A、No.B 與 No.C）

二、檢驗項目

消防撒水用鋼管檢驗項目有以下五項：

1. 外觀檢視：首先對鋼管進行外觀檢視，使用照相機觀察照相記錄。

2. 化學成分分析：使用分光分析儀分析鋼管之化學成分。

3. 金相試驗：將鑲埋試片拋光後，依據 ASTM E407 規範中之 No.74（Nital）腐蝕液腐蝕後，使用光學顯微鏡（OM）觀察腐蝕後之金相組織。

4. 硬度試驗：將鋼管取樣後，使用微小硬度機進行硬度測試。

5. 掃描式電子顯微鏡（SEM）及能量散佈光譜分析儀（EDS）微區成分分析：使用掃描式電子顯微鏡（SEM）觀察鋼管斷裂面表面破損之形貌，並使用能量散佈光譜分析儀（EDS）分析斷裂面表面之成分。

三、試驗結果

1. 外觀檢視

觀察鋼管編號 No.A 外觀，顯示鋼管已由管內往管外發生穿孔之現象，且管內亦有發生蝕孔之現象（圖 3-58 至圖 3-61）。而編號 No.B 管內有腐蝕沉積物生成（圖 3-62），經移除腐蝕沉積物後，鋼管管內表面有腐蝕所生之孔洞（圖 3-63），但尚未貫穿管壁。而鋼管編號 No.C 管內布滿之腐蝕沉積物之現象（圖 3-64），經移除腐蝕沉積物後，鋼管管表面內亦有腐蝕所造成之孔洞（圖 3-65）。

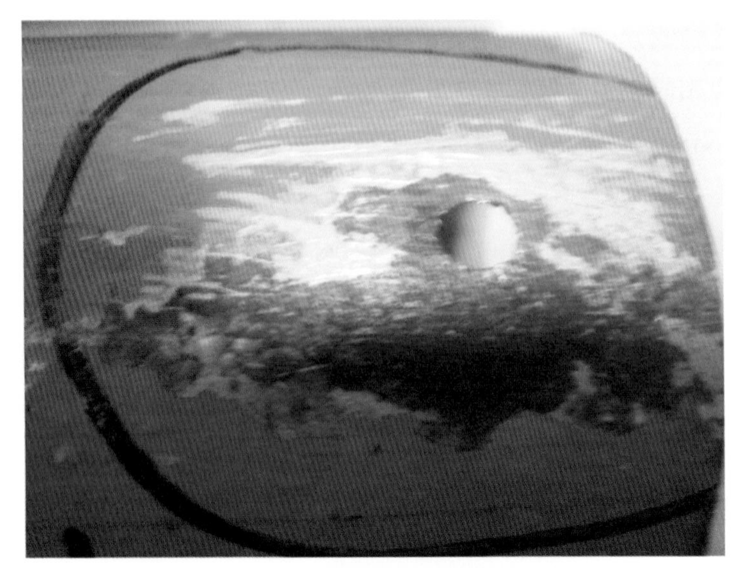

圖 3-58　No.A 鋼管管外處有穿孔之現象

圖 3-59　No.A 鋼管管內處有腐蝕所形成之孔洞

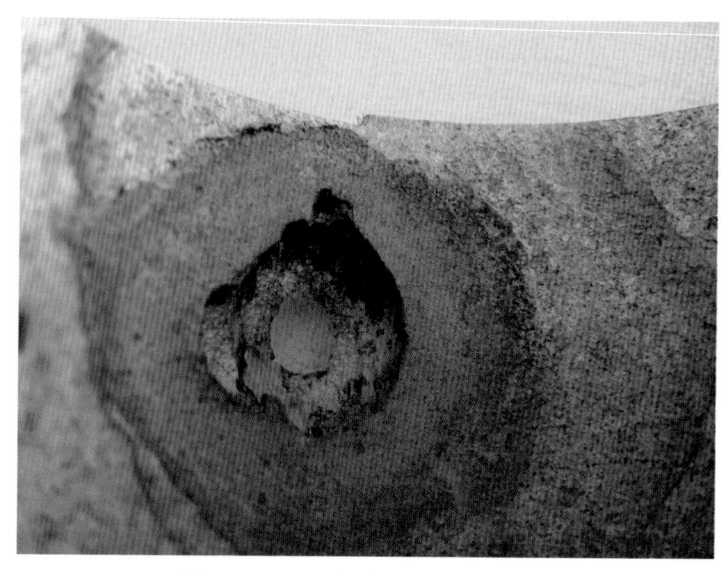

圖 3-60 No.A 鋼管穿孔處管內形貌

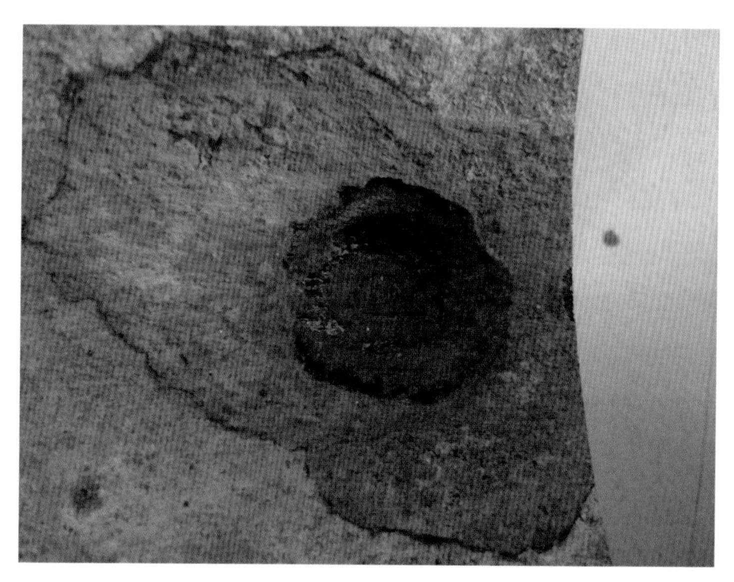

圖 3-61 No.A 鋼管未穿孔處管內形貌

圖 3-62　No.B 鋼管管內處有腐蝕沉積物生成

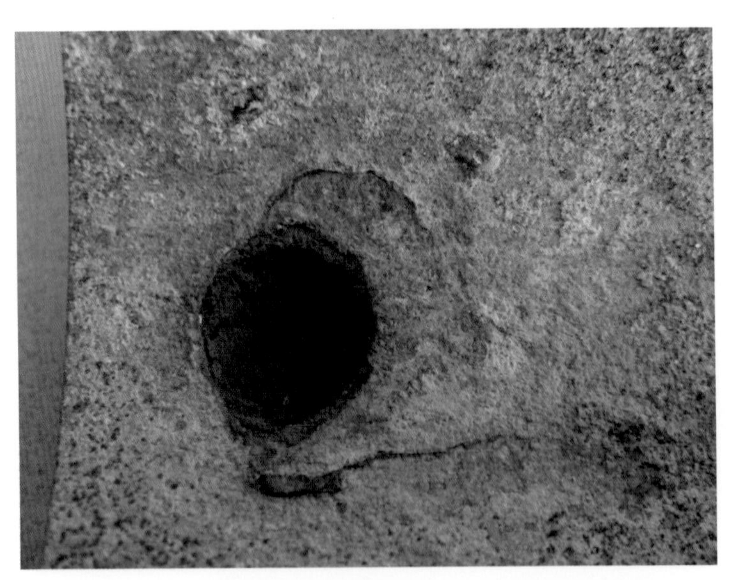

圖 3-63　No.B 鋼管管內腐蝕處之形貌，呈現腐蝕孔形貌

圖 3-64　No.C 管內處有腐蝕沉積物生成

圖 3-65　No.C 管管內腐蝕處之形貌，呈現腐蝕孔形貌

2. 化學成分

鋼管之化學成分如表 3-7 所示。由表 3-7 可知三支鋼管成分皆屬於 CNS 4626 G3111 STPG 370 或 STPG 410 材質。

表 3-7　鋼管之化學成分

鋼管	C	Si	Mn	P	S
No.A	0.14	0.18	0.38	0.019	0.010
No.B	0.14	0.18	0.38	0.019	0.010
No.C	0.14	0.18	0.38	0.019	0.010
CNS 4626 G3111 STPG 370	≤ 0.25	≤ 0.35	0.3～0.9	≤ 0.040	≤ 0.040
CNS 4626 G3111 STPG 410	≤ 0.30	≤ 0.35	0.3～1.0	≤ 0.040	≤ 0.040

3. 金相試驗

將鋼管穿孔處與蝕孔處進行金相組織觀察，編號 No.A 已穿孔處，顯示穿孔位置為受到腐蝕所產生之穿孔破壞（圖 3-66 至圖 3-70），鋼管管內與管外皆有一層鍍層（約 0.20～0.23 mm 左右）以及皆有一層脫碳層（圖 3-71 與圖 3-72），而心部組織為肥粒鐵與波來鐵組織（圖 3-73），並無異常組織。

鋼管編號 No.B 蝕孔處之金相組織，顯示蝕孔處亦受到腐蝕侵蝕破壞（圖 3-74 至圖 3-76），鋼管管內與管外皆有一層鍍層（約 0.15～0.23mm 左右）以及皆有一層脫碳層（圖 3-77 與圖 3-78），而心部組織為肥粒鐵與波來鐵組織（圖 3-79），並無異常組織。

鋼管編號 No.C 蝕孔處之金相組織，顯示蝕孔處亦受到腐蝕侵蝕破壞（圖 3-80 與圖 3-81），鋼管管內與管外皆有一層鍍層（約 0.16～0.23mm 左右）以及皆有一層脫碳層（圖 3-82 與圖 3-83），而心部組織為肥粒鐵與波來鐵組織（圖 3-84），並無異常組織。

圖 3-66　No.A 穿孔處管內位置之金相（倍率 50X）

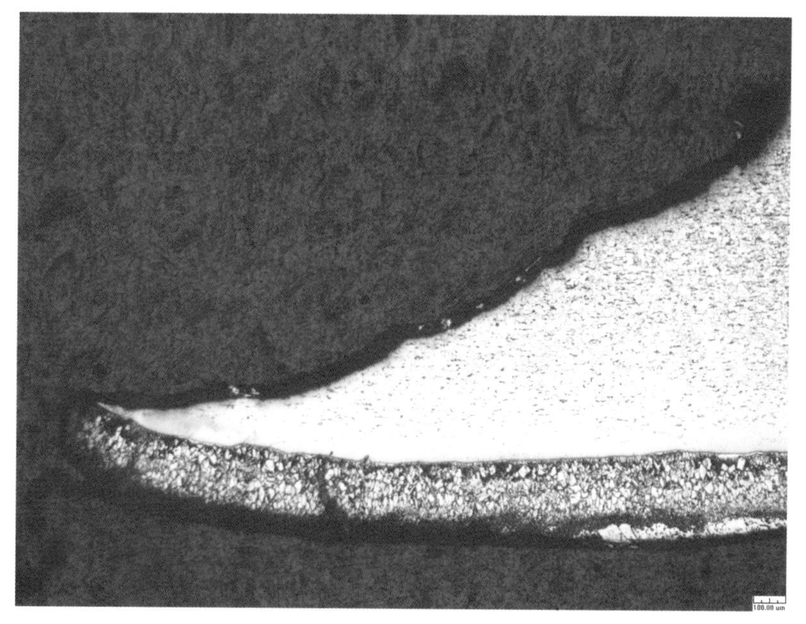

圖 3-67　No.A 穿孔處管外位置之金相（倍率 50X）

圖 3-68　No.A 穿孔處之金相（倍率 50X）

圖 3-69　No.A 穿孔處位置之金相（倍率 200X）

圖 3-70 No.A 穿孔處管外位置之金相（倍率 100X）

圖 3-71 No.A 管內位置之金相（倍率 100X）

圖 3-72 No.A 管外位置之金相（倍率 100X）

圖 3-73 No.A 心部位置之金相組織（倍率 200X）

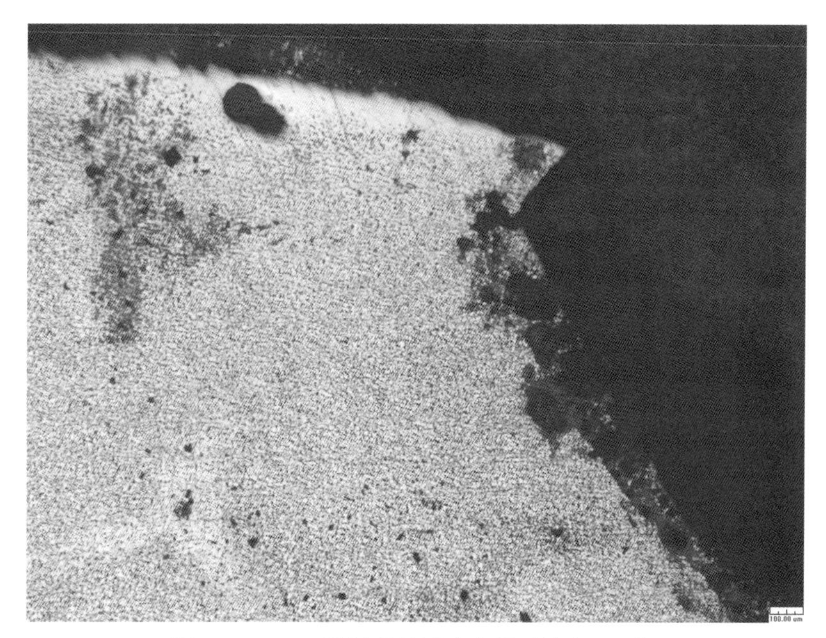

圖 3-74　No.B 孔蝕處位置之金相（倍率 50X）

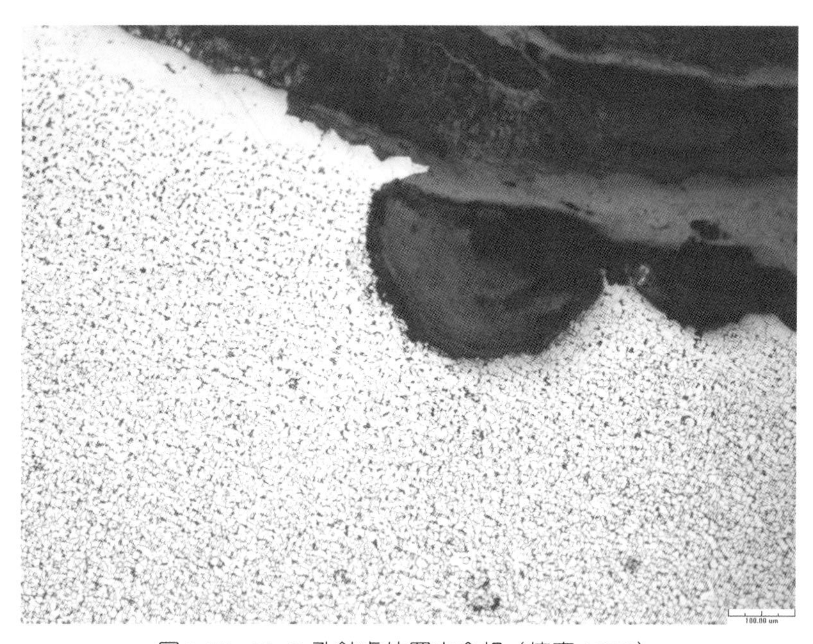

圖 3-75　No.B 孔蝕處位置之金相（倍率 100X）

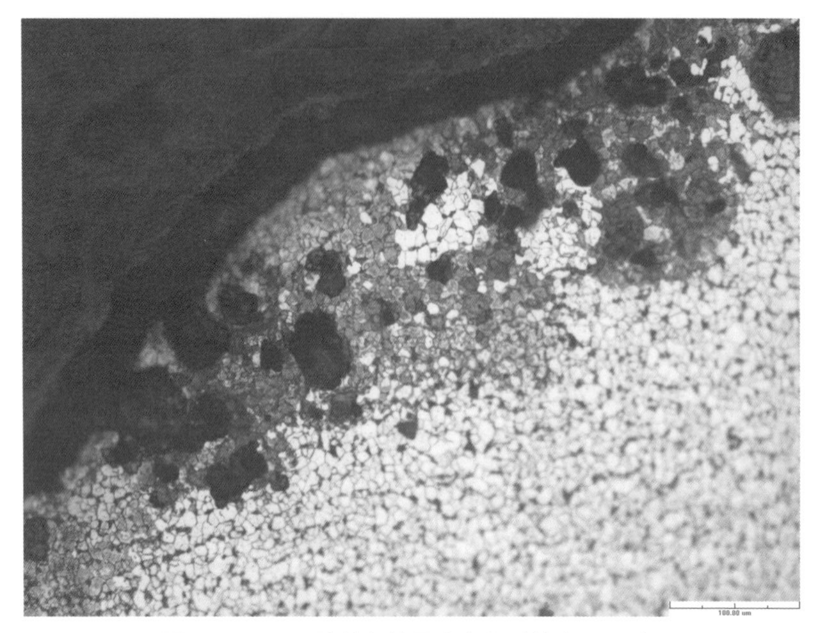

圖 3-76　No.B 孔蝕處位置之金相（倍率 200X）

圖 3-77　No.B 管內位置之金相（倍率 100X）

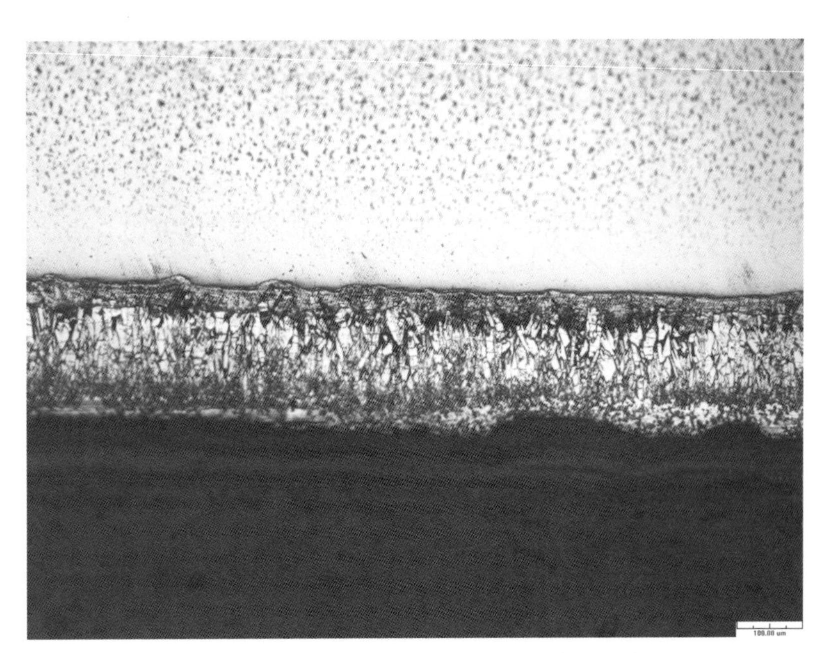

圖 3-78　No.B 管外位置之金相（倍率 100X）

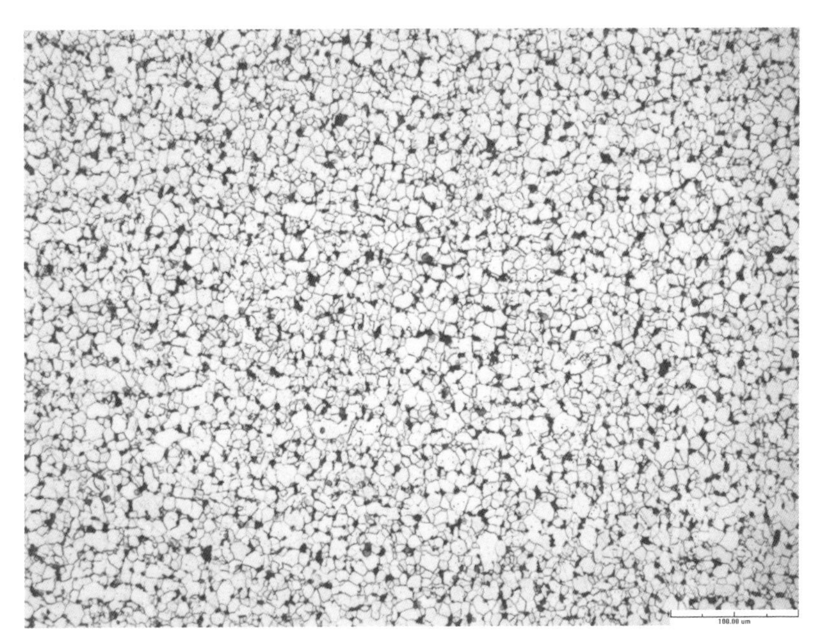

圖 3-79　No.B 心部位置之金相（倍率 200X）

圖 3-80　No.C 管內位置之金相（倍率 50X）

圖 3-81　No.C 管內腐蝕位置之金相（倍率 100X）

圖 3-82　No.C 管外位置之金相（倍率 100X）

圖 3-83　No.C 管內位置之金相（倍率 200X）

圖 3-84　No.C 心部位置之金相（倍率 200X）

4. 硬度

使用微小硬度機，進行鋼管之硬度測試，其結果如 3-8 表所示，由表 3-8 顯示此三支鋼管硬度差異不大。

表 3-8　微小硬度機鋼管硬度測試結果

測試位置	測試值（HV0.3）	平均值（HV0.3）
No.A	123　130　127　125　126	126
No.B	133　133　127　132　129	131
No.C	126　128　129　128　127	128

5. 掃描式電子顯微鏡（SEM）及能量散佈光譜分析儀（EDS）微區成分分析

使用 SEM 觀察鋼管管內穿孔處與蝕孔處之形貌與使用 EDS 分析鋼管管內表面之成分。

鋼管編號 No.A 穿孔處（圖 3-85）之表面布滿腐蝕生成物（圖 3-86 與圖 3-87），由破壞表面形貌顯示穿孔處受到腐蝕破壞型態，使用 EDS 分析穿孔處表面之成分有 C、O、S、Al、Si、Cl、Ca、Zn、Fe 等元素（圖 3-88），主要成分應為氧化物為主，外來腐蝕因子為 Cl、S、Ca、O 等元素，Zn 之成分應為鍍層之成分，由此可知此鋼管為鍍鋅鋼管。

鋼管編號 No.B 蝕孔處（圖 3-89）之表面布滿腐蝕生成物（圖 3-90 與圖 3-91），由破壞表面形貌顯示穿孔處受到腐蝕破壞型態，使用 EDS 分析穿孔處表面之成分有 C、O、S、Al、Si、Cl、Ca、Zn、Fe 等元素（圖 3-92），主要成分應為氧化物為主，外來腐蝕因子為 Cl、S、Ca、O 等元素，Zn 之成分應為鍍層之成分，由此可知此鋼管為鍍鋅鋼管。

鋼管編號 No.C 蝕孔處（圖 3-93）之表面布滿腐蝕生成物（圖 3-94 與圖 3-95），由破壞表面形貌顯示穿孔處受到腐蝕破壞型態，使用 EDS 分析穿孔處表面之成分有 C、O、S、Al、Si、Cl、Ca、Zn、Fe 等元素（圖 3-96），主要成分應為氧化物為主，外來腐蝕因子為 Cl、S、Ca、O 等元素，Zn 之成分應為鍍層之成分，由此可知此鋼管為鍍鋅鋼管。

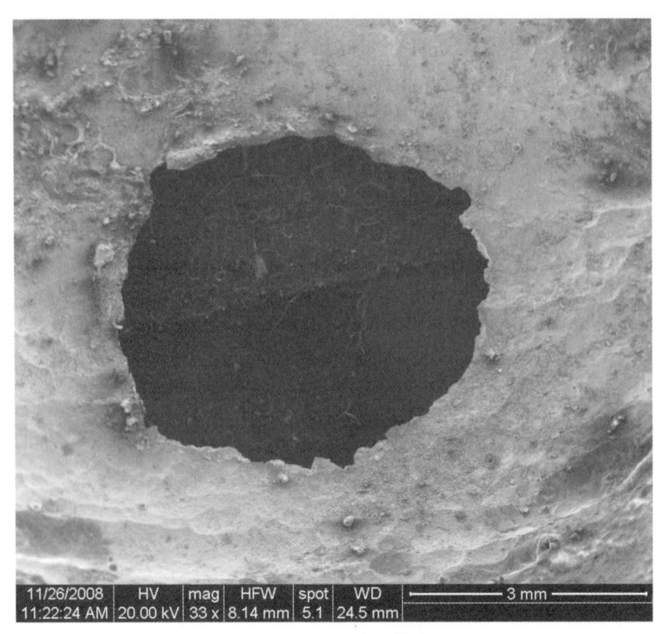

圖 3-85　No.A 穿孔處之形貌

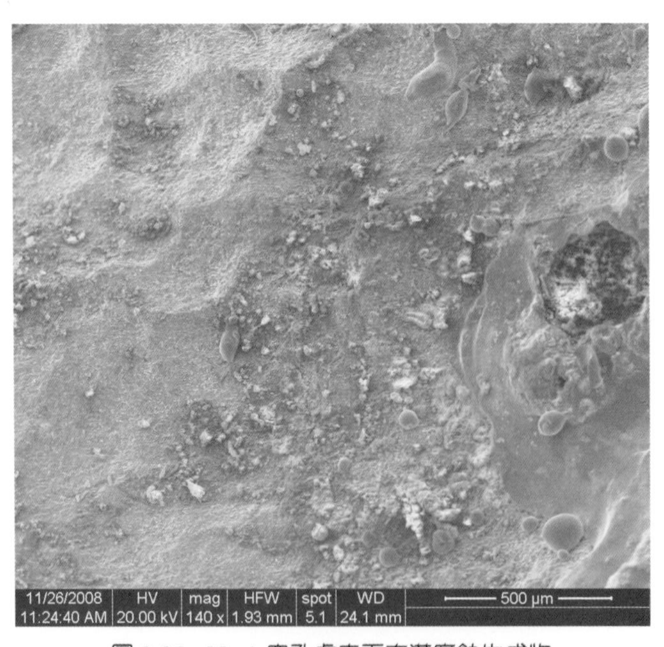

圖 3-86　No.A 穿孔處表面布滿腐蝕生成物

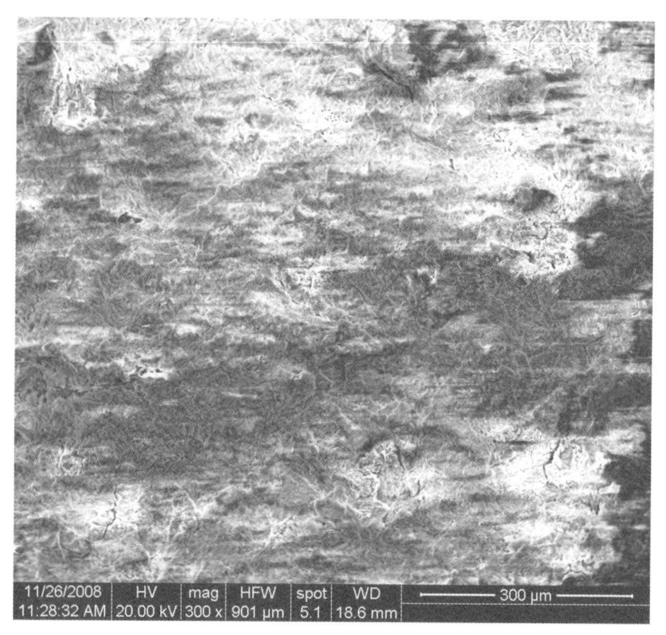

圖 3-87　No.A 穿孔處表面布滿腐蝕生成物

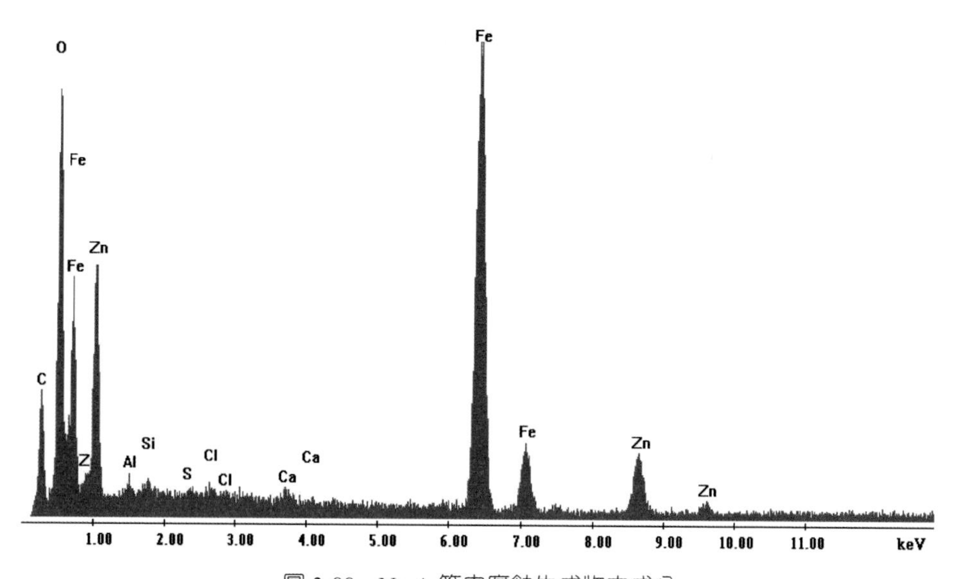

圖 3-88　No.A 管內腐蝕生成物之成分

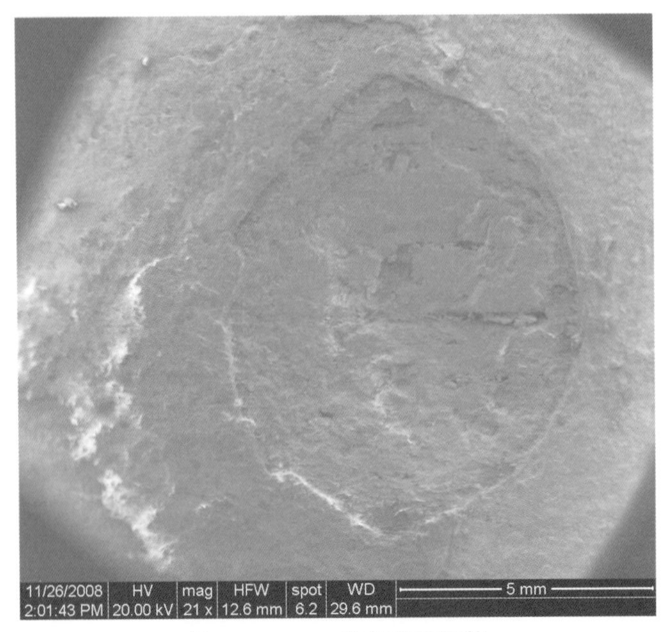

圖 3-89　No.B 孔蝕處之形貌

圖 3-90　No.B 孔蝕處布滿腐蝕生成物

圖 3-91　No.B 孔蝕處布滿腐蝕生成物

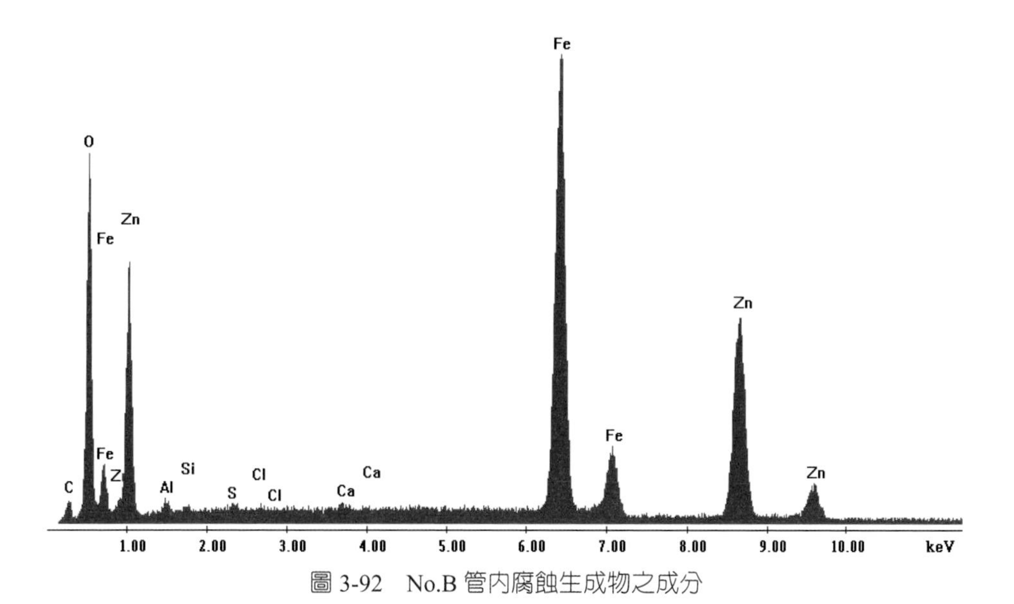

圖 3-92　No.B 管內腐蝕生成物之成分

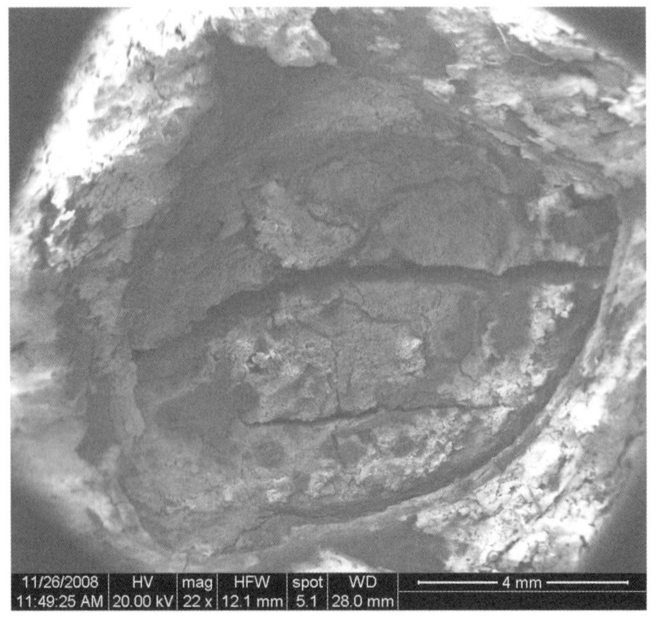

圖 3-93　No.C 孔蝕處之形貌

圖 3-94　No.C 孔蝕處布滿腐蝕生成物

圖 3-95　No.C 孔蝕處布滿腐蝕生成物

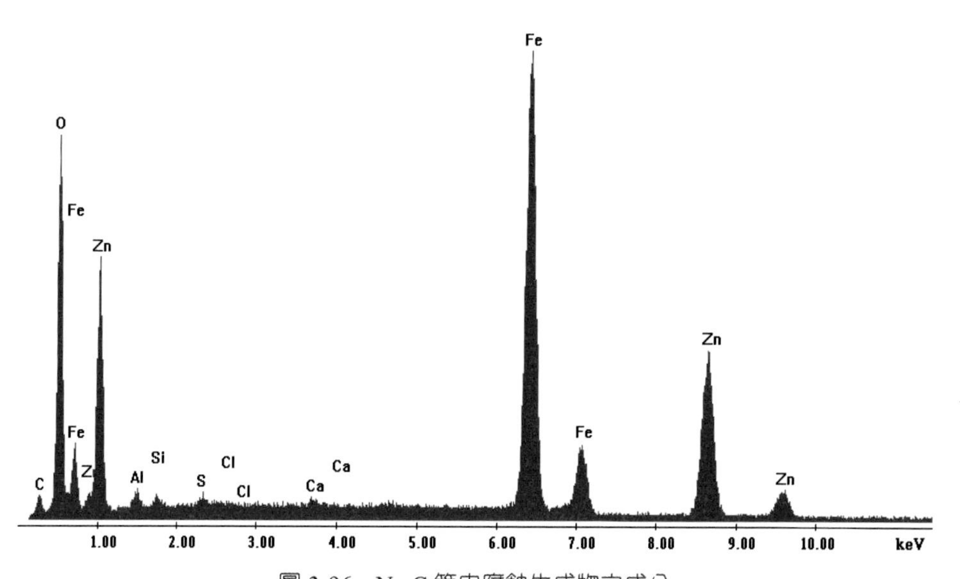

圖 3-96　No.C 管內腐蝕生成物之成分

四、結果與討論

消防撒水用鋼管經檢驗結果，可得以下結論：

1. 由外觀檢視鋼管 No.A 之管外有一孔洞，此孔洞為管內往管外成長，其餘兩支鋼管 No.B 與 No.C 則無穿孔現象，但是鋼管管內部皆有腐蝕沉積物存在，將腐蝕沉積物移除後，發現沉積物處皆有腐蝕所造成之蝕孔，顯示腐蝕沉積物為鋼管腐蝕後所堆積造成。

2. 三支鋼管（編號 No.A 、No.B 與 No.C）母材成分符合 CNS 4626 G3111 STPG 370 或 STPG 410 之材質規範。

3. 由金相組織試驗可知，編號 No.A 、No.B 與 No.C 三支鋼管管內與管外表面皆有一層鍍層（鍍鋅層）以及有一脫碳層產生，穿孔處（No.A）與蝕孔處（No.B 與 No.C）皆為受到腐蝕破壞之型態。而三支鋼管心部組織皆無異常組織。

4. 硬度測試結果顯示三支鋼管硬度（126～131 HV）相差不大。

5. 使用 SEM/EDS 分析，顯示鋼管編號 No.A 穿孔處與 No.B 、No.C 蝕孔處，表面皆布滿腐蝕生成物，腐蝕生成物經 EDS 分析主要以氧化物為主，外來腐蝕因子為 Cl 、S 、Ca 、O 等元素。

6. 綜合上述試驗分析，此三支鋼管之破壞型態皆為相同，屬於沉積腐蝕（Under Deposit Corrosion）破壞，發生腐蝕之原因可能由於此消防撒水用鋼管長時間無流動或是流動次數太少與流速太低，加上鋼管內水中雜質（Cl 、Ca 、O 、S 等）長時間滯留於鋼管表面（以水平管最為嚴重），尤其是 O 與 Cl 局部濃度升高，造成鋼管表面多處局部腐蝕，進而緩慢由鋼管內部往管外腐蝕，形成腐蝕凹孔，在凹孔處表面堆積腐蝕沉積物，腐蝕狀況持續進行，最後貫穿管壁，造成鋼管破管。

7. 建議沉積腐蝕易發生在流速減慢之水平管路或管線位置較高之處，及管路變化或管路較長以及管內未流動等環境；此外加上環境中之腐蝕因子，皆會增加沉積腐蝕發生之機率，故減少沉積腐蝕之現象須由管路設計或減少管內腐蝕因子方面下手，方可減少沉積腐蝕破壞之發生。

3.5 板式熱交換器散熱片破損分析

一、背景

位於大樓地下室板式熱交換器散熱片（圖 3-97）約有 800 多片，其中大部分散熱片皆有孔洞貫穿或是腐蝕生成物產生的現象，此板式熱交換器於使用 5 年後，進行清洗，清洗過程添加 Scale Remover 溶劑後，發現許多的板式熱交換器之散熱片發生孔蝕現象，遂進行板式熱交換器散熱片破壞分析。

圖 3-97　板式熱交換器散熱片

二、測試項目

板式熱交換器散熱片檢驗項目有以下四項：

1. 外觀檢視：首先對散熱片進行外觀檢視，使用照相機觀察照相記錄。

2. 化學成分分析：使用分光分析儀分析散熱片之化學成分。

3. 金相試驗：將鑲埋試片拋光後，依據 ASTM E407 規範中之 No.13 腐蝕液電解腐蝕後，使用光學顯微鏡（OM）觀察腐蝕後之金相組織。

4. 掃描式電子顯微鏡（SEM）及能量散佈光譜分析儀（EDS）微區成分分析：使用掃描式電子顯微鏡（SEM）觀察散熱片腐蝕表面破損之形貌，並使用能量散佈光譜分析儀（EDS）分析腐蝕面表面之成分。

三、試驗結果

1. 外觀檢視

經現場檢視發現板式熱交換器散熱片大部分有孔蝕的現象，有些則表面有腐蝕生成物產生以及未貫穿孔（圖 3-98 與圖 3-99），有些散熱片孔已經貫穿（圖 3-100），由於每一片散熱片中皆有或多或少且隨機散佈的孔蝕位置，故孔蝕的現象應屬於全面性的發生。

圖 3-98　散熱片有腐蝕生成物產生

圖 3-99　散熱片上有未貫穿的孔及腐蝕生成物

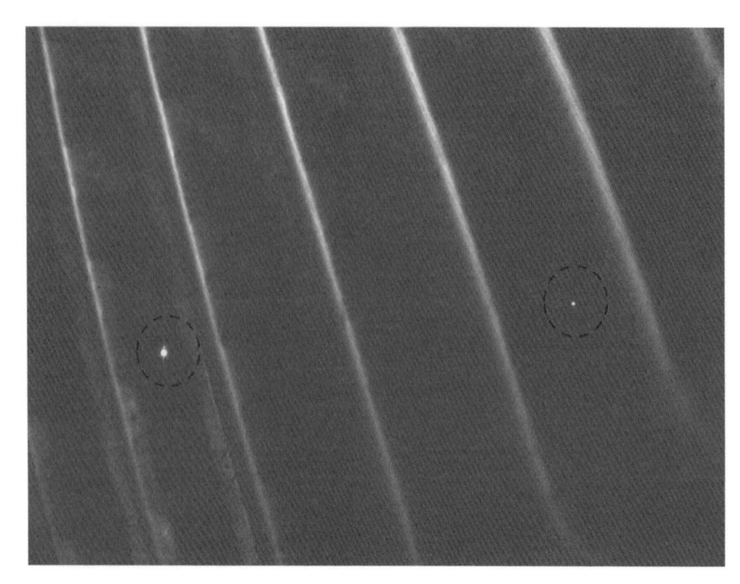

圖 3-100　散熱片上有貫穿的孔

2. 成分分析

使用分光分析儀進行散熱片之成分分析，其結果如下表 3-9 所示。

表 3-9　分光分析儀散熱片成分分析結果

成分 (%)	C	Si	Mn	P	S	Ni	Cr
散熱片	0.043	0.47	1.20	0.034	0.007	8.86	18.42
SUS 304	0.08max	1.00max	2.00max	0.045max	0.030max	8.0～10.5	18～20

3. 金相組織

將散熱片取樣進行金相試驗，結果其組織為雙晶及沃斯田鐵基地組織（圖 3-101），為典型沃斯田鐵系不銹鋼金相組織。

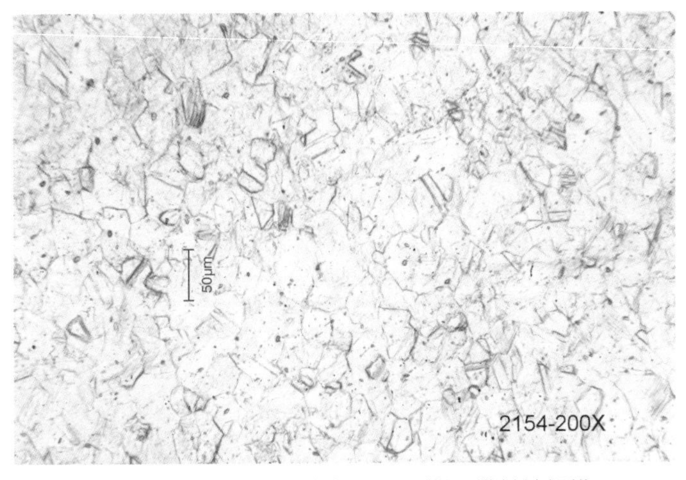

圖 3-101　金相組織為雙晶及沃斯田鐵基地組織

4. 電子顯微鏡（SEM）觀察及能量散佈光譜分析儀（EDS）微區成分分析

使用電子顯微鏡（SEM）觀察散熱片之表面狀態（圖 3-102），顯示出沿晶腐蝕現象，圖 3-103 顯示未貫穿的孔，圖 3-104 為散熱片表面之腐蝕生成物，其成分使用能量散佈光譜分析儀（EDS）分析，其成分（圖 3-105）有 Fe、Ni、Cr、Ca、K、O、Si、P、S、Al 等元素。

圖 3-102　散熱片表面有沿晶腐蝕現象

圖 3-103　散熱片表面有未貫穿的孔

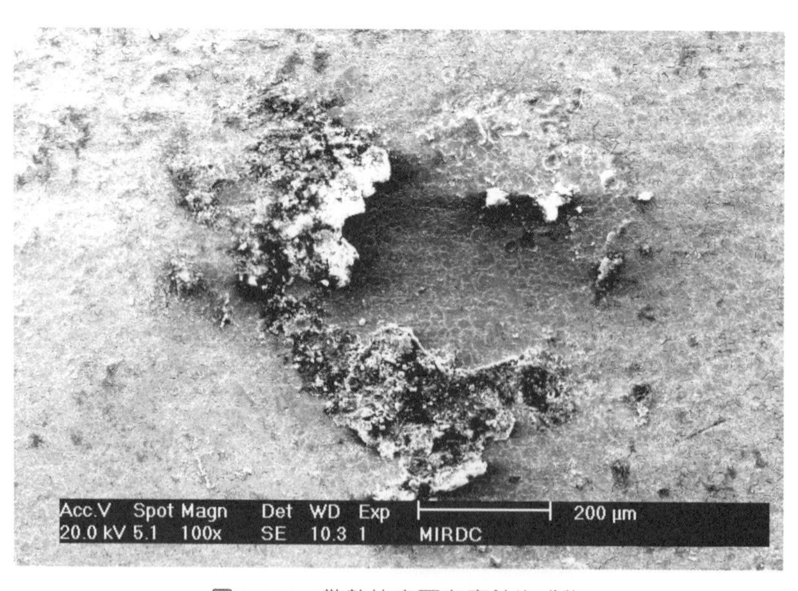

圖 3-104　散熱片表面有腐蝕生成物

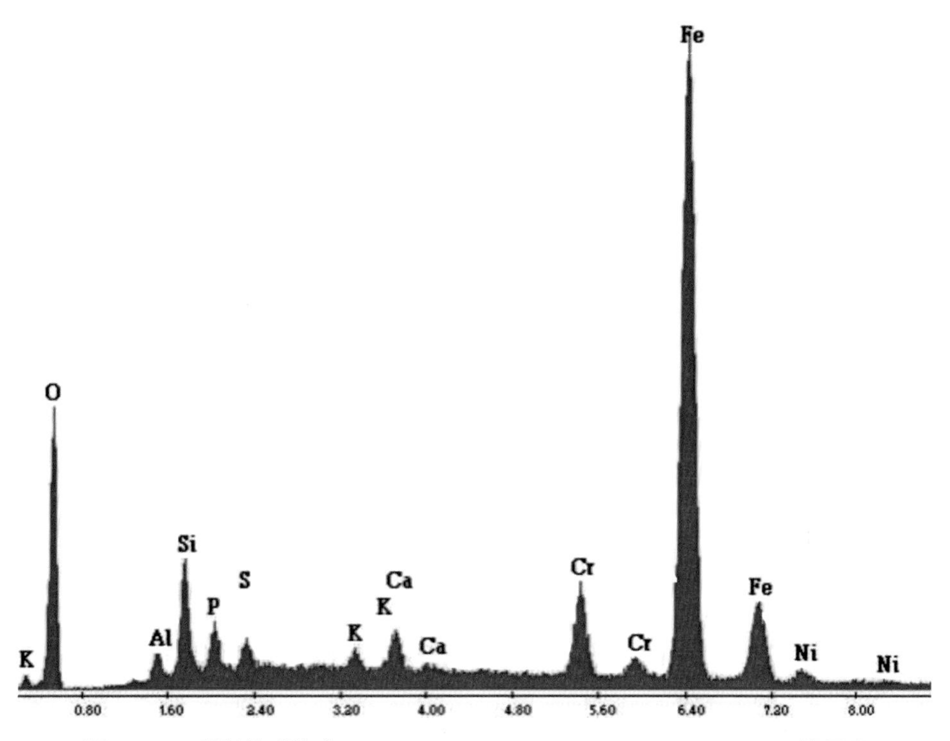

圖 3-105　腐蝕生成物有 Fe、Ni、Cr、Ca、K、O、Si、P、S、Al 等元素

四、結果與討論

本章板式熱交換器散熱片經檢驗結果可得以下結論：

1. 由外觀檢視，發現大部分散熱片都有孔蝕（Pitting）現象，顯示為全面性孔蝕。

2. 由化學成分分析，此散熱片之成分符合 SUS 304 不銹鋼。

3. 由金相組織顯示，此散熱片為正常沃斯田鐵基地組織。

4. 由 SEM 觀察顯示散熱片為沿晶及孔蝕破壞，使用 EDS 分析腐蝕生成物成分為 Fe、Ni、Cr、Ca、K、O、Si、P、S、Al 等元素。

五、建議

1. 由於板式熱交換器經成分及金相組織分析，符合 SUS 304 不銹鋼耐腐蝕的材料特性，而此板式熱交換器於使用 Scale Remover 清洗後，散熱片仍有孔蝕現象之發生，顯示出使用環境為主要因素。

2. 不銹鋼發生孔蝕最大因素是溶液含有鹵素離子，如 Cl^-、Br^-、I^-，以及腐蝕媒介 pH 值介於 4～8 和溶液在靜止狀態下，孔蝕敏感度最大，所以改善不銹鋼管環境是非常重要，例如避免有沉澱鹵素離子產生（流速超過 1.5m/sec）或是外來腐蝕源，都可將環境影響孔蝕之因素降低。

3. 此次板式熱交換器發生孔蝕現象，主要是由於使用環境有 Cl^- 離子以及水中 pH 值之影響，故使用溶劑 Scale Remover 清洗後，須將在板式熱交換器內之溶劑完全清除，避免板式熱交換器有發生孔蝕的環境產生，故板式熱交換器內之循環水最好是純水，不要使用自來水（會有 Cl^- 離子）。

4. 由於 SUS 304 不銹鋼對於鹵素離子之抗腐蝕性不佳，可以考慮使用抗蝕性較佳的材質，例如 SUS316 不銹鋼取代，會有較好抗蝕的效果。

3.6 熱交換管破損分析

一、背景

石化廠熱交換器接近彎管處之熱交換管（圖 3-106）突然發生破管現象，造成熱交換器效率降低，於歲修時，抽出發現管外有凹孔形成，石化廠欲了解熱交換管破壞之原因，遂進行破管原因分析。

圖 3-106　熱交換管全圖

二、試驗項目

熱交換管檢驗項目有以下四項：

1. 外觀檢視：首先對熱交換管進行外觀檢視，使用照相機觀察照相記錄。

2. 化學成分分析：使用分光分析儀分析熱交換管之化學成分。

3. 金相試驗：將鑲埋試片拋光後，依據 ASTM E407 規範中之 No.74（Nital）腐蝕液腐蝕後，使用光學顯微鏡（OM）觀察腐蝕後之金相組織。

4. 掃描式電子顯微鏡（SEM）及能量散佈光譜分析儀（EDS）微區成分分析：使用掃描式電子顯微鏡（SEM）觀察熱交換管破管表面破損之形貌，並使用能量散佈光譜分析儀（EDS）分析破管表面之成分。

三、試驗結果

1. 外觀檢視

觀察熱交換管表面型態，顯示出表面由一端受到輕微沖蝕痕跡（圖 3-107），而至另一端則顯示出嚴重之沖蝕（圖 3-108）以及深的凹洞（圖 3-109）產生。

圖 3-107 輕微沖蝕現象產生

圖 3-108 較嚴重之沖蝕及淺的凹孔

圖 3-109 嚴重之沖蝕及深的凹洞

2. 化學成分分析

將熱交換管取一段，使用分光儀，進行化學成分分析，其結果如表 3-10 所示。其熱交換管符合 ASME SA-179/SA-179M 之成分規格。

表 3-10 分光儀進行化學成分分析結果

成分（wt%）	C	Si	Mn	P	S
熱交換管	0.09	0.22	0.54	0.015	0.005
ASME SA-179（M）	0.06～0.08	-	0.27～0.63	0.035max	0.035max

3. 金相組織

取熱交換管受沖蝕位置進行金相組織觀察。圖 3-110 與圖 3-111 為受沖蝕的位置，顯示出有被流體沖擊所產生之過切（Undercutting）凹孔，圖 3-112 為局部放大，顯示晶粒有被腐蝕的現象，圖 3-113 為心部之組織為肥粒鐵基地組織及長條形之介在物產生。

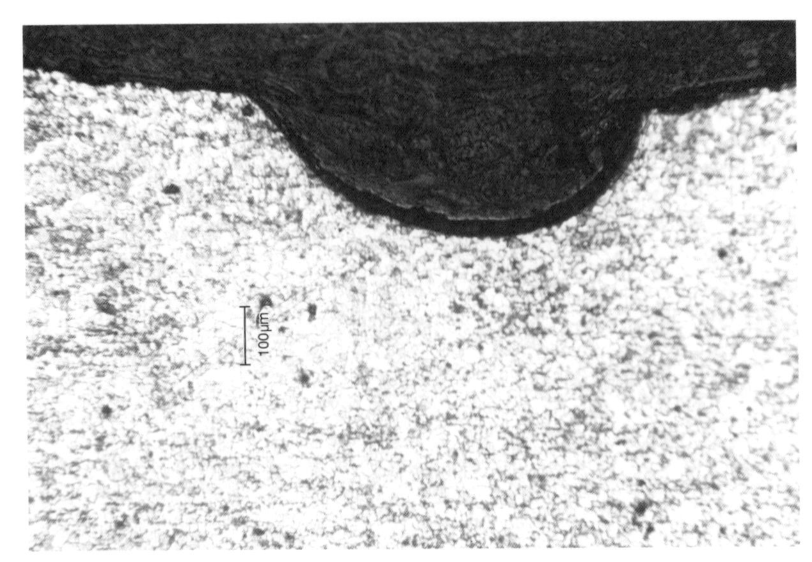

圖 3-110　熱交換管有過切（Undercutting）產生凹孔現象

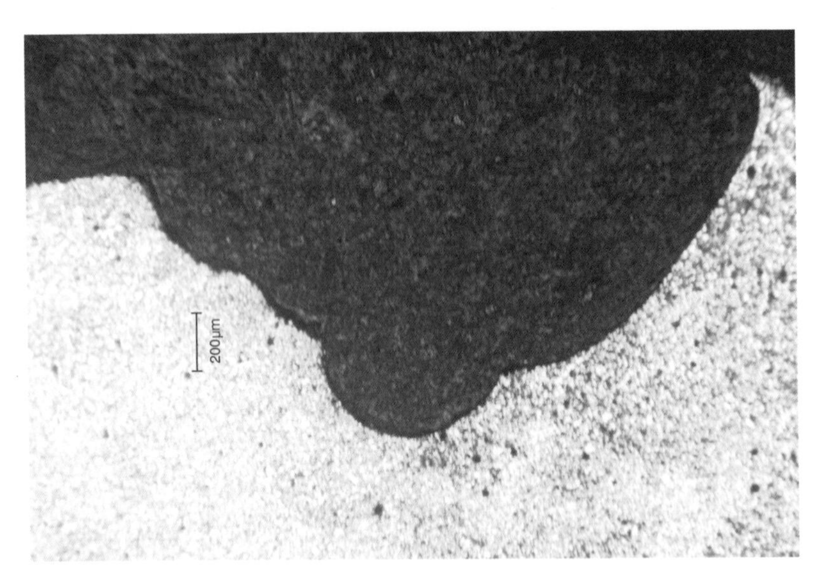

圖 3-111　熱交換管有過切（Undercutting）產生之凹孔

圖 3-112　熱交換管表面有腐蝕現象

圖 3-113　心部組織為肥粒鐵組織及長條形介在物

4. SEM 表面觀察與 EDS 微區成分分析

使用 SEM 觀察熱交換管表面型態，圖 3-114 顯示表面有凹孔及腐蝕生成物產生，將局部放大（圖 3-115 與圖 3-116）顯示出受到熱交換管表面有受到腐蝕之現象。使用 EDS 做表面成分分析（圖 3-117）則有 Fe、Mn、Ni、Cu、Ca、S、Si、Al、O、C 等元素。

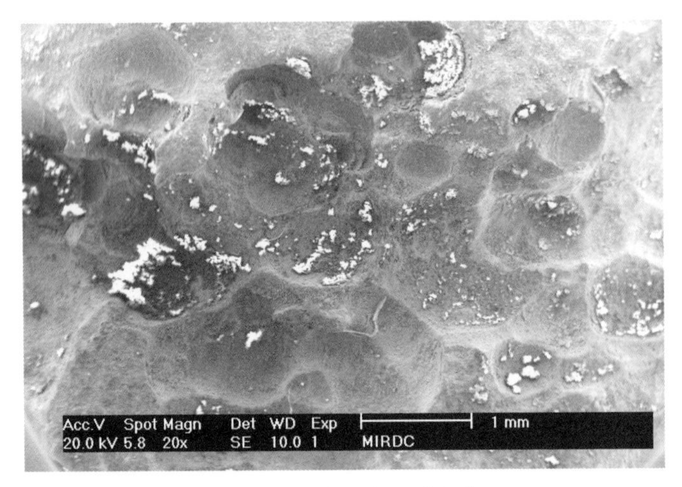

圖 3-114　表面有凹孔產生

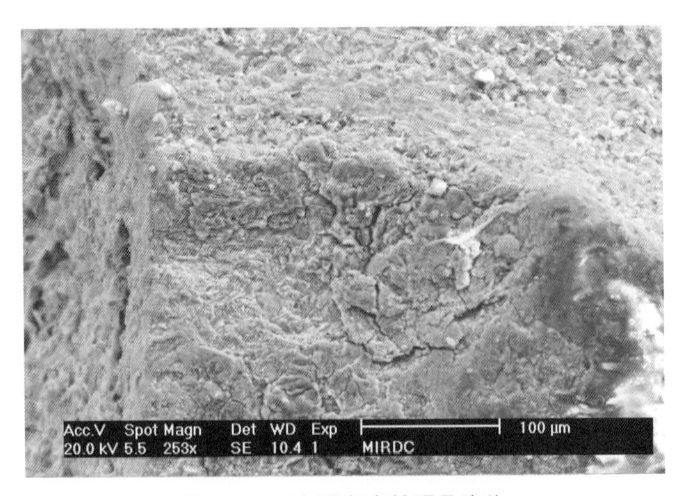

圖 3-115　表面有腐蝕現象產生

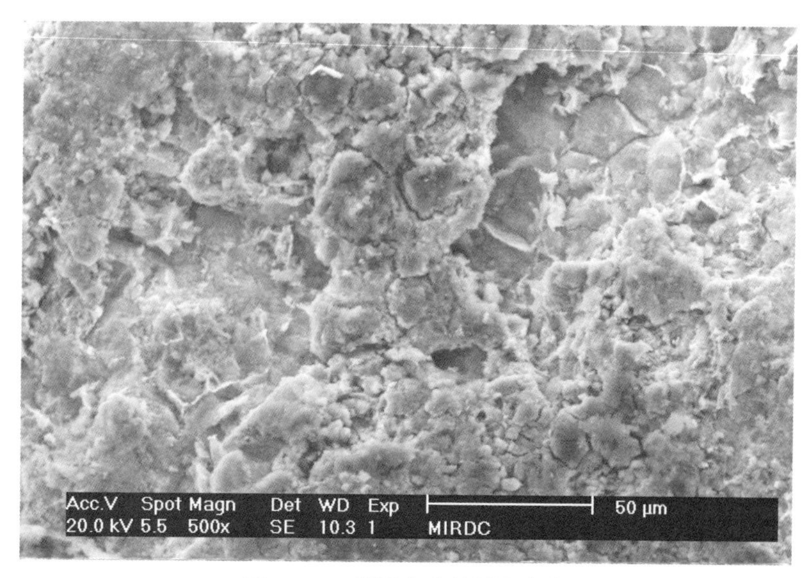

圖 3-116　表面有腐蝕現象產生

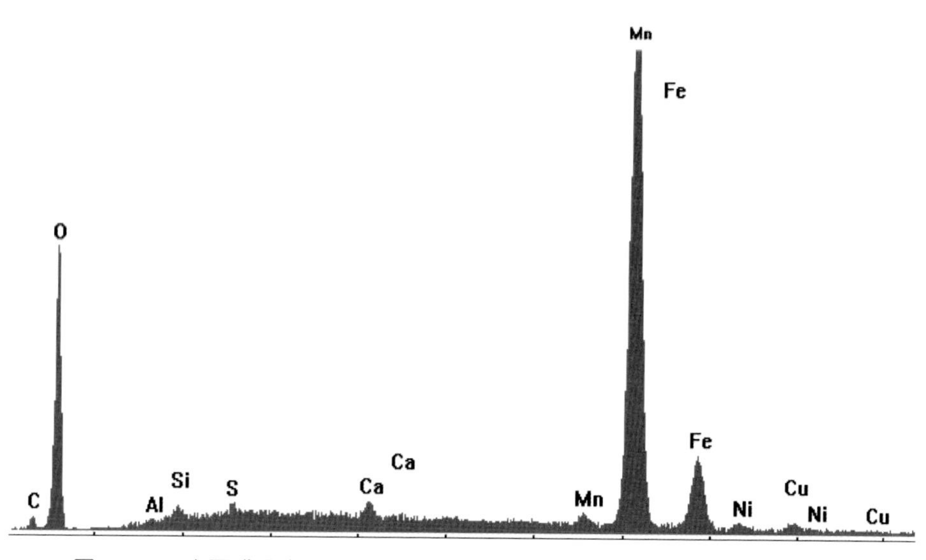

圖 3-117　表面成分有 Fe、Mn、Ni、Cu、Ca、S、Si、Al、O、C 等元素

四、結果與討論

熱交換管經檢驗結果可得以下結論：

1. 由外觀檢視，熱交換管表面有被流體沖擊所產生之痕跡，且兩端之流沖擊狀態不一樣，一端較不嚴重，而往另一端則愈趨嚴重，表面凹孔愈多且深。

2. 此熱交換管之成分符合 ASME SA-179/SA179M 之規範規定。

3. 金相組織顯示出為肥粒鐵基地組織，而且有較多長條形介在物（應為硫化物），在熱交換管橫剖面有過切（Undercutting）現象及腐蝕現象。

4. 熱交換管表面型態有腐蝕之現象，且有腐蝕生成物生成。

5. 由上述試驗可知，此熱交換管應該屬於沖擊腐蝕（Erosion Corrosion）所產生的破壞。

五、建議

防止沖擊腐蝕（Erosion Corrosion），可以從設計或材料選擇兩方面。設計方面可以使用較大半彎曲徑、較大的管徑及減少流體速度變化太大方面進行考慮；材料選擇方面可以選擇耐腐蝕性較高或是表面有一層密緻的鈍化膜，例如不銹鋼、鎳合金、鈦合金，皆可減少沖擊腐蝕的現象。

3.7 葉輪破損分析

一、背景

泵之葉輪經使用一年多後發生斷裂（圖 3-118），由於葉輪破壞時之葉片掉落造成其本體嚴重破壞，欲了解此葉輪破壞原因，遂進行分析。

圖 3-118　斷裂之葉輪全圖

二、檢驗項目

葉輪檢驗項目有以下五項：

1. 外觀檢視：首先對葉輪進行外觀檢視，使用照相機觀察照相記錄。

2. 化學成分分析：使用分光分析儀分析葉輪之化學成分。

3. 硬度試驗：將葉輪取樣後，使用微小硬度機進行硬度測試。

4. 金相試驗：將鑲埋試片拋光後，依據 ASTM E407 規範中之 No.131 腐蝕液電解腐蝕後，使用光學顯微鏡（OM）觀察腐蝕後之金相組織。

5. 掃描式電子顯微鏡（SEM）及能量散佈光譜分析儀（EDS）微區成分分析：使用掃描式電子顯微鏡（SEM）觀察葉輪破裂面表面破損之形貌，並使用能量散佈光譜分析儀（EDS）分析破裂面表面之成分。

三、試驗結果

1. 外觀檢視

觀察葉輪表面有生鏽（圖 3-119 與圖 3-120）之現象，而葉輪表面表面狀態非常粗糙，且有腐蝕、縮孔與裂縫（圖 3-121 與圖 3-122）以及孔洞（經渦蝕產生）（圖 3-123）產生，而葉輪斷裂處則呈現快速破壞形貌（圖 3-124 與圖 3-125）。

圖 3-119　葉輪表面有生鏽（孔蝕）產生

圖 3-120　葉輪表面有生鏽（孔蝕）產生

圖 3-121 葉輪表面有腐蝕與縮孔產生

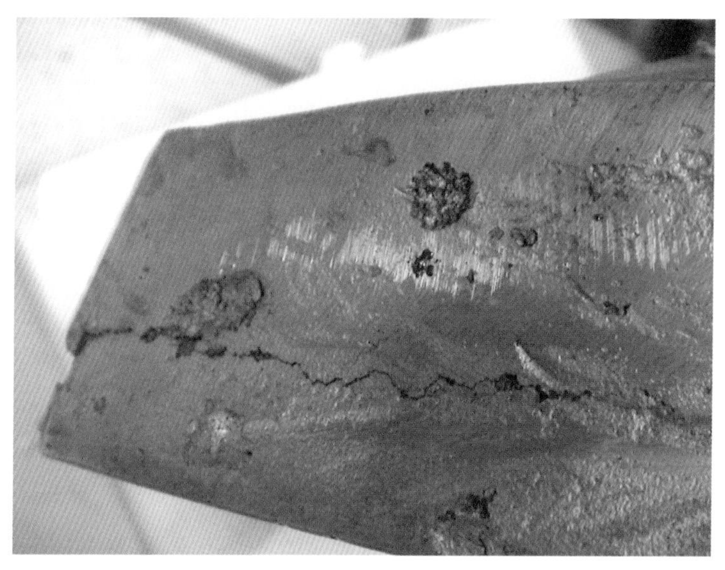

圖 3-122 葉輪表面有腐蝕與裂縫產生

圖 3-123　葉輪表面有孔洞產生

圖 3-124　葉輪破斷面呈現快速破壞現象

圖 3-125　葉輪破斷面呈現快速破壞現象

2. 成分分析

使用分光分析儀進行葉輪成分分析，結果如表 3-11 所示。根據表 3-11 之結果進行比對後，此葉輪之成分符合規範 ASTM A351 中 CG-8M 規格。

表 3-11　分光分析儀進行葉輪成分分析結果

樣品	C	Si	Mn	P	S	Cr	Ni	Mo
葉輪	0.03	1.08	0.76	0.021	0.001	18.21	10.97	3.59
CG-8M	0.08max	1.5max	1.5max	0.04max	0.04max	18～21	9～13	3～4

3. 硬度試驗

取葉輪進行微硬度測試，其結果如表 3-12 所示。葉輪之硬度平均為 192 HV。

表 3-12　葉輪進行微硬度測試結果

樣品	硬度值（HV0.3）	平均值（HV0.3）
葉輪	195　194　190　185　197	192

4. 金相組織

進行葉輪之進行金相組織試驗，其葉輪之基地組織為沃斯田鐵鑄造組織（圖 3-126 與圖 3-127），且有孔洞產生（圖 3-128），在葉輪表面之孔洞有腐蝕現象（圖 3-129）產生。

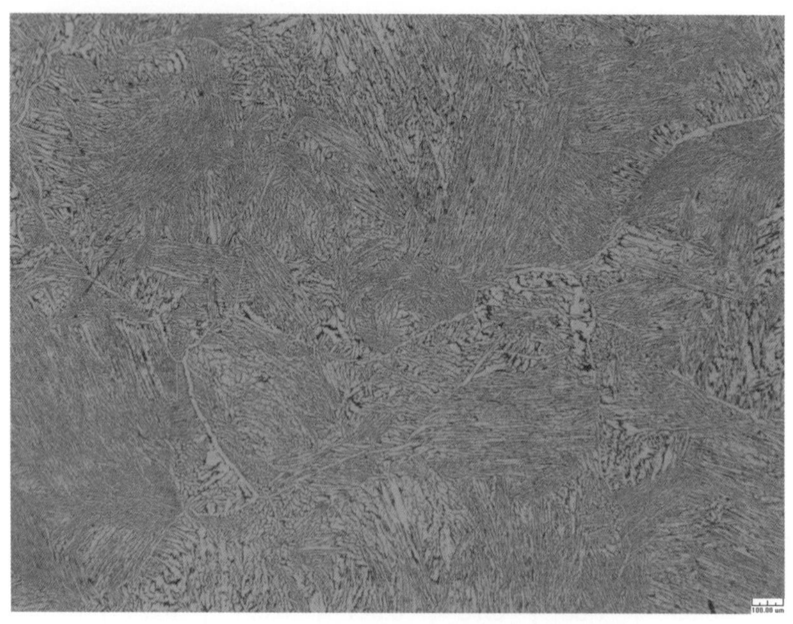

圖 3-126　葉輪基地組織為沃斯田鐵鑄造組織

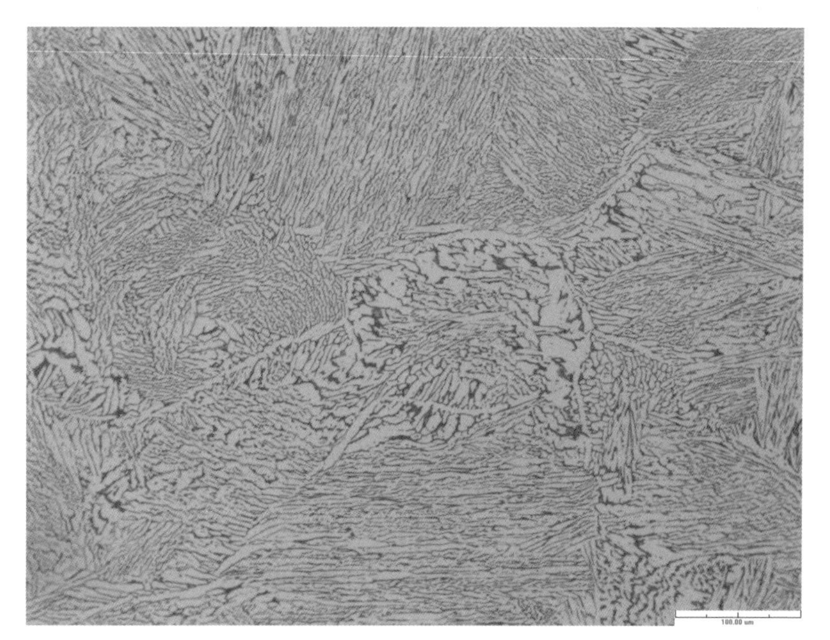

圖 3-127　葉輪基地組織為沃斯田鐵鑄造組織

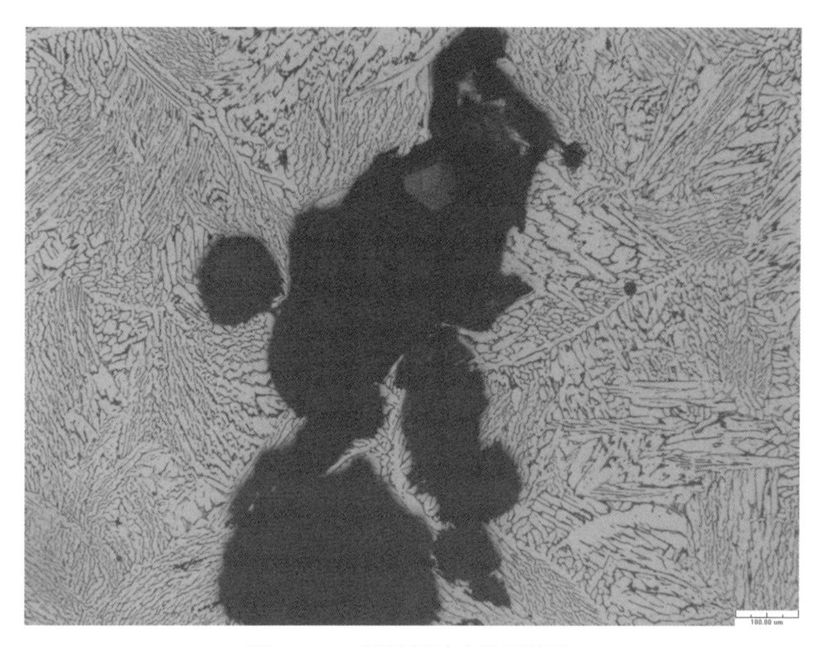

圖 3-128　葉輪基地有孔洞產生

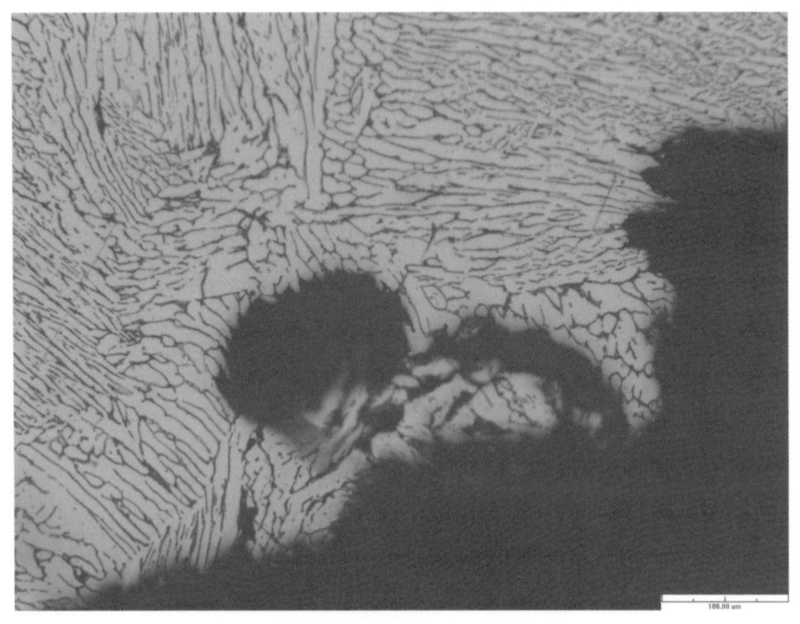

圖 3-129　葉輪孔洞附近呈現腐蝕現象

5. 掃描式電子顯微鏡（SEM）及能量散佈光譜分析儀（EDS）微區成分分析

使用 SEM 觀察葉輪之破斷表面，顯示出表面有孔洞與腐蝕現象產生（圖 3-130 至圖 3-132）。使用 EDS 做破斷面微區成分分析（圖 3-133），有破壞表面微區成分有 Fe、Cr、Ni、Mo、Si、Ca、Cl、O 等元素，外來元素為 Cl。

圖 3-130　葉輪破斷面有孔洞產生及腐蝕現象

圖 3-131　葉輪破斷面有腐蝕現象產生

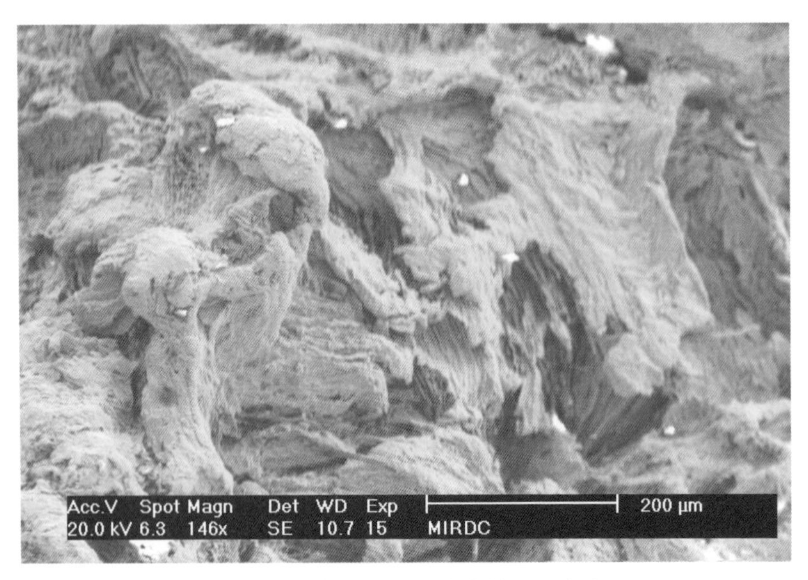

圖 3-132 葉輪破斷面有腐蝕現象產生

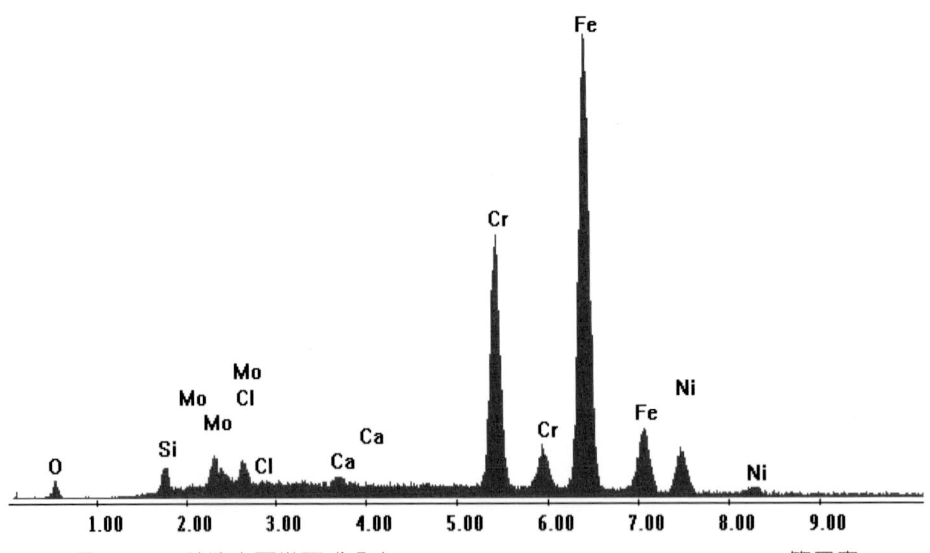

圖 3-133 破壞表面微區成分有 Fe、Cr、Ni、Mo、Si、Ca、Cl、O 等元素

四、結果與討論

葉輪經檢驗結果可得以下結論：

1. 由葉輪之破斷表面觀察，葉輪高速運轉後，葉輪表面開始產生腐蝕與裂縫產生，葉輪進而斷裂。由葉輪表面之孔洞與腐蝕狀態來看，可能在葉輪製造時，內部縮孔嚴重（鑄造時產生之缺陷）且表面狀態非常粗糙含許多砂孔，檢視破斷面時，使用手可以將破斷面扳開，顯示此葉輪之內部及表面瑕疵多而造成強度不高，加上使用在腐蝕（渦蝕，Cavitation Damage）環境下，加速葉輪之破壞。

2. 葉輪之成分為符合 ASTM A351CG-8M 規範規定。

3. 葉輪硬度值為 192 HV。

4. 葉輪之金相組織為沃斯田鐵鑄造組織，基地有孔洞產生，表面孔洞處有腐蝕（渦蝕）現象產生。

5. 使用 SEM 觀察破斷表面附近，葉輪表面有孔洞與腐蝕現象產生，EDS 微區成分分析有 Cl 外來元素。

6. 綜合上述試驗分析，此葉輪之成分符合 ASTM A351 CG-8M 規定，硬度為 192 HV ，金相組織為沃斯田鐵鑄造組織，基地中有孔洞產生及受腐蝕破壞（此腐蝕現象可能是由於渦（空）蝕產生），SEM 觀察破裂表面位置，呈現孔洞與腐蝕現象，EDS 分析有外來腐蝕因子 Cl 元素，故此葉輪之破壞原因是由於葉輪表面因砂模鑄造（內部瑕疵縮孔及表面砂孔嚴重）而造成表面比較粗糙，經葉輪高速運轉，因內部瑕疵所產生葉輪之裂縫產生以及葉輪轉動時，因漩渦產生之氣泡，進而造成葉輪表面產生空洞或凹窩，再加上腐蝕媒介（Cl），加速葉輪之腐蝕破壞，最後導致葉輪斷裂。

六、建議

1. 改善葉輪內部及表面品質（如脫蠟鑄造或陶膜鑄造），盡可能讓葉輪表面保持光滑，讓液體流動順暢，不使之發生擾流。

2. 改善鑄造方案與工藝，盡量減少縮孔及砂孔等內部與表面瑕疵。

3. 使用較清淨之原料，減少介在物之生成。

4. 正式生產前，應做完整之非破壞檢查，如目視、液滲檢測表面瑕疵，射線檢測內部瑕疵。

5. 加工完成後，安裝時應作動平衡試驗。

第四章 高溫破壞

4.1 加熱爐爐管破損分析

4.2 重疊式輸送網帶破損分析

4.3 殼式熱交換器破損分析

4.4 裂解爐管破損分析

高溫破壞包括高溫腐蝕破壞與高溫機械力破壞。高溫腐蝕破壞是指金屬在高溫環境中使用，由於大氣中的氧氣或硫氣作用，所造成表面氧化或硫化；高溫機械力破壞主要針對材料在高溫環境使用，受到機械應力作用發生斷裂（例如潛變）。實際分析案例如下：

4.1 加熱爐爐管破損分析

一、背景

石化廠反應器加熱爐爐管（圖 4-1）於使用約 10 年後，在吊裝爐管時，碰撞到反應器爐壁，造成整排加熱爐管全部斷裂，石化公司欲了解反應器爐管破壞原因，遂進行破壞分析。

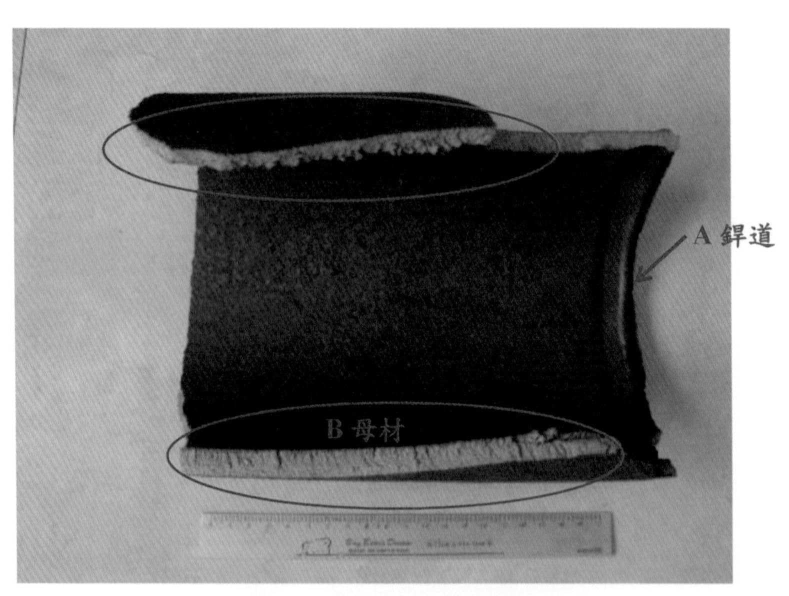

圖 4-1　破裂之加熱爐爐管全圖

二、試驗項目

加熱爐爐管檢驗項目有以下五項：

1. 外觀檢視：首先對爐管進行現場外觀檢視，並使用照相機觀察照相記錄。

2. 化學成分分析：使用分光分析儀分析爐管之化學成分。

3. 硬度分析：將爐管取樣後，使用微小硬度機（Micro Vickers Tester）進行爐管心部硬度測試。

4. 金相試驗：將鑲埋試片拋光後，依據 ASTM E407 規範中之 No.13 腐蝕液電解腐蝕後，使用光學顯微鏡（OM）觀察腐蝕後之金相組織。

5. 掃描式電子顯微鏡（SEM）及能量散佈光譜分析儀（EDS）微區成分分析：使用掃描式電子顯微鏡（SEM）觀察爐管斷裂面表面破損之形貌，並使用能量散佈光譜分析儀（EDS）分析斷裂面表面之成分。

三、試驗結果

1. 外觀檢視

觀察爐管破斷表面，破斷處主要包括周向（銲道處，如圖 4-1 A 標示）以及縱向（母材處，如圖 4-1 B 標示），周向破斷表面裂縫貫穿銲道與母材，有些沿著熱影響區成長（圖 4-2 至圖 4-6），破斷面之破裂形貌呈現出劈裂狀之快速破裂之形貌，而母材縱向位置亦有此現象產生（圖 4-1 紅色圓圈處）。

圖 4-2　爐管破斷表面

圖 4-3　爐管破斷表面

圖 4-4　爐管破斷表面

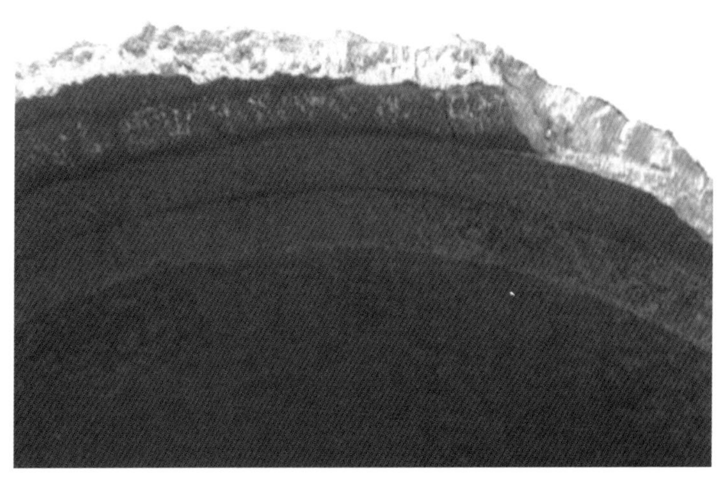

圖 4-5　爐管破斷表面

圖 4-6　爐管破斷表面

2. 成分分析

使用分光分析儀，進行爐管之成分分析。結果如表 4-1 所示。其爐管成分符合 ASTM A297 Grade HP 規範規定，其中現場取回試片含 Nb 元素，為一般所稱 HP-mod 材料。

表 4-1　分光分析儀爐管之成分分析結果

成分	C	Si	Mn	P	S	Ni	Cr	Mo	Nb
爐管	0.41	1.92	1.18	0.02	0.008	34.5	25.7	0.14	1.19
ASTM A297 Grade HP	0.35～0.75	2.5max	2max	0.04 max	0.04 max	33～37	24～28	0.50 max	-

3. 硬度試驗

取爐管母材與銲道位置進行硬度試驗，其結果如表 4-2 所示。由表

4-2 可知母材及熱影響區之硬度比銲道高，顯示出銲道強度比母材還要低。

表 4-2　爐管母材與銲道位置進行硬度試驗結果

位置	測試值（HV0.3）	平均值（HV0.3）
母材	239　245　254　239　256	247
熱影響區	284　268　287　287　273	280
銲道	217　211　225　215　233	220

4. 金相組織

進行爐管破斷面之金相組織觀察，圖 4-7 與圖 4-8 顯示爐管母材之基地組織，其組織由網狀共析碳化物與沃斯田鐵基地組成，有微細的二次碳化物析出於基地中；而銲道位置與銲道與母材之介面（熱影響區）亦有微細的二次碳化物（圖 4-9 與圖 4-10），此二次碳化物析出扮演析出硬化的效應。

觀察銲道表面附近有一層脫碳層（約為 0.03～0.04 mm）產生（圖 4-11），而在脫碳層處有微小裂縫及潛變孔洞產生（圖 4-12），而母材表面亦有脫碳與氧化物生成以及微小裂縫及潛變孔洞產生（圖 4-13 至圖 4-15），在銲道破斷表面處則有沿晶破壞形貌（圖 4-16 與 4-17）。

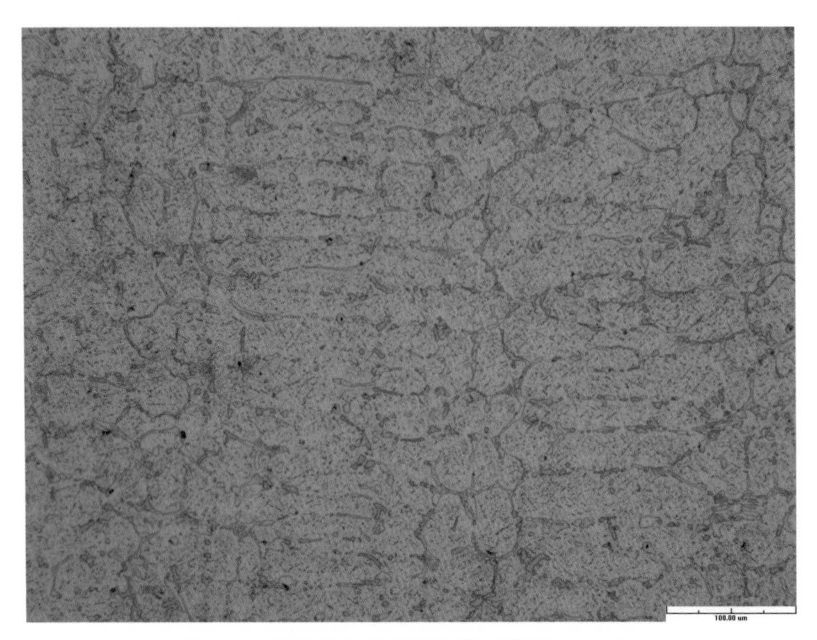

圖 4-7　爐管母材之基地組織（倍率 200X）

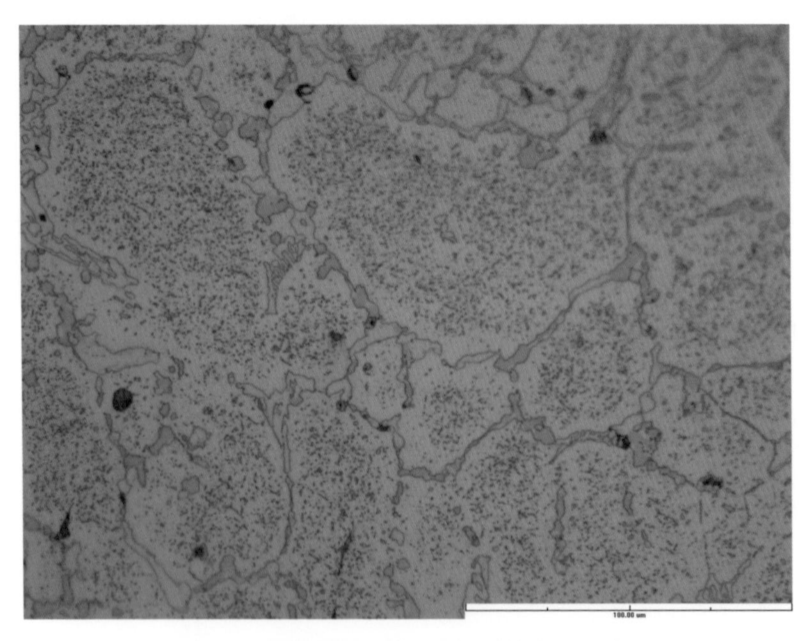

圖 4-8　爐管母材之基地組織（倍率 500X）

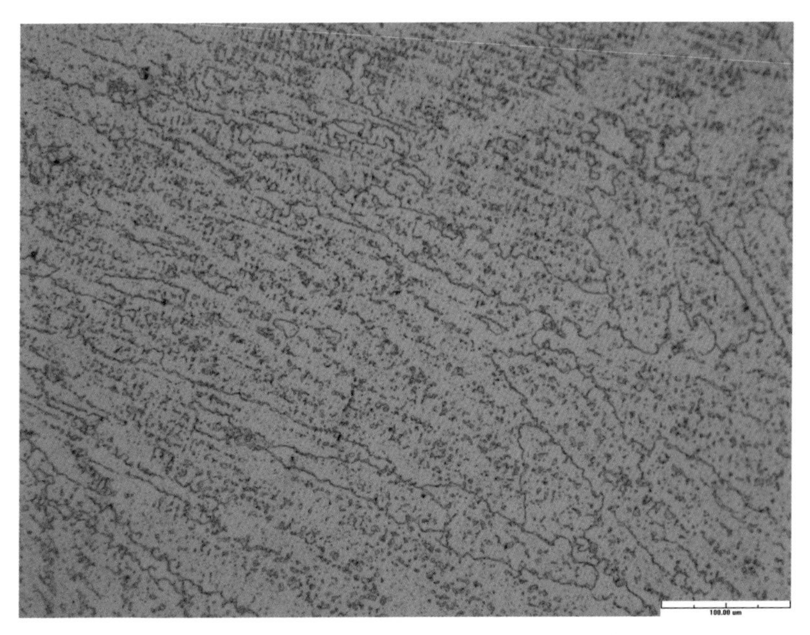

圖 4-9　爐管銲道之基地組織（倍率 200X）

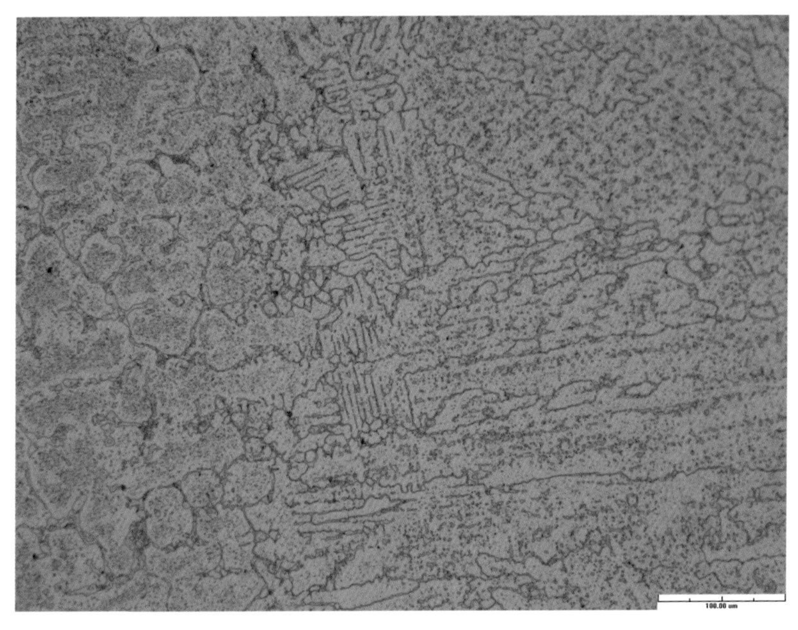

圖 4-10　爐管銲道與母材之介面組織（熱影響區）（倍率 200X）

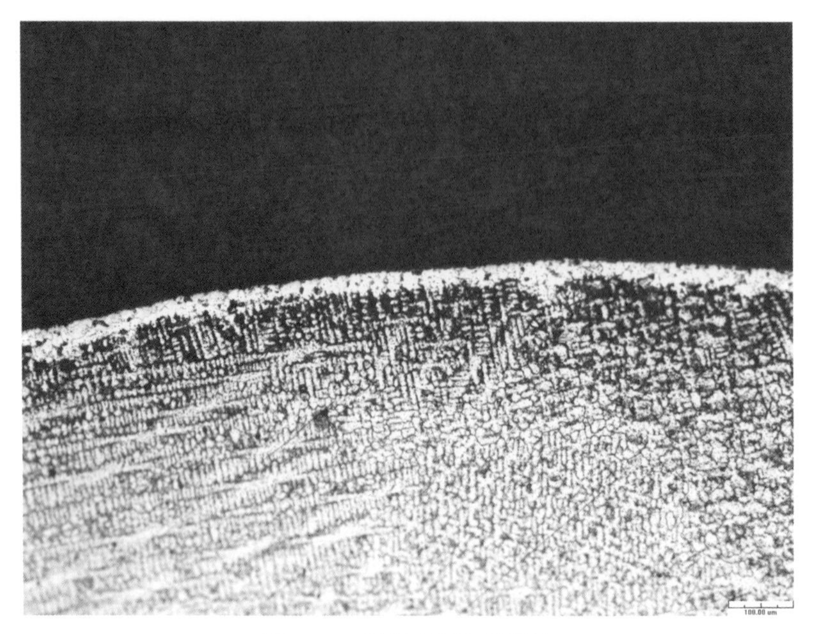

圖 4-11　銲道表面有脫碳層

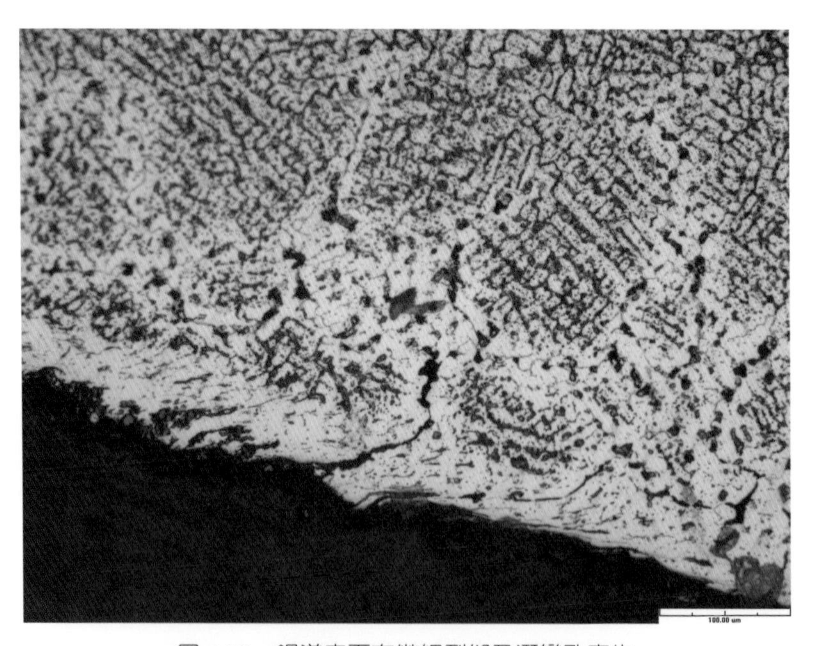

圖 4-12　銲道表面有微細裂縫及潛變孔產生

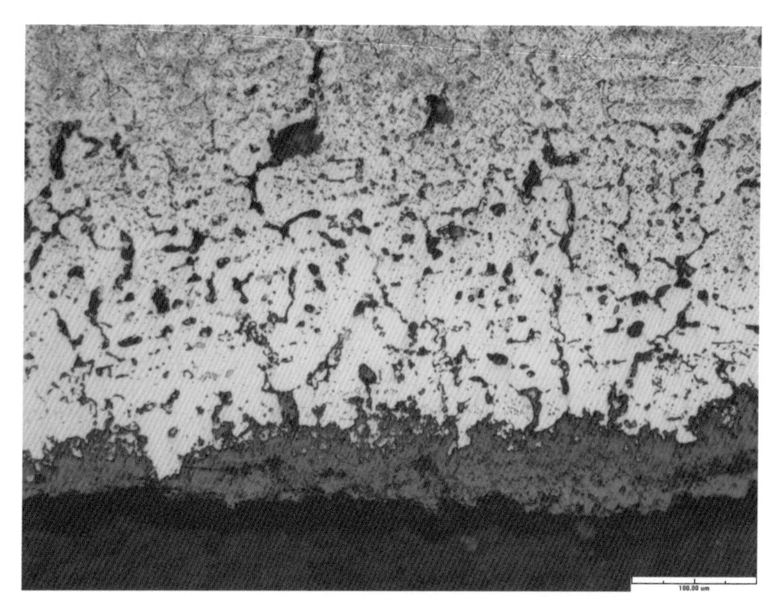

圖 4-13　母材表面有潛變孔及氧化物產生

圖 4-14　母材表面有潛變孔及氧化物產生

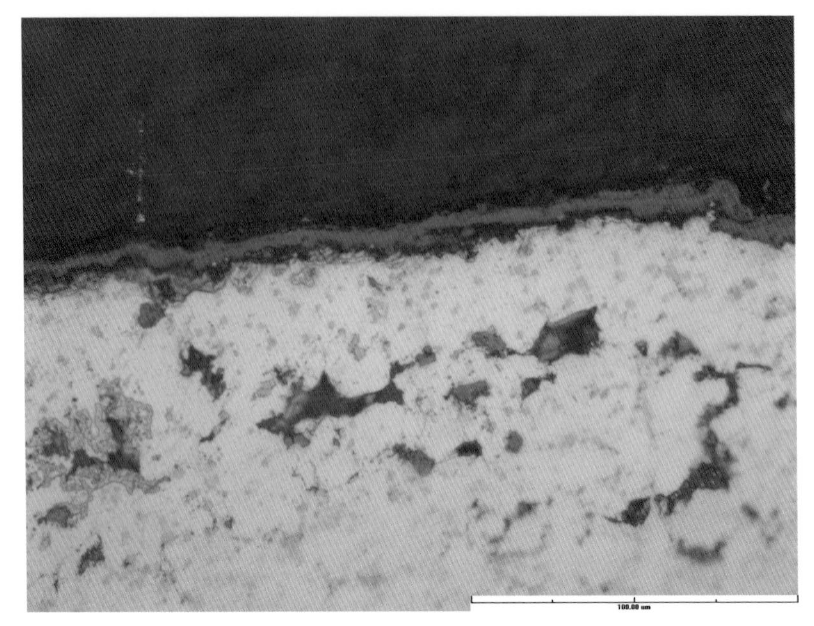

圖 4-15　母材表面有潛變孔及氧化物產生

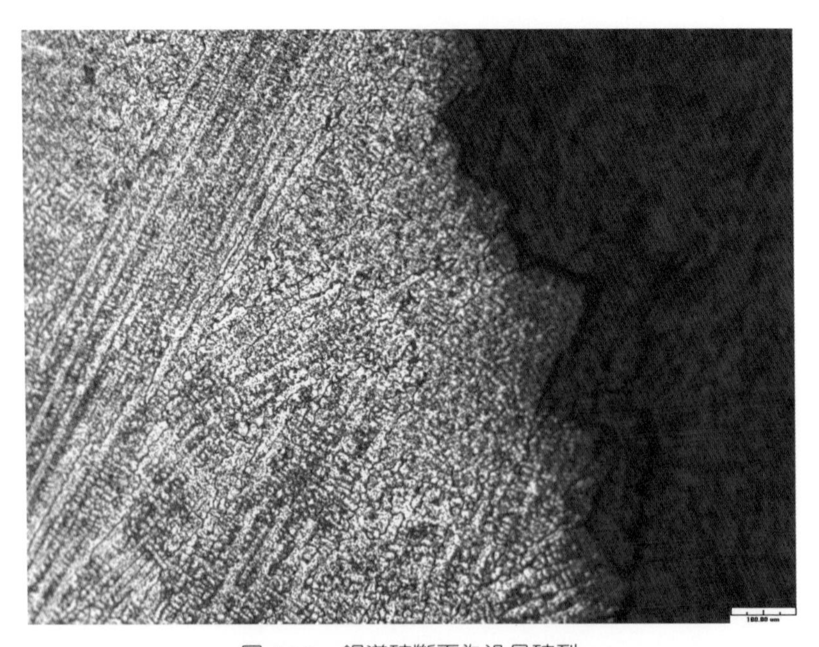

圖 4-16　銲道破斷面為沿晶破裂

圖 4-17　銲道破斷面為沿晶破裂

5. 掃描式電子顯微鏡（SEM）表面觀察與能量散佈光譜分析儀（EDS）微區成分分析

使用 SEM 觀察爐管之破壞表面，其銲道表面形貌（圖 4-18 與圖 4-19）呈現沿晶破裂之脆性（Brittle）之破壞形貌，在母材位置亦顯示出沿晶破裂之脆性破壞形貌（圖 4-20 至圖 4-23）；使用 EDS 分析破斷表面之微區成分，破斷表面成分（圖 4-24）有 Fe、Cr、Ni、Nb、Ca、Ti、Si、Al、O 與 C 元素，並無明顯之外來元素。

圖 4-18　破斷面銲道表面，其形貌為沿晶脆性破壞

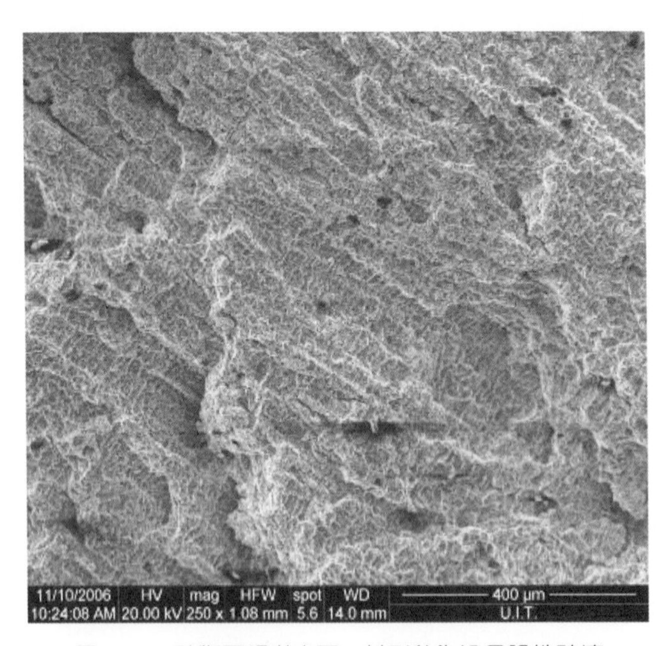

圖 4-19　破斷面銲道表面，其形貌為沿晶脆性破壞

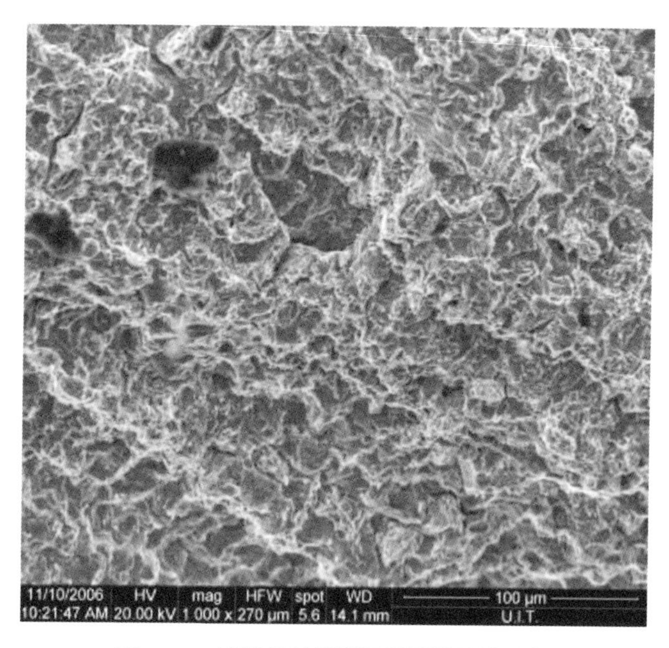

圖 4-20　爐管母材呈現沿晶脆性破壞形貌

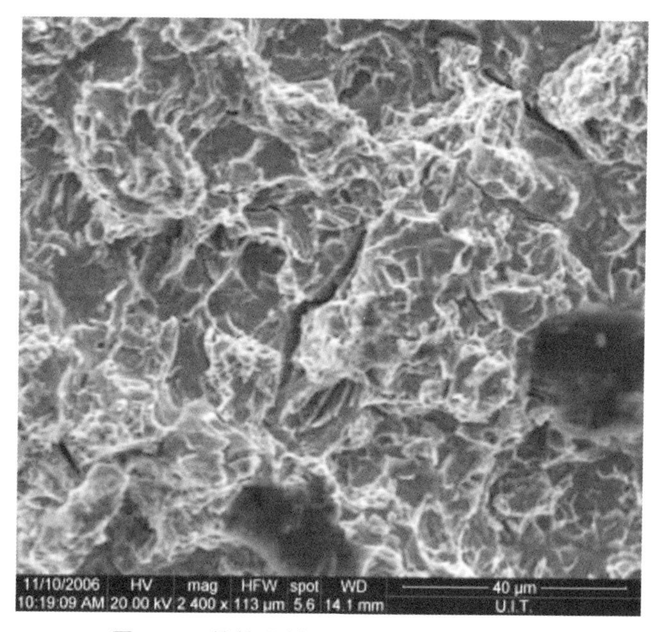

圖 4-21　爐管母材呈現沿晶脆性破壞形貌

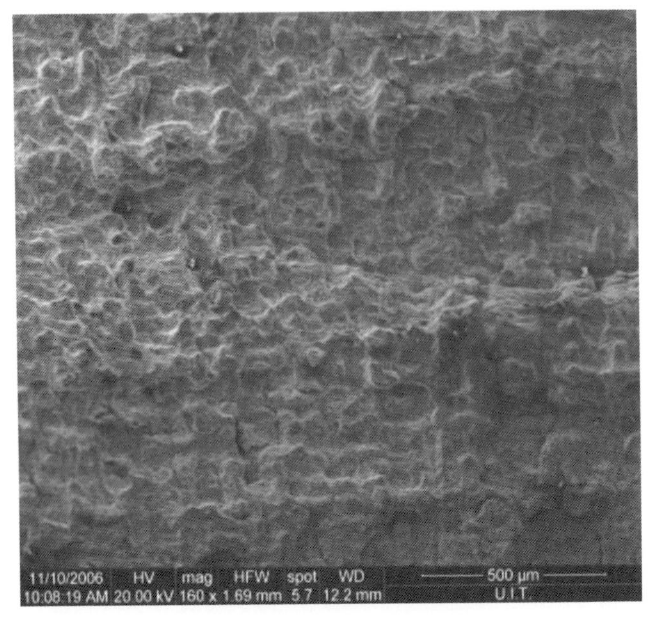

圖 4-22　爐管母材呈現沿晶脆性破壞形貌

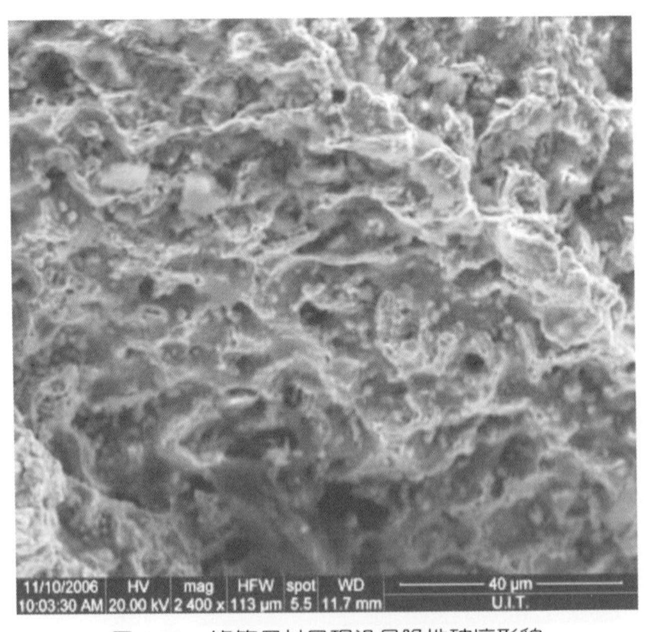

圖 4-23　爐管母材呈現沿晶脆性破壞形貌

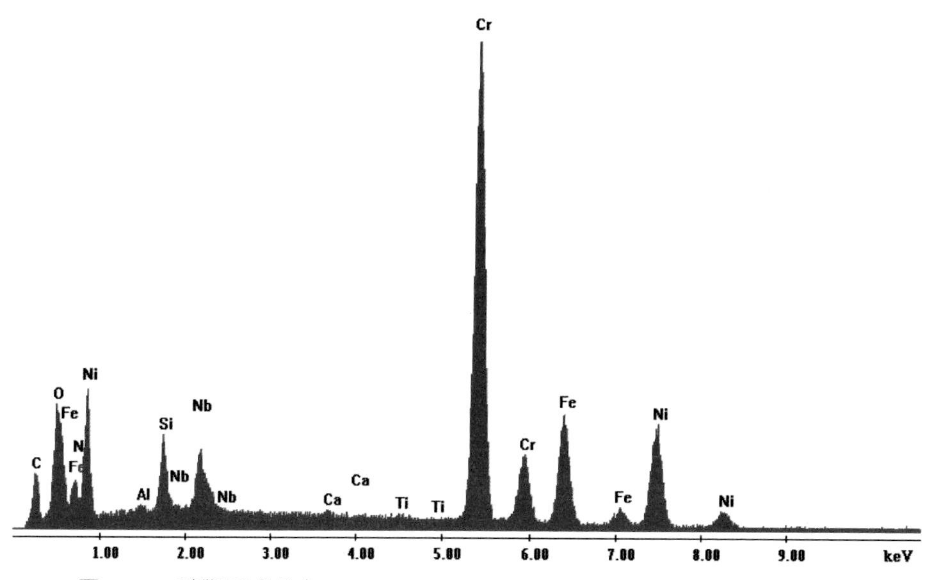

圖 4-24　破斷面成分有 Fe、Cr、Ni、Nb、Ca、Ti、Si、Al、O 與 C 元素

四、結果與討論

加熱爐爐管經檢驗結果可得以下結論：

1. 由送樣之破裂爐管外觀所示，爐管主要破壞型態為快速破裂形貌，破裂主要位置在於銲道上與其鄰近之母材。

2. 加熱爐爐管之成分符合 SA297 Grade. HP 規範之規定。

3. 測試母材與銲道之硬度可知，銲道之硬度低於母材與熱影響區，顯示銲道之強度已經比母材還要低，故破裂位置應會起始於銲道。

4. 由金相組織試驗可知，母材與銲道皆有二次碳化物析出及表面有微小裂縫、脫碳層及氧化物生成，此為高溫潛變之特徵。

5. SEM 觀察爐管破裂表面處，呈現沿晶脆性（快速）破壞形貌，使用 EDS 分析破斷面成分，並無明顯之外來元素。

6. 經上述試驗及觀察，爐管之破裂起始點於銲接處附近，以銲道為破裂起始之主要位置，由於銲道強度已經比母材還要低。並且在金相組織觀察可知，銲道與母材表面有脫碳層生成，由於脫碳層內的碳含量已經遠低於正常值，其高溫強度特性變弱，因此在應力作用下非常容易產生微小裂縫及潛變孔之生成，而在 SEM 觀察中皆為脆性破壞，故裂縫會由銲道表面之脫碳層之微小裂縫與潛變孔開始往銲道內部成長，進而往熱影響區及母材快速成長，最後造成快速斷裂。而在圖 4-1 紅色圓圈處爐管母材位置之破裂應屬於受到外力撞擊而快速斷裂之現象，此現象為此材料經高溫使用後，其延展性及伸長率皆非常低（10% 以下），故受到外力撞擊則很容易產生脆斷之現象。

7. 綜合以上分析數據，研判爐管主要破裂機制為長時間受到高溫潛變破壞以及突發外力作用所產生的脆斷。

五、建議

1. 定期歲修時，可針對爐管銲道位置進行非破壞檢查（NDT），例如 PT、MT、金相、ET 及硬度，可以監控爐管之劣化程度。

2. 操作運轉時（尤其在開爐或停爐時），應避免熱衝擊（Thermal Shock），以及檢修過程應避免爐管受外力之撞擊以降低脆性破壞風險。

3. 應嚴密監控熱量（火焰長度）之散佈，使之不觸及爐管，避免過負荷之運轉，使爐管之受熱量不致超過設計限度。

4.2 重疊式輸送網帶破損分析

一、背景

輸送網帶公司生產之輸送網帶於使用 3 個月後，發生網帶有斷裂現象（圖 4-25），由於輸送網帶正常使用壽命斷裂約 10 個月以上，且斷裂的廠商都是同一家熱處理廠，網帶公司欲了解網帶斷裂原因，遂進行斷裂原因分析。

圖 4-25　已斷裂輸送網帶

二、測試項目

重疊式輸送網帶檢驗項目有以下五項：

1. 外觀檢視：首先對網帶進行現場外觀檢視，並使用照相機觀察照相記錄。

2. 化學成分分析：使用感應偶合電漿分析儀（ICP）分析網帶之化學成分。

3. 硬度分析：將網帶取樣後，使用微小硬度機進行網帶心部硬度測試。

4. 金相試驗：將鑲埋試片拋光後，依據 ASTM E407 規範中之

No.13 腐蝕液電解腐蝕後，使用光學顯微鏡（OM）觀察腐蝕後之金相組織。

5. 掃描式電子顯微鏡（SEM）及能量散佈光譜分析儀（EDS）微區成分分析：使用掃描式電子顯微鏡（SEM）觀察網帶斷裂面表面破損之形貌，並使用能量散佈光譜分析儀（EDS）分析斷裂面表面之成分。

三、試驗結果

1. 外觀檢視

觀察網帶其表面有受高溫狀態產生黑色腐蝕生成物與銹皮，以及網帶有斷裂現象產生（圖 4-26 至圖 4-28），由外觀顯示網帶有受到高溫腐蝕之形貌。

圖 4-26　網帶表面有斷裂

圖 4-27　網帶表面有斷裂

圖 4-28　網帶有斷裂現象

2. 成分分析

使用感應偶合電漿分析儀（ICP）進行成分分析，結果網帶之碳含量為 1.14 wt%，超出規範值非常多（約標準值 4 倍多），其他元素皆符合規範值 ASTM A240 Type 310S 規定（如表 4-3）。

表 4-3　感應偶合電漿分析儀成分分析結果

成分（wt%）	C	Si	Mn	P	S	Ni	Cr
網帶	1.14	2.53	1.64	0.007	0.015	18.97	24.54
Type 310S	0.25max	1.5～3.0	2max	0.045max	0.03max	19～22	23～26

3. 微硬度

進行微小硬度機進行測試網帶之硬度值，其結果如表 4-4 所示。由表 4-4 顯示此硬度比 ASTM A240 Type 310S 正常規範 217 HV 硬度高。

表 4-4　微小硬度機測試網帶之硬度值結果

位置	硬度值（HV0.3）	平均值（HV0.3）
斷裂網帶	271　263　296　278　281	278
Type 310S	≤ 217 HV	

4. 金相組織

取網帶進行金相試驗。圖 4-29 至圖 4-31 顯示斷裂網帶表面有一氧化層組織（約 0.13～0.2 mm 左右），且在表面有裂縫產生（圖 4-32 與圖 4-33）；心部組織已有嚴重敏化（大量碳化物析出晶界與基地）之現象（圖 4-34 與圖 4-35）。

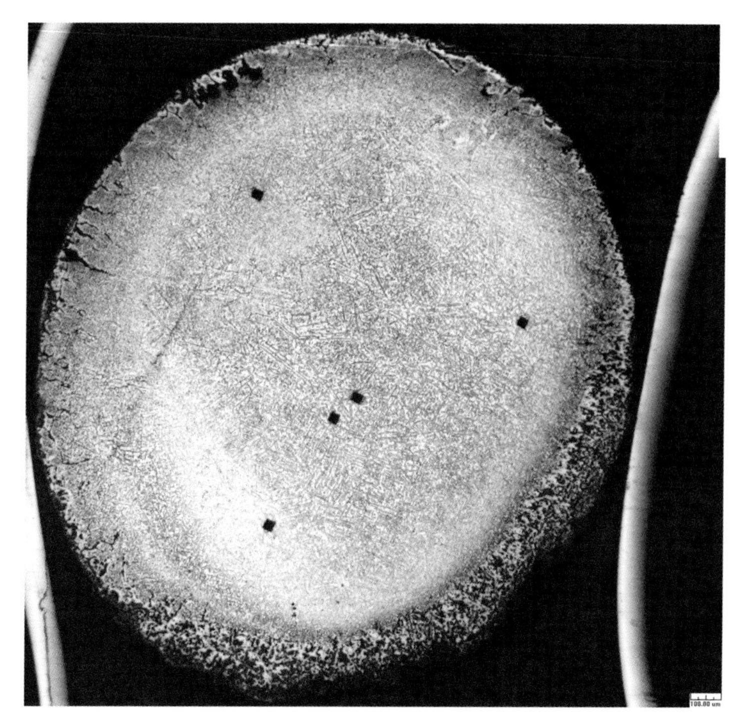

圖 4-29　網帶斷裂位置有氧化層及嚴重敏化現象（倍率 50X）

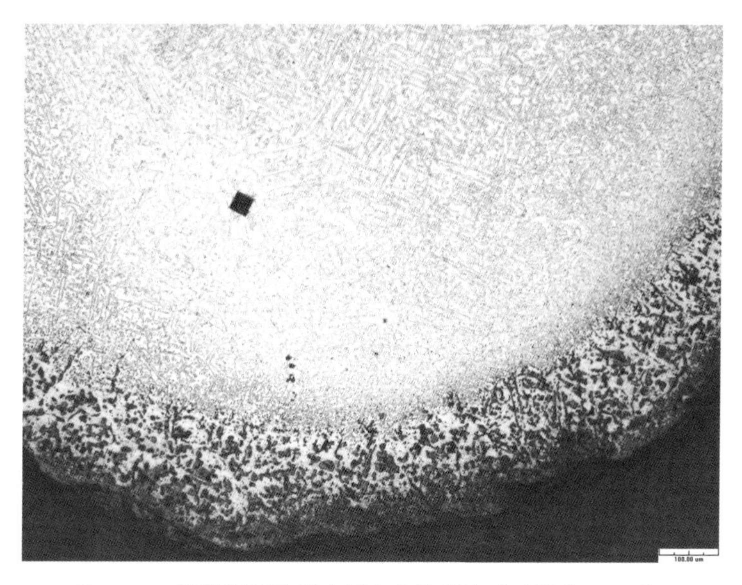

圖 4-30　網帶斷裂位置表面有氧化層生成（倍率 100X）

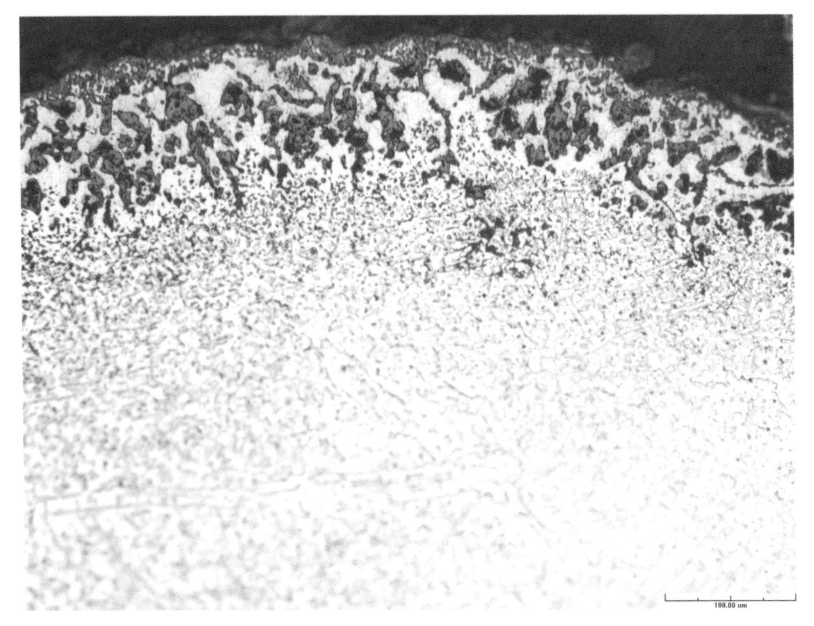

圖 4-31　網帶斷裂位置表面有氧化層生成（倍率 200X）

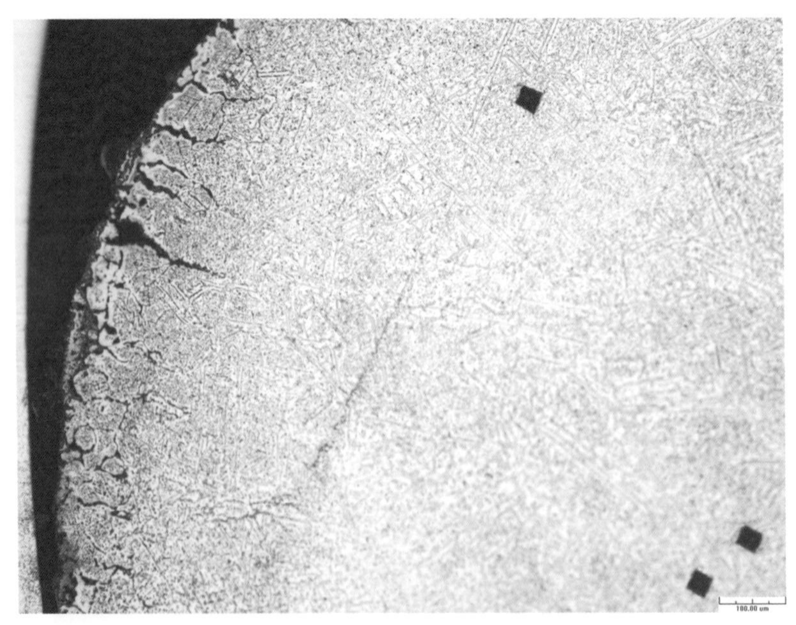

圖 4-32　網帶斷裂位置表面有氧化層與裂縫生成（倍率 100X）

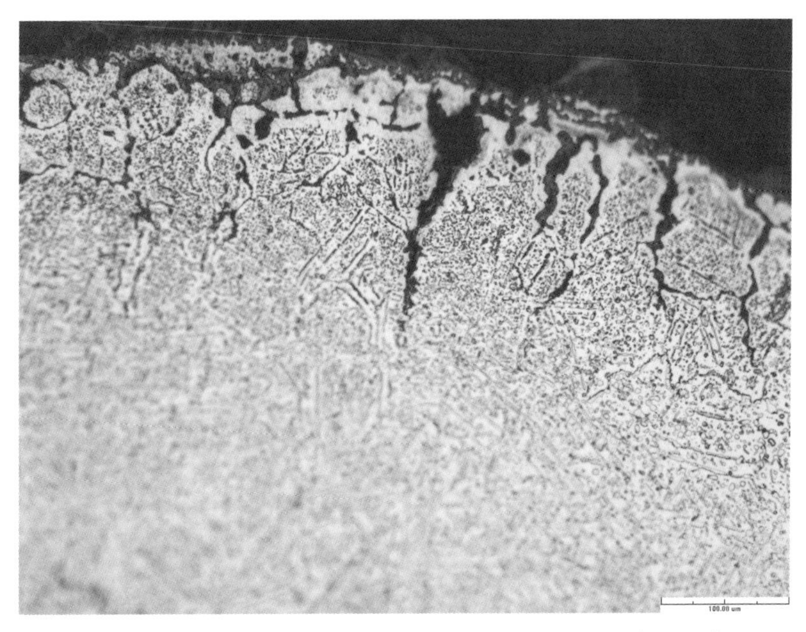

圖 4-33　網帶斷裂位置表面有氧化層與裂縫生成（倍率 200X）

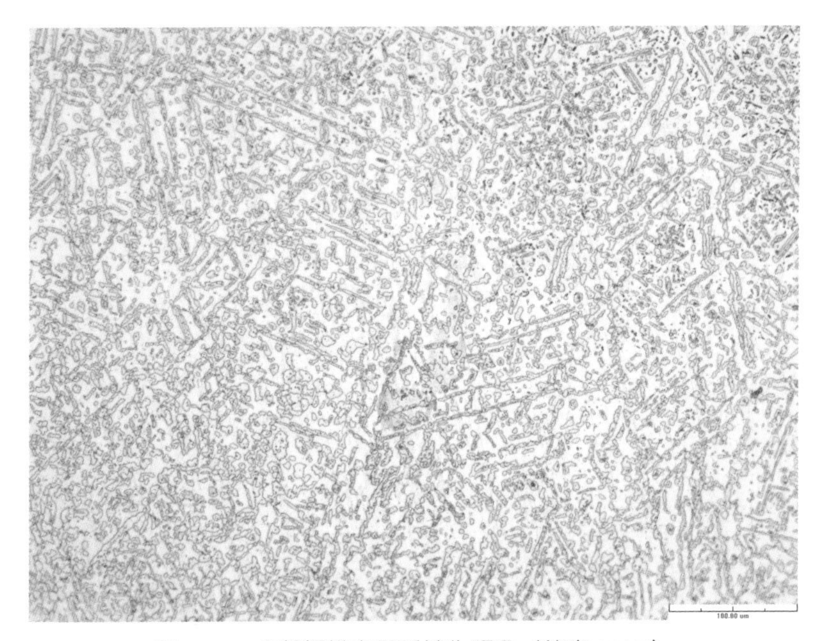

圖 4-34　心部組織有嚴重敏化現象（倍率 200X）

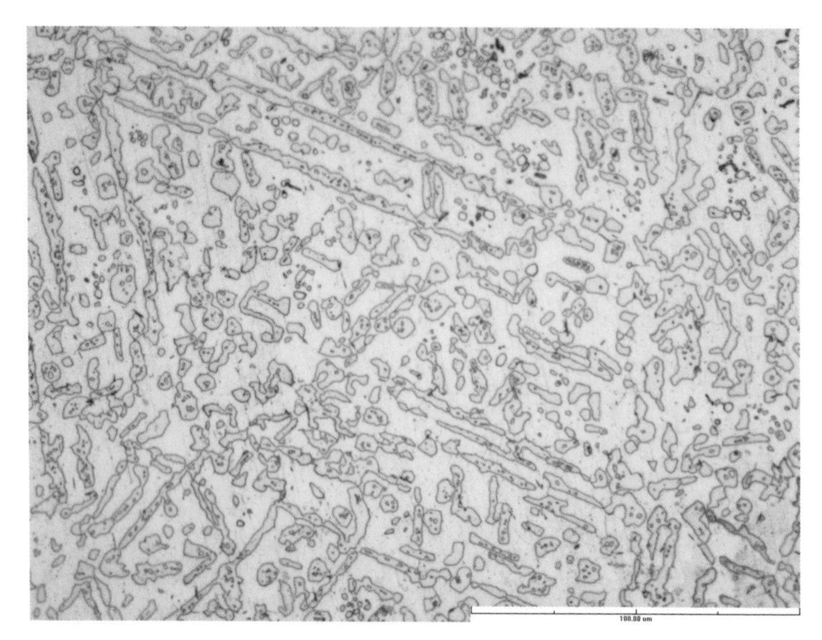

圖 4-35　心部組織有嚴重敏化現象（倍率 500X）

5. **電子顯微鏡（SEM）觀察及能量散佈光譜分析儀（EDS）微區成分分析**

使用 SEM 觀察網帶斷裂位置表面有腐蝕生成物產生（圖 4-36），顯示出表面狀態受到嚴重腐蝕狀態（圖 4-37 與圖 4-38），使用 EDS 成分分析有成分為 C、O、Al、Si、P、S、Ca、Mn、Cr、Ni、Fe 等元素（圖 4-39），由光譜得知表面以氧化物為主。

圖 4-36　破斷面之呈現腐蝕形貌與腐蝕生成物

圖 4-37　破斷面之呈現腐蝕形貌與腐蝕生成物

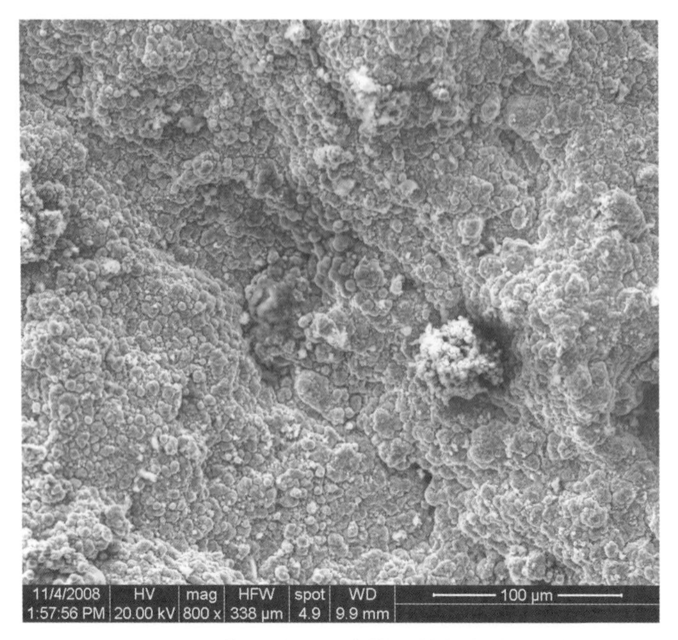

圖 4-38　破斷面之呈現腐蝕形貌與腐蝕生成物

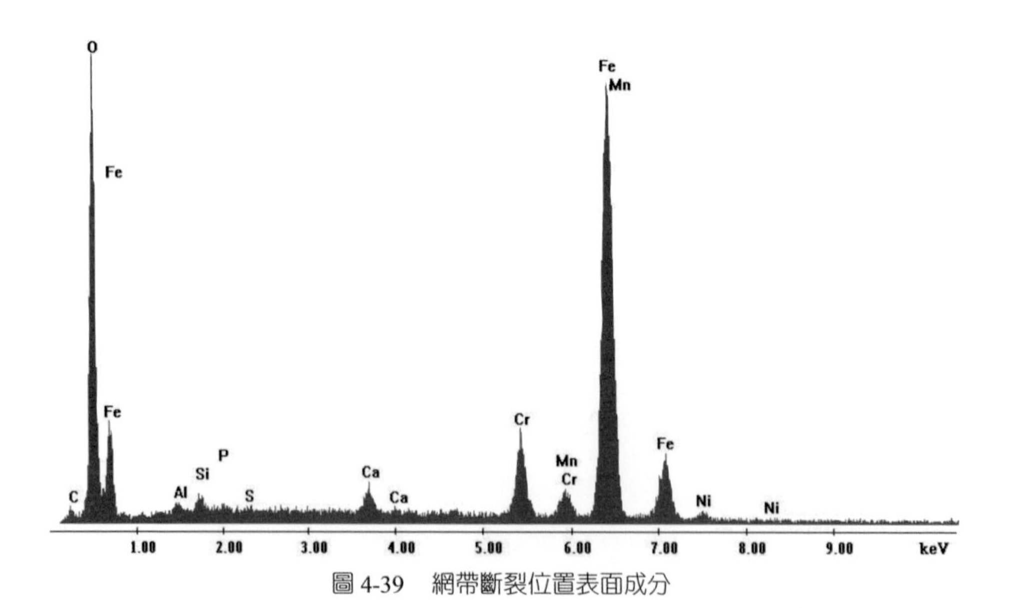

圖 4-39　網帶斷裂位置表面成分

四、結果與討論

輸送帶網帶經檢驗結果可得以下結論：

1. 由外觀檢視發現網帶呈現高溫腐蝕破壞之形貌，網帶上有黑色腐蝕生成物與銹皮，以及斷裂現象產生。

2. 由網帶成分分析得知，碳含量遠高於規範值 4 倍以上，其餘元素之成分皆符合 ASTM A240 Type 310S 規範規定。

3. 金相組織顯示出網帶表面有氧化層（約 0.12～0.2 mm 左右）及裂縫產生，且內部組織有嚴重敏化現象。

4. 網帶心部硬度約為 278 HV，高於 Type 310S 硬度規範值 217HB（217HV），顯示網帶硬度已經有變得較硬且脆之現象。

5. 使用 SEM 觀察斷裂網帶之斷裂處表面位置，斷裂處表面有腐蝕生成物生成，經 EDS 分析腐蝕生成物有外來腐蝕元素（O 與 S 元素為主），腐蝕生成物之主要成分以氧化物為主。

6. 由上述試驗顯示出此網帶由於長時間在高溫狀態使用，造成網帶產生敏化、氧化與碳化，使網帶變硬與脆化；加上使用環境中有 S、O 等腐蝕因子，使網帶加速高溫氧化腐蝕之現象；再加上網帶斷裂位置上面之物件重量影響，進而造成網帶斷裂，無法使用。

五、建議

避免網帶在溫度 400℃至 800℃之間長時間曝露（此溫度範圍為最容易產生敏化之溫度區間），且熱處理爐能夠將氣氛控制（加入惰性氣體或使用真空爐，避免網帶表面快速氧化或碳化），並減少腐蝕因子存在，則會增加網帶之使用壽命。

4.3 殼式熱交換器破損分析

一、背景

流體轉動設備商所製造殼式熱交換器（圖 4-40）於使用 2 個月後，熱交換器有斷裂現象，表面油漆有變色情況發生，由於從未發生此現象，遂取斷裂之熱交換器管進行斷裂原因分析。

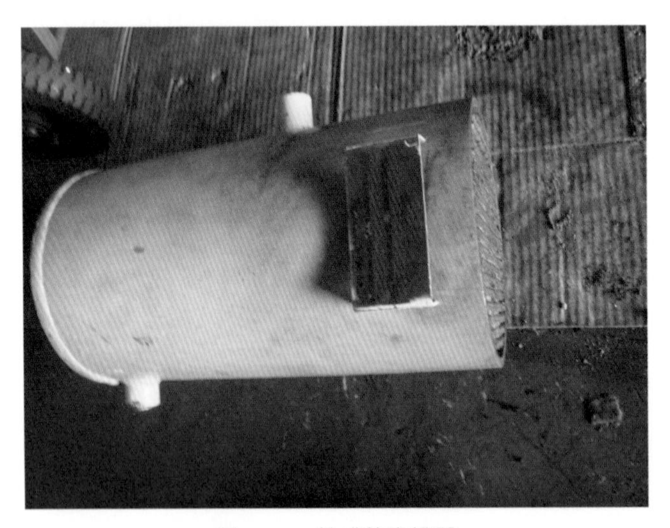

圖 4-40　殼式熱交換器

二、測試項目

殼式熱交換器檢驗項目有以下四項：

1. 外觀檢視：首先對熱交換器進行現場外觀檢視，並使用照相機觀察照相記錄。

2. 化學成分分析：使用分光分析儀分析熱交換器之化學成分。

3. 金相試驗：將鑲埋試片拋光後，依據 ASTM E407 規範中之

No.13 腐蝕液電解腐蝕後，使用光學顯微鏡（OM）觀察腐蝕後之金相組織。

4. 掃描式電子顯微鏡（SEM）及能量散佈光譜分析儀（EDS）微區成分分析：使用掃描式電子顯微鏡（SEM）觀察熱交換器斷裂面表面破損之形貌，並使用能量散佈光譜分析儀（EDS）分析斷裂面表面之成分。

三、試驗結果

1. 外觀檢視

觀察熱交換器剖面（圖 4-41），熱交換器表面漆呈現黃褐色，其熱交換管表面有附著一層非常厚之沉積物（圖 4-42 與圖 4-43），其中有兩隻斷裂之熱交換管（圖 4-44），其斷裂處呈現快速斷裂（圖 4-45）之破壞形貌。

圖 4-41　熱交換器剖面

圖 4-42　熱交換管表面有一層沉積物附著

圖 4-43　熱交換管表面有一層沉積物沉積

圖 4-44　熱交換管有斷裂現象

圖 4-45　熱交換管呈現快速斷裂形貌

2. 成分分析

使用分光分析儀，進行熱交換管之成分分析，結果如表 4-5 所示，此熱交換管符合 SUS304 規範值。

表 4-5　分光分析儀熱交換管之成分分析結果

成分 (%)	C	Si	Mn	P	S	Ni	Cr
熱交換管	0.038	0.49	1.15	0.014	0.004	9.75	18.85
SUS304	≤ 0.08	≤ 1.00	≤ 2.00	≤ 0.045	≤ 0.030	8.0～10.5	18～20

3. 金相組織

取熱交換管進行金相試驗，其基地組織為沃斯田鐵基地組織（圖 4-46 與圖 4-47）。

圖 4-46　基地為沃斯田鐵組織（倍率 100X）

圖 4-47　基地為沃斯田鐵組織（倍率 200X）

4. 電子顯微鏡（SEM）觀察及能量散佈光譜分析儀（EDS）微區成分分析

使用 SEM 觀察熱交換管斷裂位置，管外有腐蝕生成物產生（圖 4-48），破斷面顯示有二次裂縫與劈裂狀破壞形貌（圖 4-49 至圖 4-51），使用 EDS 分析破斷面成分為 C、O、Si、Mn、Cr、Ni、Fe 等元素（圖 4-52），破斷面並無外來元素，分析熱交換管外沉積物（圖 4-53），其成分有 C、O、Na、Mg、Al、P、S、K、Ca、Si、Zn 與 Fe 等元素（圖 4-54），由圖 4-54 得知沉積物以磷酸鹽、碳酸鹽與氧化物為主。

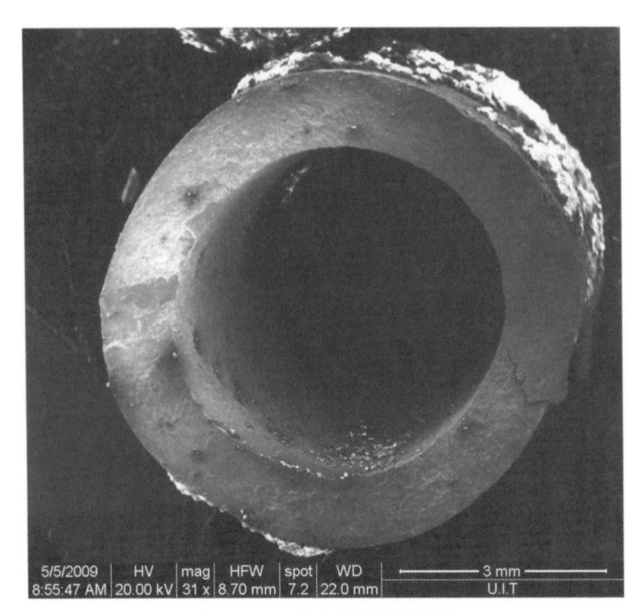

圖 4-48　熱交換管破斷面

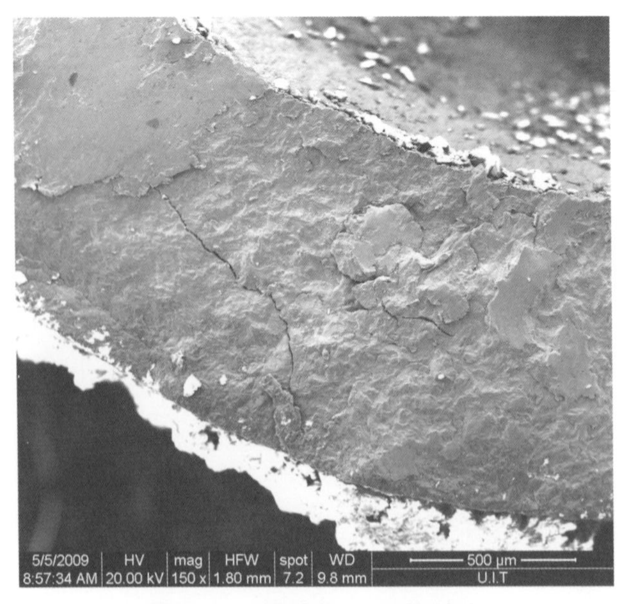

圖 4-49　破斷面有二次裂縫產生

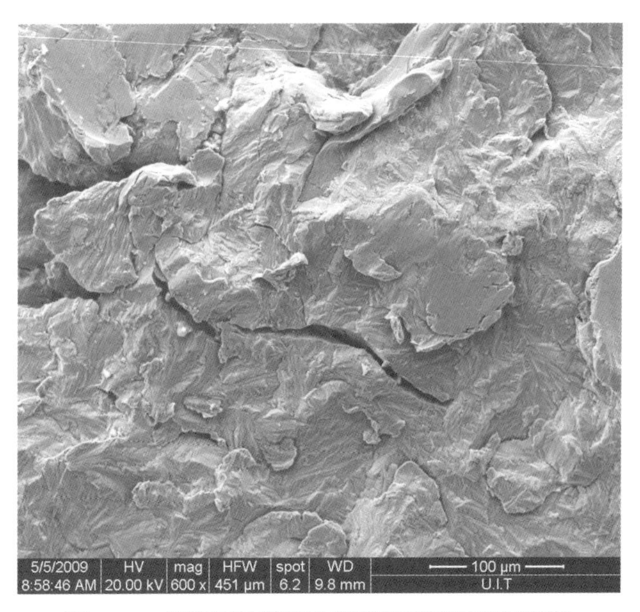

圖 4-50　破斷面呈現二次裂縫與劈裂狀破壞形貌

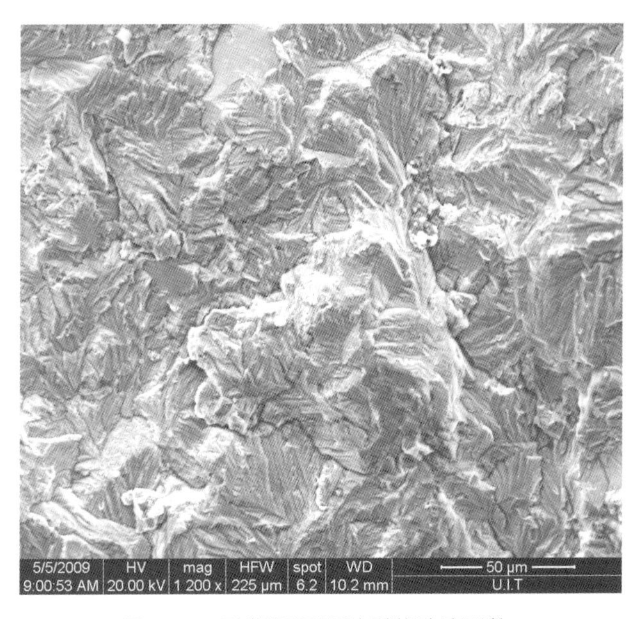

圖 4-51　破斷面呈現劈裂狀破壞形貌

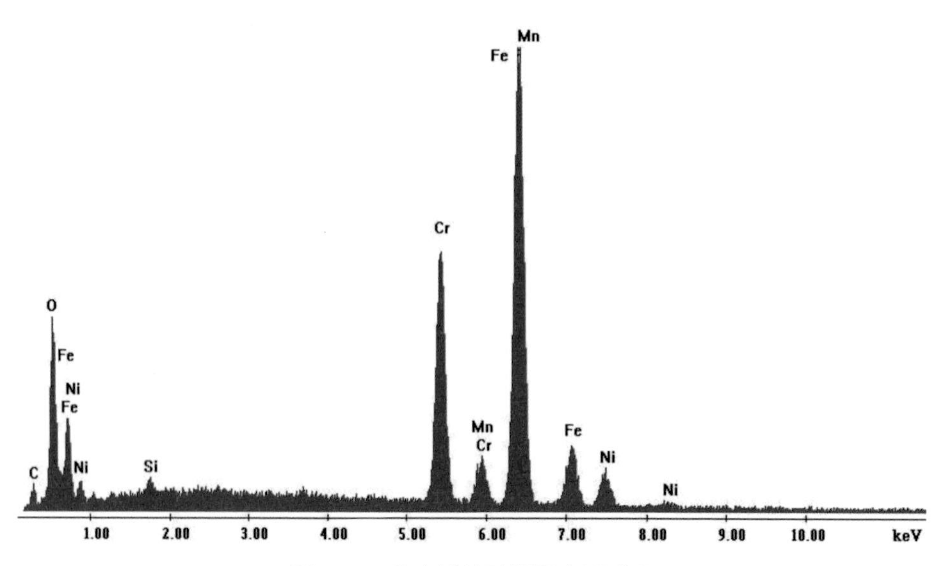

圖 4-52 熱交換管破斷面表面成分

圖 4-53 熱交換管表面沉積物

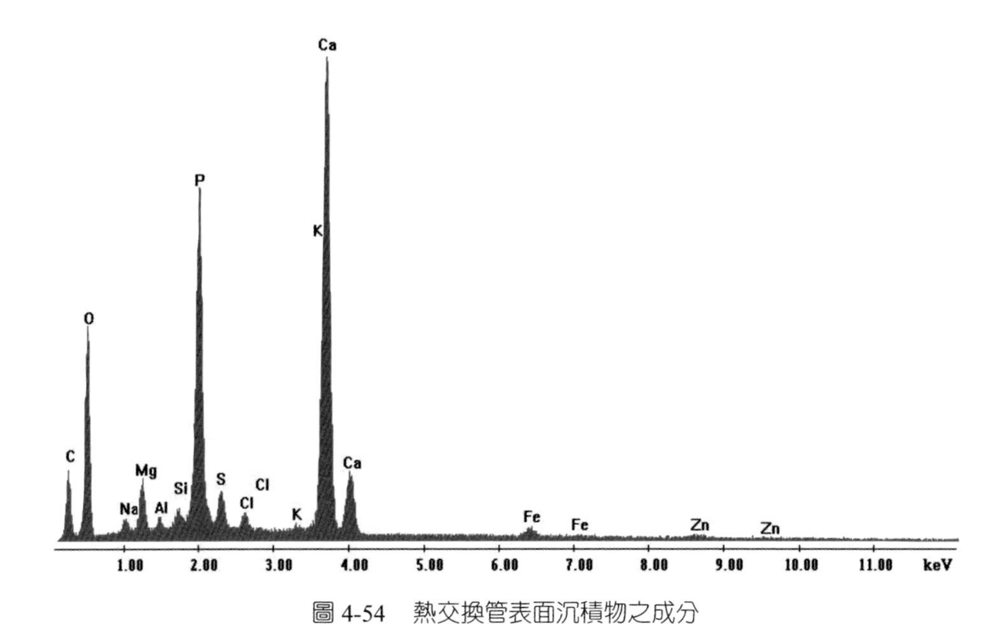

圖 4-54　熱交換管表面沉積物之成分

四、結果與討論

殼式熱交換器經檢驗結果可得以下結論：

1. 由巨觀檢視發現熱交換器表面漆呈現黃褐色，顯示有受到較高溫度影響所造成，熱交換管表面有一層非常厚之沉積物生成以及數隻熱交換管斷裂現象產生。

2. 由熱交換器成分分析得知，其主要元素之成分皆符合 SUS 304 規範規定。

3. 金相組織顯示出熱交換管基地為沃斯田鐵組織。

4. 使用 SEM 觀察斷裂熱交換管之斷裂處，破斷面呈現劈裂狀破壞形貌與二次裂縫產生，破斷面表面並無外來元素，管外沉積物主要以磷酸鹽、碳酸鹽與氧化物為主。

5. 由上述試驗顯示出此熱交換器由於熱交換管表面附著一層沉積物（磷酸鹽、碳酸鹽與氧化物為主），此沉積物布滿整個熱交換器，造成循環水無法順暢流動，帶走熱交換之管內熱量，進而造成熱交換器溫度升高，表面白色漆逐漸變成黃褐色，加上熱脹冷縮之影響，進而造成熱交換管斷裂之現象產生。

五、建議

監控冷卻循環水之水質監測，例如 pH 值、DO（溶氧量）或二價離子（Ca^{2+} 、Mg^{2+}……等），建議使用純水以阻絕沉積物生成；另外冷卻循環水之流速亦須監控，避免因流速過低，沉積物易沉積於熱交換管表面。

4.4 裂解爐管破損分析

一、背景

廢棄物處理公司裂解爐於操作時發生爆炸（圖 4-55），裂解爐之端板與胴身分離，公司欲了解裂解爐破壞原因，遂進行破損分析。由於破壞位置很大，遂取裂解爐之端板、胴身未破壞位置以及銲道破裂位置，進行分析。

圖 4-55　裂解爐破裂現場

二、試驗項目

裂解爐管檢驗項目有以下五項：

1. 外觀檢視：首先對爐管進行現場外觀檢視，並使用照相機觀察照相記錄。

2. 化學成分分析：使用分光分析儀分析爐管之化學成分。

3. 拉伸與硬度試驗分析：依據 CNS 2112 取樣後，使用萬能試驗機進行拉伸強度測試；將爐管取樣後，使用洛氏硬度機進行爐管硬度測試。

4. 金相試驗：將鑲埋試片拋光後，依據 ASTM E407 規範中之 No.13 腐蝕液電解腐蝕後，使用光學顯微鏡（OM）觀察腐蝕後之金相組織。

5. 掃描式電子顯微鏡（SEM）及能量散佈光譜分析儀（EDS）微區成分分析：使用掃描式電子顯微鏡（SEM）觀察爐管斷裂面表面破損之形貌，並使用能量散佈光譜分析儀（EDS）分析斷裂面表面之成分。

三、試驗結果

1. 外觀檢視

觀察破壞胴身與端板破壞位置，其破壞起始點在胴身銲道中間（圖 4-56），且銲道破壞形式（圖 4-57）屬於快速破裂。

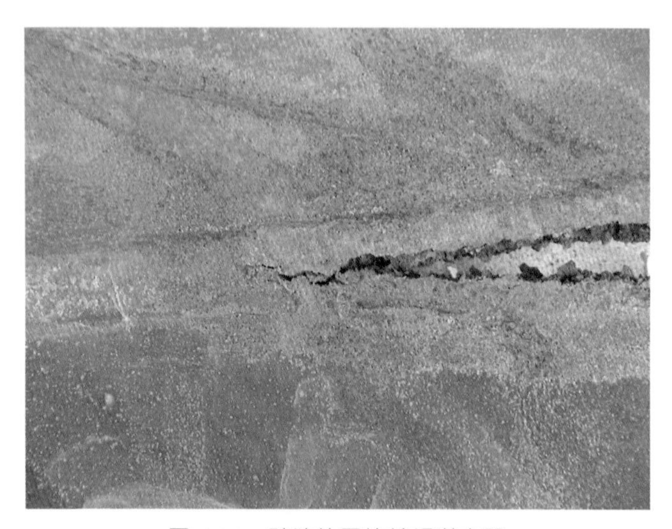

圖 4-56　破壞位置位於銲道中間

圖 4-57　銲到破壞形貌屬於快速破壞型態

2. 成分分析

使用分光分析儀進行成分分析，其結果如表 4-6 所示。端板之成分大多符合 JIS G4305 SUS310S 規範。胴身之成分符合 JIS G4305 SUS304 規範。

表 4-6　端板與胴身之成分表

成分	C	Si	Mn	P	S	Ni	Cr
端板	0.05	0.51	1.39	0.024	0.005	19.45	24.19
胴身	0.035	0.50	1.05	0.021	0.009	8.03	18.17
SUS310S	≤ 0.08	≤ 1.5	≤ 2.0	≤ 0.045	≤ 0.03	19～22	24～26
SUS304	≤ 0.08	≤ 1.0	≤ 2.0	≤ 0.045	≤ 0.03	8～10.5	18～20

3. 拉伸與硬度試驗

取端板與胴身，進行拉伸與硬度試驗，其結果如下表 4-7 所示。其端板之拉伸強度與 JIS G4305 SUS310S 規範值稍低，其餘皆符合規範值。

表 4-7　端板與胴身進行拉伸與硬度試驗結果

試片	抗拉強度（N/mm^2）	降服點（N/mm^2）	伸長率（%）	硬度（HRBW）
端板	510	321	40	76
胴身	608	284	56	77
JIS G4305 310S	520min	205min	40min	90max

4. 金相組織

取未破壞完整之銲道與母材進行金相試驗。圖 4-58 顯示出銲道上有裂縫以及母材表面有腐蝕現象產生，圖 4-59 為銲道中間之裂縫，圖 4-60 為銲道與熱影響區有因腐蝕而產生之裂縫。取銲道破壞位置進行試驗，圖 4-61 顯示銲道有裂縫以及母材有腐蝕現象，端板與胴身之母材（圖 4-62 與圖 4-63）皆有敏化現象。

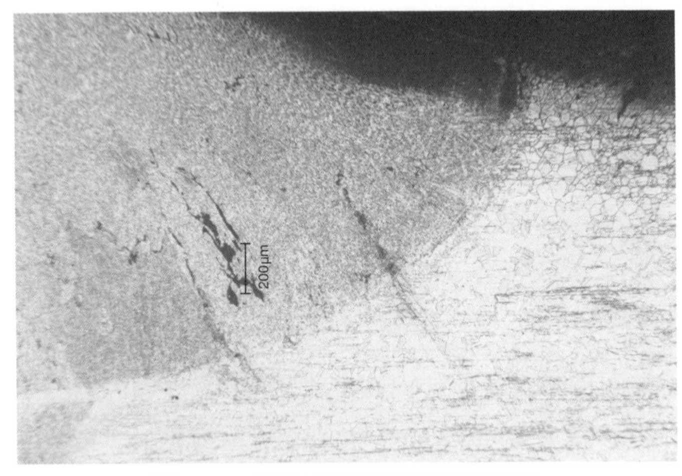

圖 4-58　母材有腐蝕以及銲道有孔洞

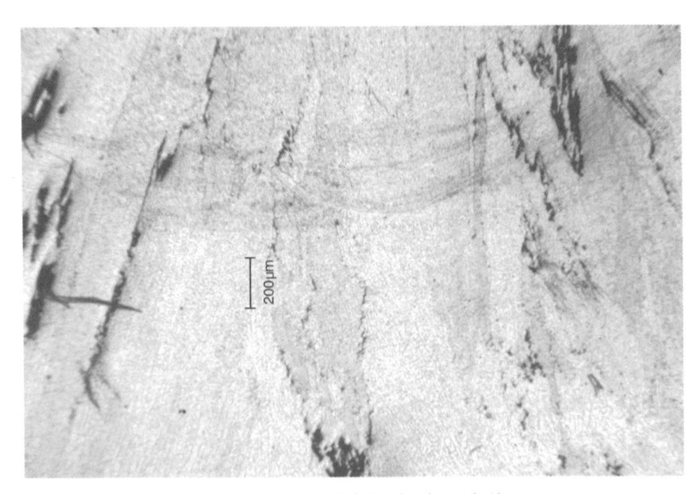

圖 4-59　銲道中間有孔洞產生

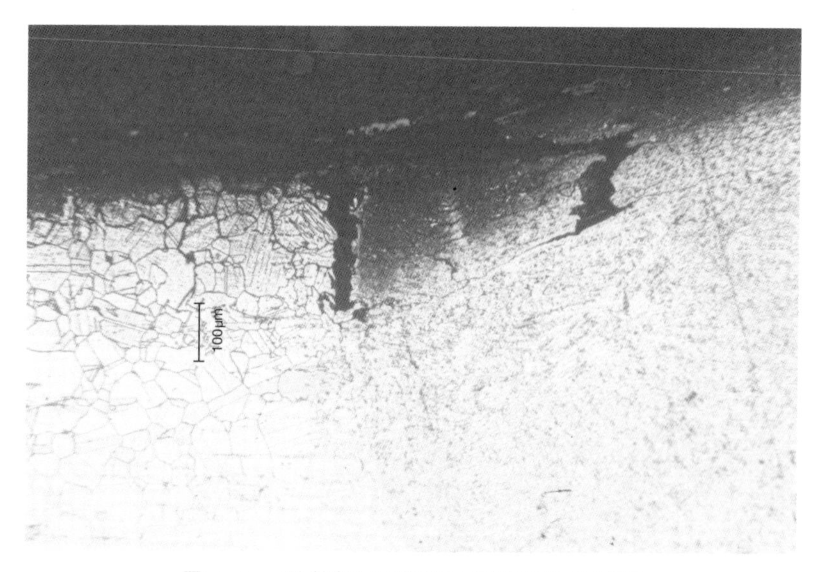

圖 4-60　銲道與熱影響區有腐蝕產生之裂縫

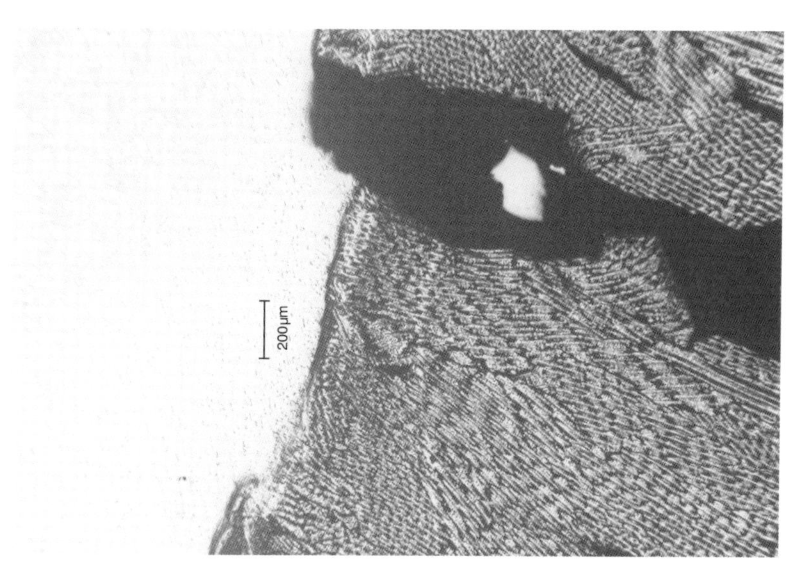

圖 4-61　銲道有裂縫與母材有腐蝕產生

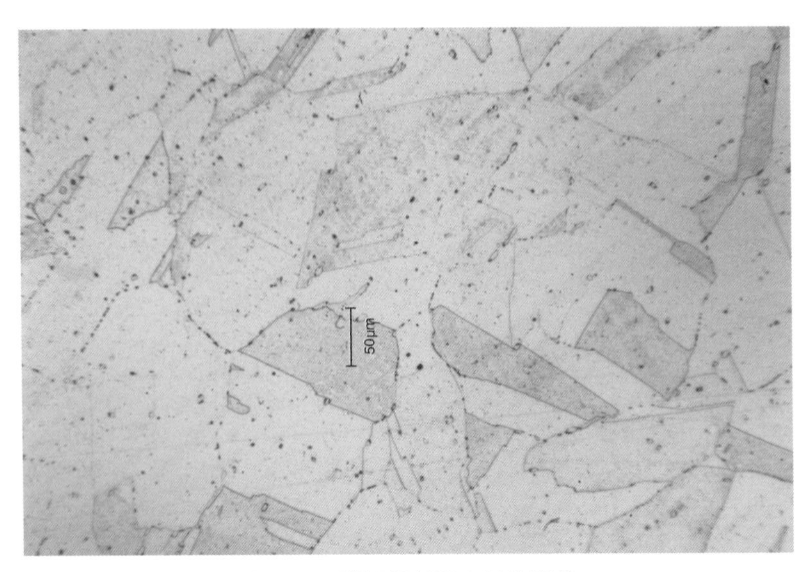

圖 4-62　端板母材已有敏化現象

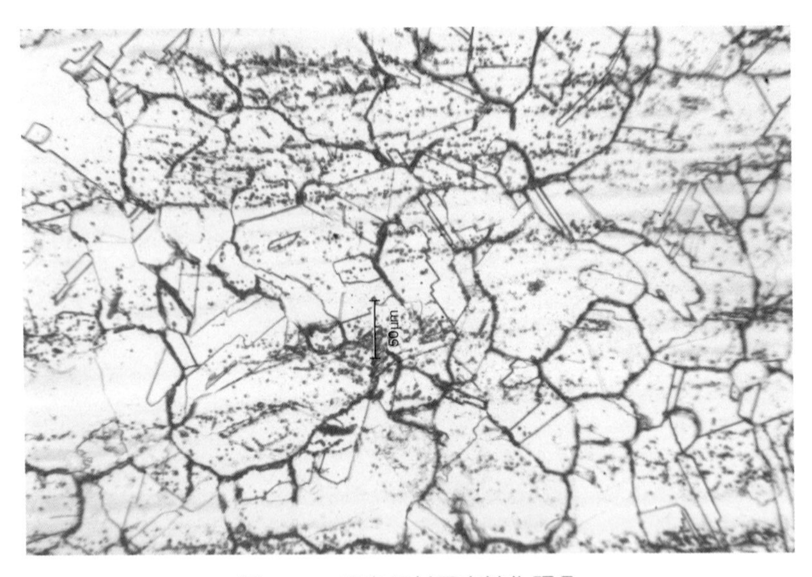

圖 4-63　胴身母材已有敏化現象

5. 掃描式電子顯微鏡（SEM）表面觀察及能量散佈光譜分析儀（EDS）微區成分分析

使用 SEM 觀察銲道破斷表面有腐蝕生成物產生（圖 4-64），破裂起始位置（圖 4-65）為沿晶破壞，其裂縫成長方式為快速破裂型態（圖 4-66）。使用 EDS 分析破斷表面微區成分有 Ni、Fe、Cr、Ca、Cl、S、P、Si、O、C 等元素（圖 4-67）。

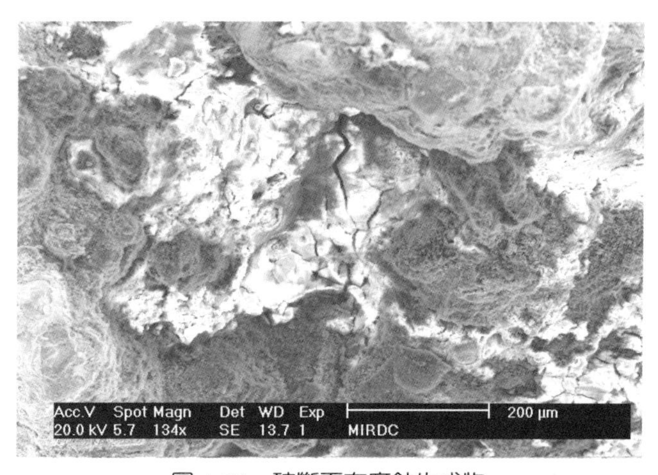

圖 4-64　破斷面有腐蝕生成物

圖 4-65　破斷表面為沿晶破壞

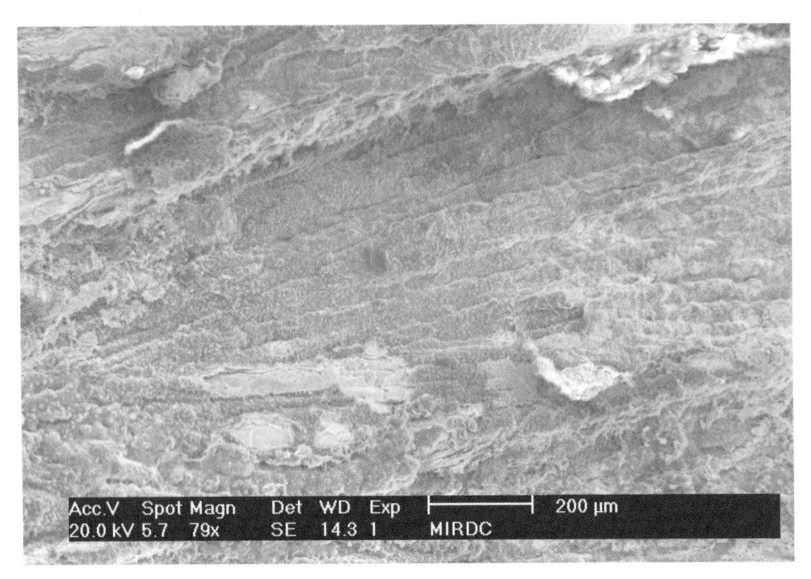

圖 4-66　破斷面呈現快速破壞

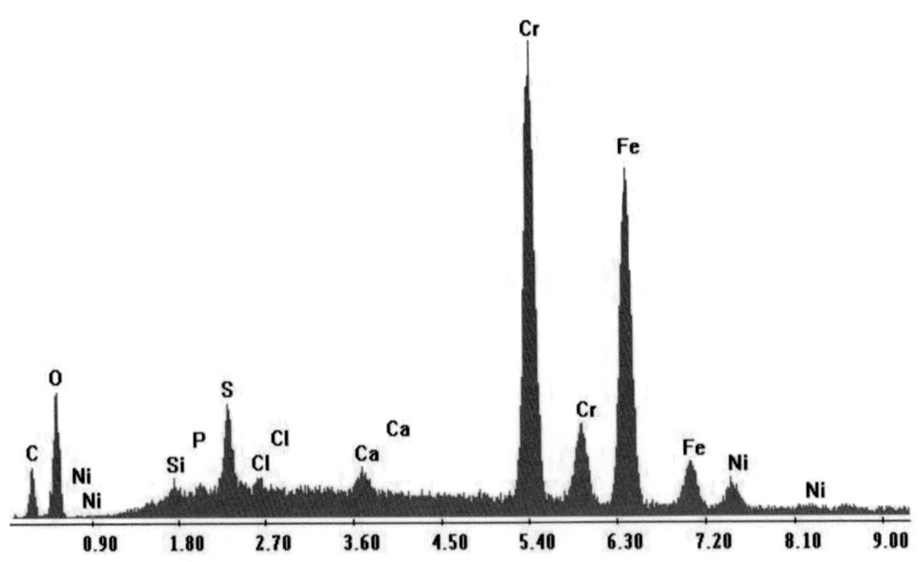

圖 4-67　破斷面表面成分有 Ni、Fe、Cr、Ca、Cl、S、P、Si、O、C 等元素

四、結果與討論

本章裂解爐管經檢驗結果可得以下結論：

1. 由外觀檢視，裂解爐由胴身與端板交接處之銲道位置開始往外爆裂，且其破壞位置約在銲道中間，其斷面呈現快速破裂形貌。

2. 經成分分析，其端板符合 JIS G4305 SUS310S 規範，胴身符合 JIS G4305 SUS304 規範規定。

3. 經拉伸與硬度試驗，端板之拉伸強度比規範稍低，其餘皆符合 JIS G4305 SUS 310S ，顯示端板已經有裂（老）化之現象；而胴身部分，則符合 JIS G4305 SUS304 之規範。

4. 未破裂胴身之銲道之金相試驗，顯示出銲道上有孔洞及裂縫，且銲道與母材皆有腐蝕之現象產生；其銲道破裂位置，銲道亦有裂縫與腐蝕，以及母材有腐蝕現象產生，端板與胴身之材質皆有敏化之現象。

5. SEM 觀察銲道破斷表面，顯示出破斷表面有腐蝕（沿晶破壞）現象及腐蝕生成物生成，其裂縫呈現快速破壞。

6. 經上述試驗，此裂解爐破壞起始點位於胴身銲道中間往外破裂，胴身與端板之成分符合 JIS G4305 SUS310S 與 SUS304 規範，端板之強度已經有老化現象，胴身強度符合規範規定 JIS G4305，金相組織顯示出銲道有孔洞與裂縫，及母材與銲道皆有腐蝕現象。SEM 觀察破斷表面有腐蝕現象及腐蝕生成物產生。EDS 分析有外來元素 Ca、Cl、S、P、Si、O、C 等元素。

7. 此裂解爐破壞主要因素是由於銲接時銲道已有孔洞及裂縫，以及母材與銲道受到嚴重高溫腐蝕雙重影響，而造成使用時產生破壞。

五、建議

1. 由於裂解爐內壁（端板與胴身）腐蝕情形嚴重，加上燃燒物的成分很多種，如果含有 S、Cl、H 等元素，則會加速與反應，加上母材已經有敏化現象，建議與設計單位討論，此兩種材質（SUS310S 與 SUS304）是否適用於此裂解爐之使用狀態。

2. 銲接時，注意入熱量或預熱，避免產生氣孔或裂縫；銲接後，以非破壞檢測方式進行檢查，確保銲道品質。

3. 安全閥應正確使用，避免過壓操作。

第五章

機械力與腐蝕共同作用破壞

5.1 蒸氣反應器破損分析

5.2 不銹鋼貼板破損分析

5.3 傳熱管破損分析

5.4 廢熱鍋爐出口Nozzle破損分析

5.5 重疊網破損分析

機械力與腐蝕共同作用破壞，是指當材料在特定環境中受到機械力作用時，由於環境中之腐蝕因子共同參與反應，而使材料在低於其抗拉強度甚至降伏強度之下發生加速破壞。常見之機械力與腐蝕共同作用破壞包括：應力腐蝕破壞、腐蝕疲勞破壞、氫脆裂、液態金屬脆裂。實際分析案例如下：

5.1 蒸氣反應器破損分析

一、背景

石化廠蒸氣反應器本體與 Vent Nozzle 在銲接處附近產生裂縫（圖 5-1），由於蒸汽反應器只有使用 2 年多就發生裂痕，欲了解反應器本體與 Vent Nozzle 之破壞原因，由於蒸氣反應器不能取樣分析，故取回 Vent Nozzle 進行破損原因分析。

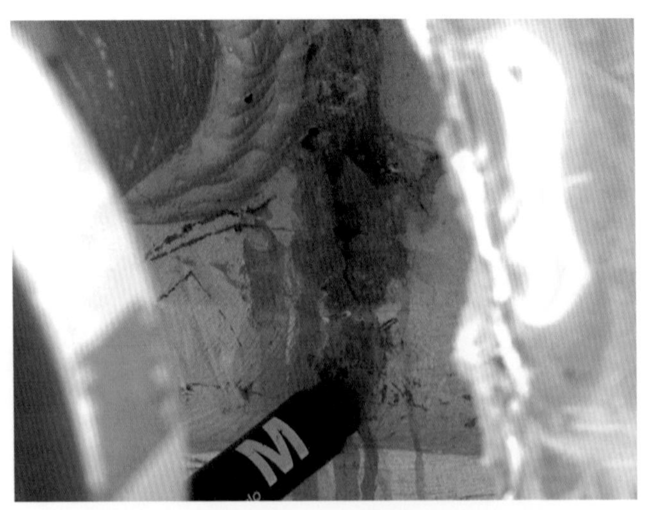

圖 5-1　反應器本體母材在銲道附近有裂縫產生

二、檢驗項目

蒸氣反應器 Vent Nozzlee 檢驗項目有以下四項：

1. 外觀檢視：首先對 Vent Nozzlee 進行現場外觀檢視。

2. 化學成分分析：使用分光分析儀分析 Vent Nozzle 之化學成分。

3. 金相試驗：將鑲埋試片拋光後，依據 ASTM E407 規範中之 No.13 腐蝕液電解腐蝕後，使用光學顯微鏡（OM）觀察腐蝕後之金相組織。

4. 掃描式電子顯微鏡（SEM）及能量散佈光譜分析儀（EDS）微區成分分析：使用掃描式電子顯微鏡（SEM）觀察 Vent Nozzle 破裂面表面破損之形貌，並使用能量散佈光譜分析儀（EDS）分析破裂面表面之成分。

三、試驗結果

1. 外觀檢視

經取樣之 Vent Nozzle（圖 5-2），其表面有分支形裂痕生成。

圖 5-2　Vent Nozzle

2. 成分分析

使用分光分析儀進行母材及銲道之成分分析，其結果如表 5-1 所示。由表 5-1 所示，母材符合 ASTM A312/312M TP316L 規範要求，而銲道亦符合ASTM A312/312M TP316L規範，只有Cr稍微偏高一點。

表 5-1　分光分析儀進行母材及銲道之成分分析結果

成分	C	Si	Mn	P	S	Ni	Cr	Mo
母材	0.012	0.33	1.91	0.025	0.011	12.44	16.56	2.31
銲道	0.012	0.42	1.70	0.019	0.019	12.73	18.58	2.58
TP316L	≤ 0.03	≤ 1	≤ 2	≤ 0.045	≤ 0.030	12～15	16～18	2～3

3. 金相組織

沿著 Vent Nozzle 軸向取樣進行金相組織試驗，由圖 5-3 與圖 5-4 顯示出裂縫由銲道開始產生，裂縫成長經由熱影響區最後至 Vent Nozzle 母材（圖 5-5），圖 5-6 為裂縫尖端之組織，顯示出裂縫成長是穿晶破壞。而在 Vent Nozzle 管壁內側有裂縫產生（圖 5-7），顯示裂縫不一定是由銲道及其附近產生。

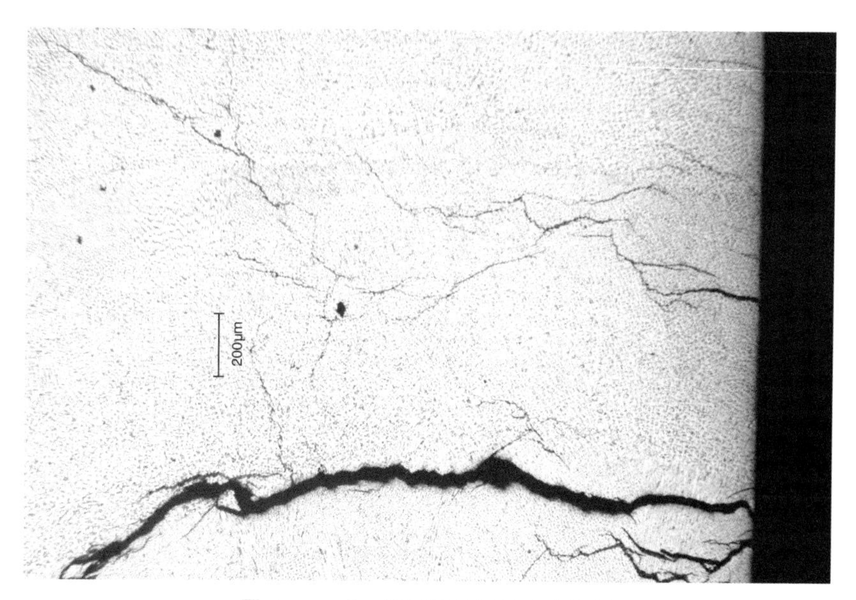

圖 5-3　裂縫從銲道往母材方向生長

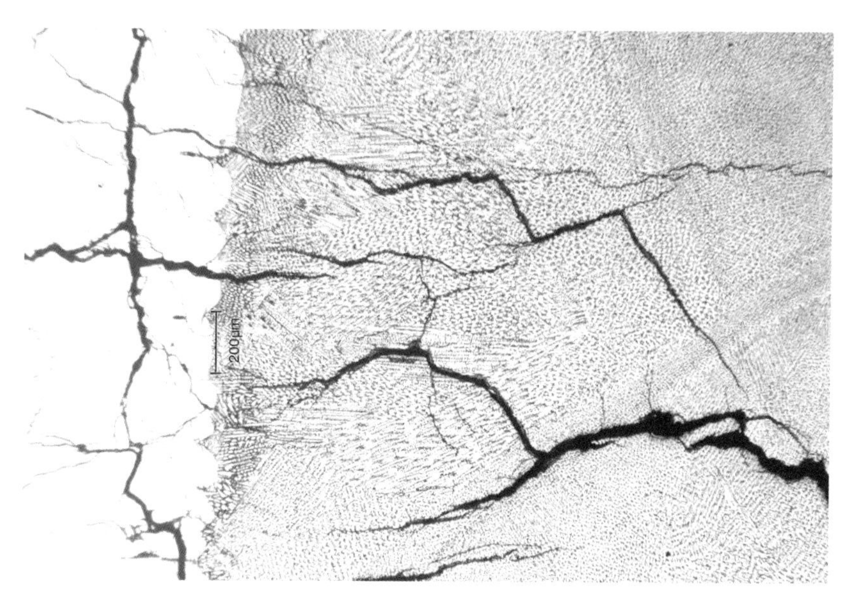

圖 5-4　裂縫從銲道成長經過熱影響區至母材

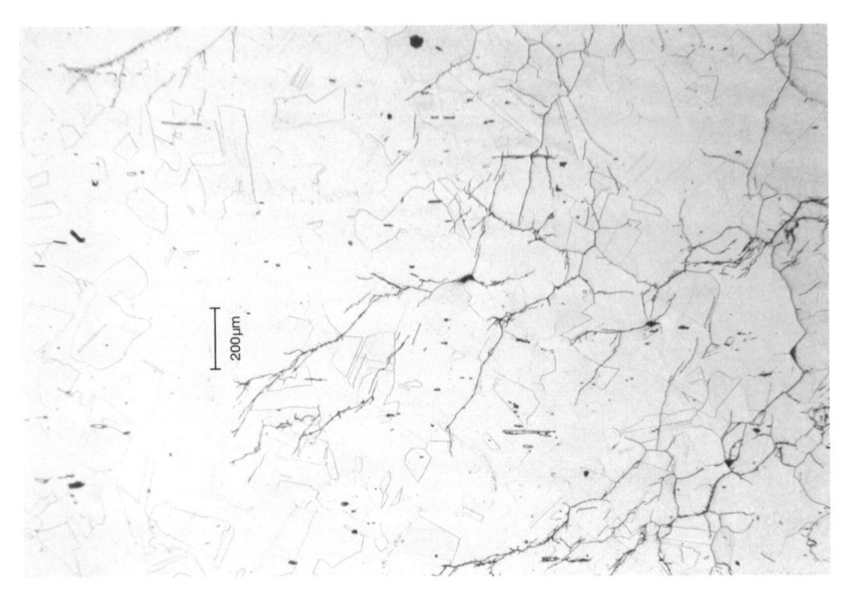

圖 5-5　裂縫延伸至 Vent Nozzle 母材

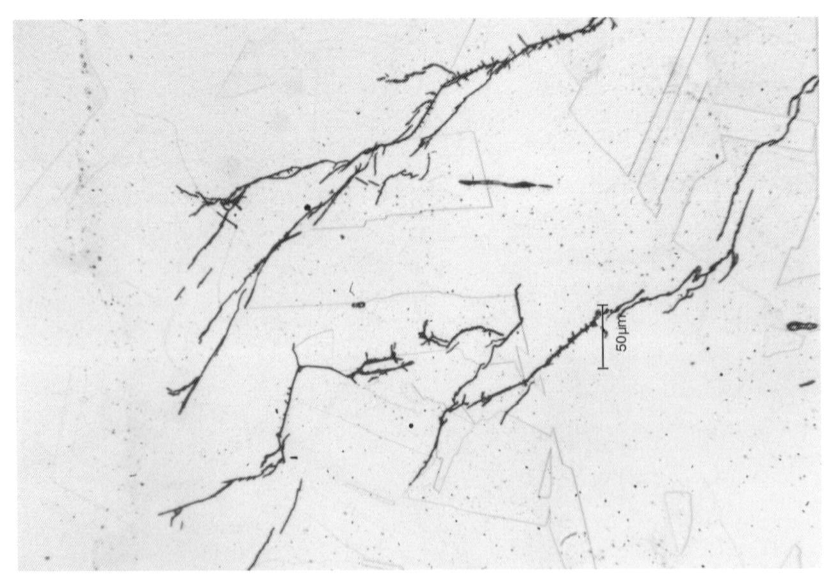

圖 5-6　裂縫在末端局部放大

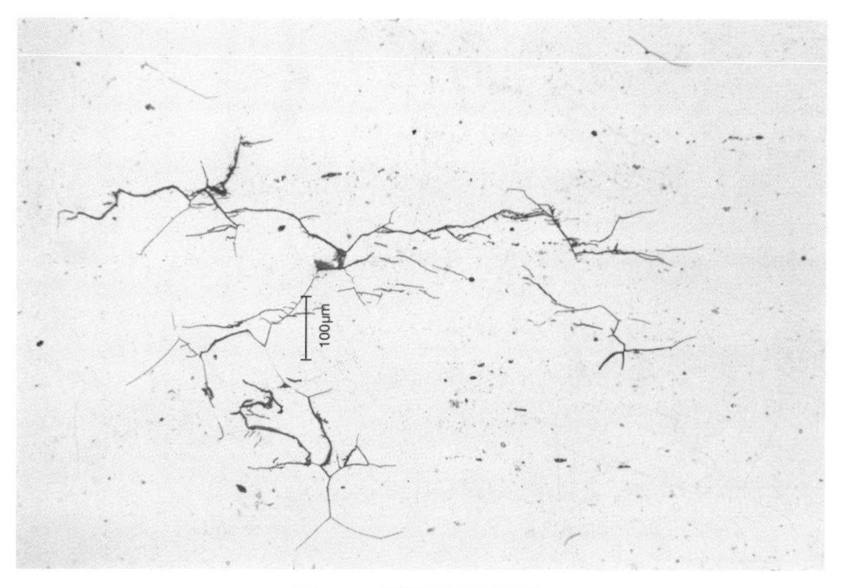

圖 5-7　裂縫在母材產生

4. **電子顯微鏡（SEM）觀察與能量散佈光譜儀（EDS）微區分析**

取銲道與母材之破斷面進行 SEM 觀察與 EDS 微區成分分析，在銲道破斷面（圖 5-8）有二次裂縫及腐蝕生成物其表面成分有 Fe、Cr、Ni、Ca、K、Si、S、P、Al、Mg、O 等元素如圖 5-9 所示，圖 5-10 為 Vent Nozzle 母材呈現劈裂狀，為穿晶破壞型態。

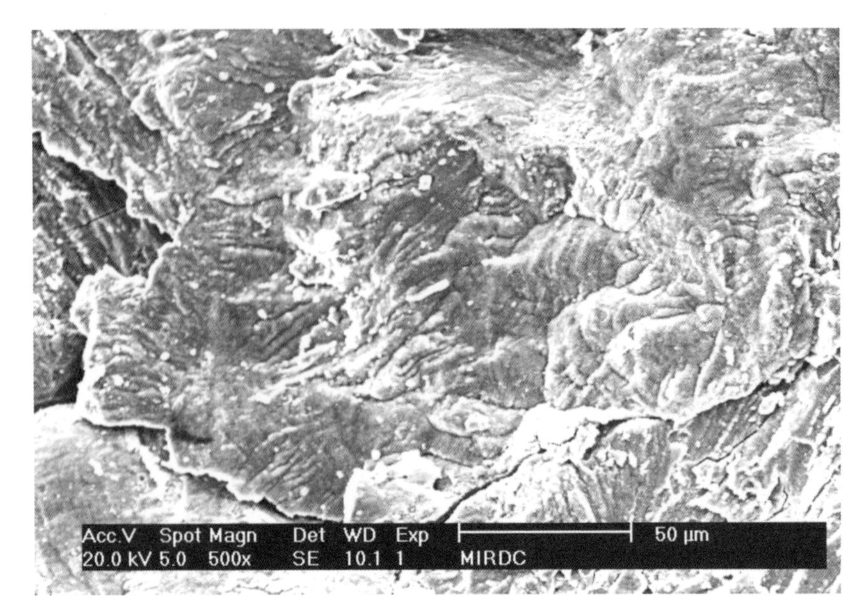

圖 5-8　破斷面有二次裂縫及腐蝕生成物產生

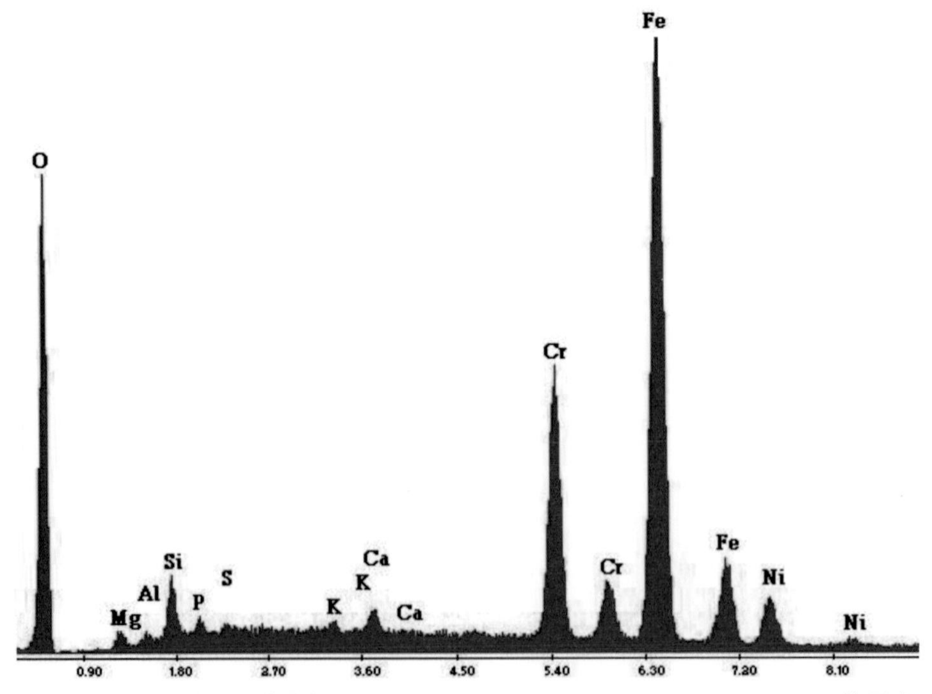

圖 5-9　破斷面表面之成分有 Fe、Cr、Ni、Ca、K、Si、S、P、Al、Mg、O 等元素

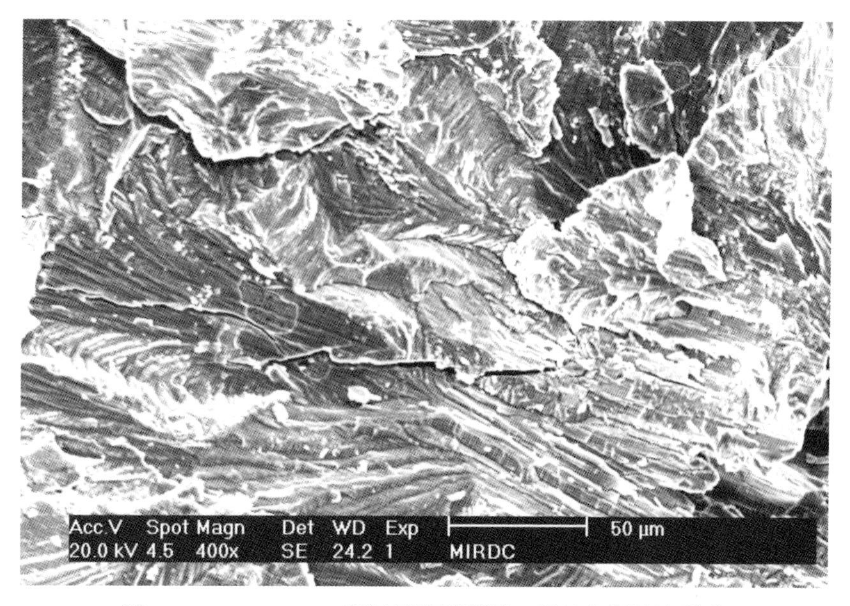

圖 5-10　Vent Nozzle 母材呈現劈裂狀，屬於穿晶破壞型式

四、結果與討論

蒸氣反應器 Vent Nozzle 經檢驗結果可得以下結論：

1. Vent Nozzle 母材之成分符合 ASTM A312/312M TP316L 之規範，而銲道之成分亦相當符合 316L 規定（鉻稍微偏高）。

2. 由金相組織顯示裂縫貫通銲道往母材成長，且裂縫分布非常廣，由裂縫成長方式，應屬於疲勞破壞。而 Vent Nozzle 母材之金相組織為雙晶正常組織且發現有獨立之裂縫產生，此裂縫顯示出 Vent Nozzle 母材本身已經開始產生破壞，可能因銲接後之內應力影響產生。

3. 由 SEM 觀察與 EDS 成分分析，破斷面有二次裂縫與氧化物產生，而在 Vent Nozzle 母材顯示穿晶破壞。

4. Vent Nozzle 銲接於反應器本體，而產生裂縫位置於 Vent Nozzle 與反應器本體之銲道附近，由於無法將完整的破斷位置取下（包含反應器本體），只從銲接處直接切割 Vent Nozzle 下來，故無法完全觀察整個破斷面與破裂起始點。

5. 由於無法觀察破裂起始點之破裂型態。只能從破裂外觀及 Vent Nozzle 破裂處所進行之試驗進行研判，由整個外觀顯示 Vent Nozzle 與反應器本體銲接位置附近都產生裂縫，推測此處由於銲接後，其內應力極大（沃斯田鐵系不銹鋼熱膨脹係數大、熱傳慢），且銲道有好幾道，造成內應力增加，有利裂縫生成。由 Vent Nozzle 之銲道與母材之金相組織觀察裂縫成長方式，應屬於疲勞現象造成。至於最原始之破裂型態，則無法得知。

五、建議

1. TP316L 不銹鋼由於熱膨脹係數大、熱傳慢，故在銲接時須非常小心，例如預熱、電流大小、入熱量或銲條之選用等等，避免熱裂現象以及表面產生微小裂縫，加上其他外在因素（環境、使用情況），造成裂縫成長，進而使物件破壞。由反應器本體外觀破裂狀態，顯示由於反應器本體與 Vent Nozzle 銲接處附近之內應力過大，造成裂縫產生及生長，進而材質疲勞而破壞。

2. 在 Vent Nozzle 母材發現單獨之裂縫產生，而且反應器本體母材由外觀觀察亦有裂縫產生，而此裂縫應該與銲接後應力分布有關，顯示此材質在此環境是否適當，有待評估。

3. 通常蒸氣鍋爐用材料，會選擇高溫、潛變性質良好（例如鉻鉬鋼）之材料，而較少使用不銹鋼，因其銲接性較不佳，所以使用時就需要非常小心。因此建議與原廠溝通，如果是屬於材質設計之問題，是否更改為較適當材質（鉻鉬鋼或其他蒸氣鍋爐用鋼），而不是更貴、更好的材料。

5.2 不銹鋼貼板破損分析

一、背景

石化廠儲存槽本體原為碳鋼材質，由於內容物更換為具有腐蝕性之原料，為了節省成本，遂在儲存槽本體內披覆一層貼板（圖 5-11），但使用不到 1 年發現貼板之銲道與母材皆有裂縫產生，欲知發生裂痕原因，遂進行破壞原因分析。

圖 5-11　不銹鋼貼板

二、檢驗項目

不銹鋼貼板檢驗項目有以下四項：

1. 外觀檢視：首先對貼板進行現場外觀檢視，並使用照相機觀察照相記錄。

2. 化學成分分析：使用分光分析儀分析貼板之化學成分。

3. 金相試驗：將鑲埋試片拋光後，依據 ASTM E407 規範中之 No.13 腐蝕液電解腐蝕後，使用光學顯微鏡（OM）觀察金相組織。

4. 掃描式電子顯微鏡（SEM）及能量散佈光譜分析儀（EDS）微區成分分析：使用掃描式電子顯微鏡（SEM）觀察貼板斷裂面表面破損之形貌，並使用能量散佈光譜分析儀（EDS）分析斷裂面表面之成分。

三、檢驗結果

1. 外觀檢視

觀察貼板之外觀，其銲道附近位置（圖 5-12）與母材（整形敲擊位置）（圖 5-13）皆有明顯之裂縫產生，而其裂縫生長之方向大多與銲道平行。

圖 5-12　銲道附近裂縫與銲道方向平行

圖 5-13　母材位置（整形敲擊處）有裂縫產生

2. 成分分析

使用分光分析儀進行材質分析，其結果如表 5-2 所示，其成分符合 JIS-G4305 SUS304 規範。

表 5-2　分光分析儀材質分析結果

成分	C	Si	Mn	P	S	Ni	Cr
貼板	0.044	0.64	1.13	0.023	0.011	8.13	18.35
JIS G4305 SUS304	0.08 max	1.00 max	2.00 max	0.045 max	0.030 max	8～10.5	18～20

3. 金相組織

將貼板取樣，進行金相分析，貼板表面組織產生之裂縫型態呈現多向分叉形狀（圖 5-14），其裂縫大多屬於沿晶破壞為主，穿晶破壞較少

（圖 5-15）；取貼板橫向位置進行金相觀察，其裂縫由表面往心部成長（圖 5-16），呈現分支成長。

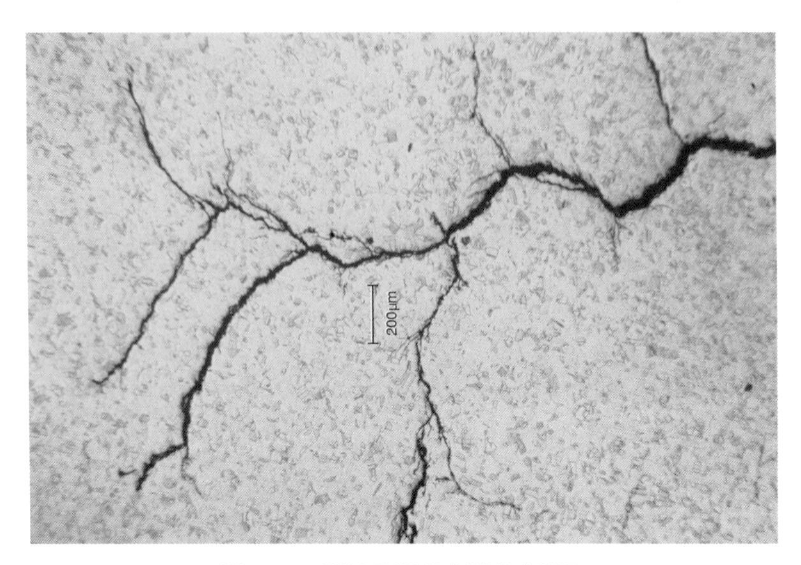

圖 5-14　裂縫呈現多方面分支現象

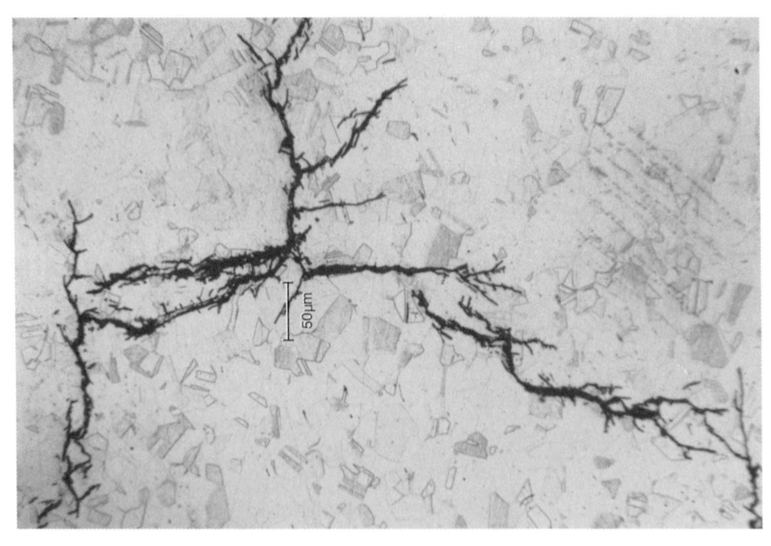

圖 5-15　裂縫以沿晶破壞為主

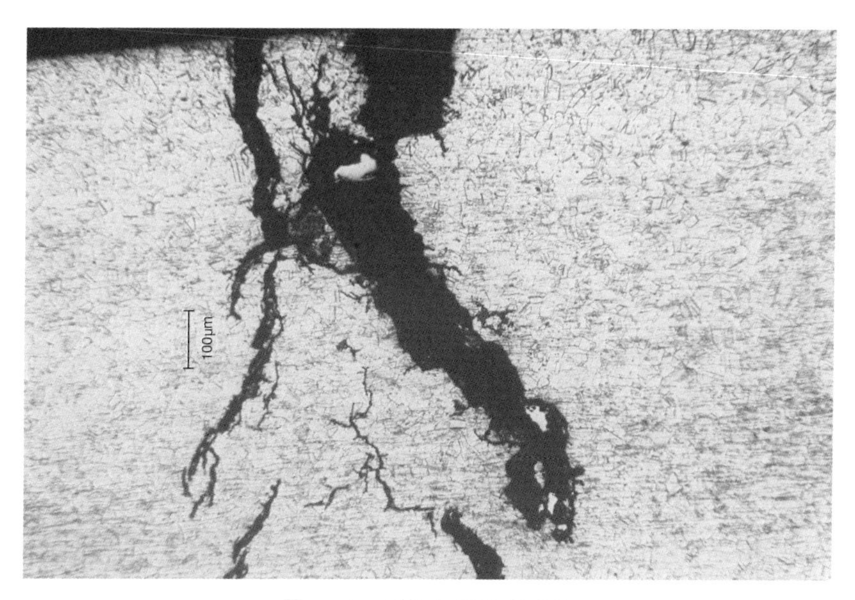

圖 5-16　裂縫呈現多支成長

4 掃描式電子顯微鏡（SEM）表面觀察與能量散佈光譜分析儀（EDS）微區分析

將裂縫位置處打開，觀察裂縫破壞表面，破壞表面呈現劈裂狀（Cleavage）破壞，且有二次裂縫、分層與腐蝕生成物（圖 5-17 與圖 5-18），使用 EDS 分析破斷面其成分有 Fe、Ni、Cr、Ca、Cl、S、P、Si、Al、O 等元素，其外來元素為 Ca、Cl、S、P、Al、O 等元素（圖 5-19）。

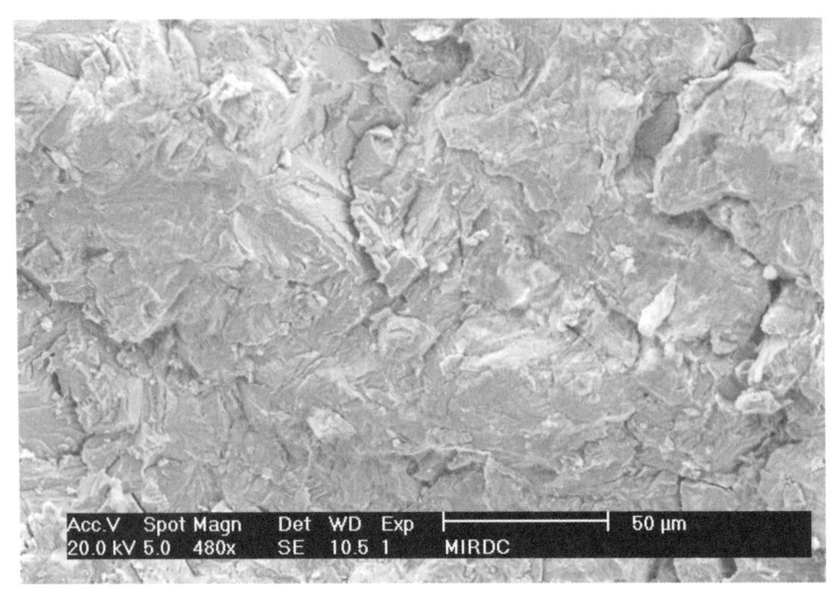

圖 5-17　破壞面屬於劈裂狀破壞且有二次裂縫、分層與腐蝕生成物產生

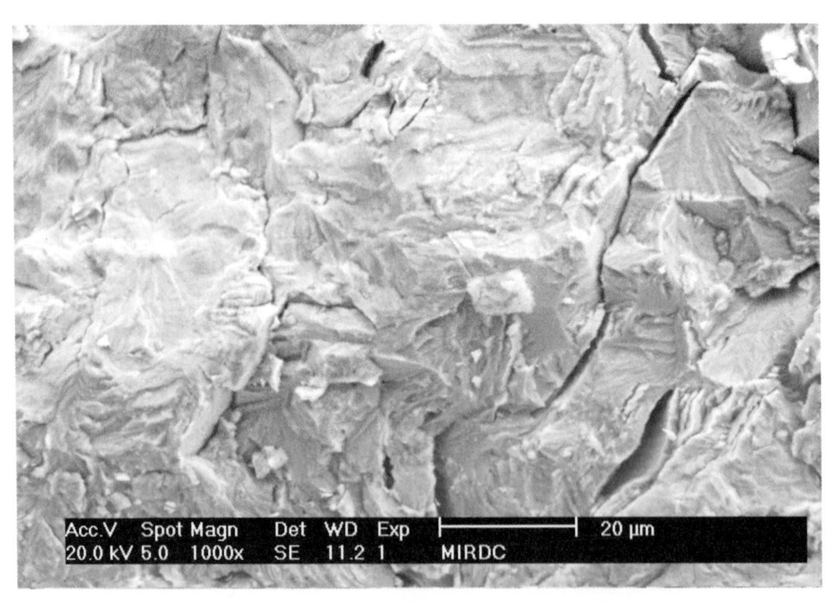

圖 5-18　破壞面屬於劈裂狀破壞且有二次裂縫與腐蝕生成物產生

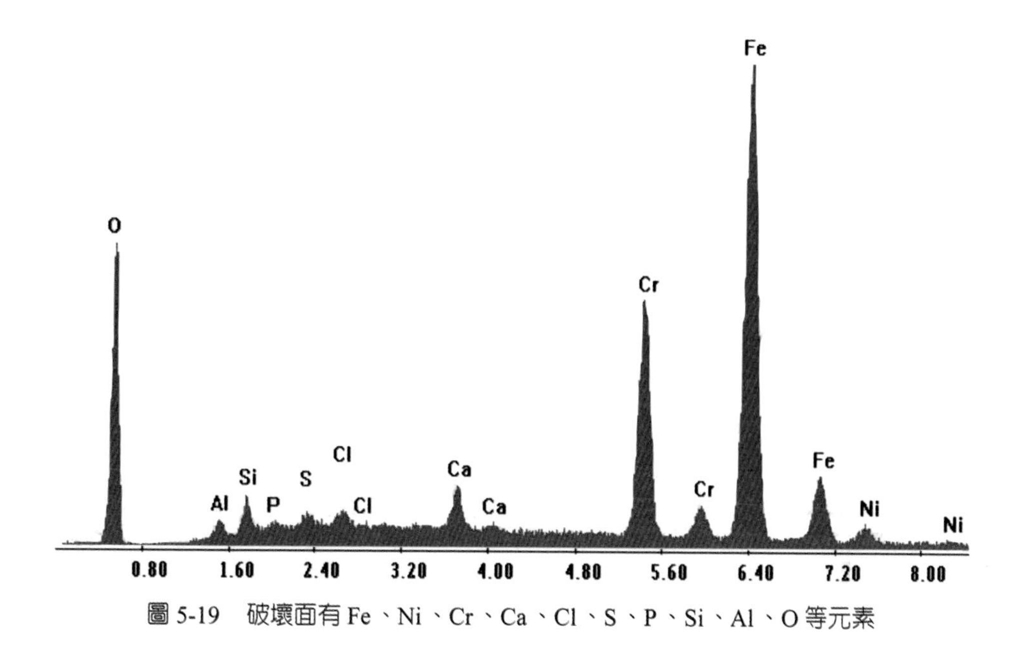

圖 5-19　破壞面有 Fe、Ni、Cr、Ca、Cl、S、P、Si、Al、O 等元素

四、結果與討論

本章不銹鋼貼板經檢驗結果可得以下結論：

1. 觀察貼板外觀，裂縫產生處在銲道附近（熱影響區）以及受到敲擊變形處，故裂縫產生之原因可能是由於銲接後，貼板受到銲接收縮變形之殘留應力造成。而母材位置之裂縫，可能由於整形過程中，敲擊變形所殘留之拉伸應力而生成。

2. 貼板成分符合 JIS-G4305 SUS304 規範。

3. 金相組織顯示出主要為沿晶破壞。

4. 使用 SEM 觀察破斷面之表面形貌為劈裂狀、分層二次裂縫與有腐蝕生成物生成，外來腐蝕因子有 Ca、Cl、S、P、Al、O 等元素。

5. 綜合上述試驗此貼板之破壞方式應屬於應力腐蝕破壞（Stress Corrosion Cracking, SCC）。

五、建議

SCC 破壞是由於拉伸應力、易敏感材質與腐蝕環境三種因素結合，才會形成材料之破壞，故避免 SCC 破壞則須從上述三種因素著手，例如避免殘留張應力（Tensile Stress）在工件上，和使用環境（避免有腐蝕因子與使用溫度），以及選擇適當材質以配合工作環境。

5.3 傳熱管破損分析

一、背景

石化廠廢熱鍋爐傳熱管使用約 1 年後，發生裂痕破壞，造成停機，遂取正常管（編號 5-3，圖 5-20）與破裂管（編號 4-4，圖 5-21）進行破壞原因分析。

圖 5-20　傳熱管（正常管）外觀

圖 5-21　傳熱管（破裂管）外觀

二、檢驗項目

廢熱鍋爐傳熱管檢驗項目有以下五項：

1. 外觀檢視與液滲檢測（PT）：首先對傳熱管進行外觀檢視，並針對傳熱管表面進行液滲檢測（PT）照相機觀察照相記錄。

2. 化學成分分析：使用分光分析儀分析傳熱管之化學成分。

3. 硬度分析：將傳熱管取樣後，使用微小硬度機進行鰭管心部硬度測試。

4. 金相試驗：將鑲埋試片拋光後，依據 ASTM E407 規範中之 No.13 腐蝕液電解腐蝕後，使用光學顯微鏡（OM）觀察腐蝕後之金相組織。

5. 掃描式電子顯微鏡（SEM）及能量散佈光譜分析儀（EDS）微區成分分析：使用掃描式電子顯微鏡（SEM）觀察傳熱管斷裂面表面

破損之形貌，並使用能量散佈光譜分析儀（EDS）分析斷裂面表面之成分。

三、試驗結果

1. 外觀檢視與液滲檢測（PT）

進行傳熱管管內之瑕疵檢測，經使用液滲檢測（PT），檢測結果顯示，破裂之傳熱管表面有一直線形之裂縫產生（圖 5-22），而正常傳熱管則無（圖 5-23）。

圖 5-22　破裂管內有一裂縫產生

圖 5-23 正常管內無裂縫產生

2. 化學成分

廢熱鍋爐傳熱管之化學成分如表 5-3 所示，由表 5-3 可知此傳熱管成分屬於 SA213-T22 之材質。

表 5-3 廢熱鍋爐傳熱管之化學成分

樣品	C	Si	Mn	P	S	Cr	Mo
傳熱管	0.11	0.27	0.48	0.015	0.008	2.14	0.93
SA213-T22	0.05～0.15	≤ 0.50	0.3～0.6	≤ 0.025	≤ 0.025	1.9～2.6	0.87～1.13

3. 硬度

使用微小硬度機，進行銲道、熱影響區與母材之硬度測試，其結果如表 5-4 所示，由表 5-4 顯示熱影響區之硬度高於銲道。

表 5-4　微小硬度機進行銲道、熱影響區與母材之硬度測試結果

測試位置		測試值（HV0.3）	平均值（HV0.3）
破裂管	銲道	348　345　332　340　338	341
	熱影響區	385　375　375　376　376	377
	母材	220　220　220　220　219	220
正常管	銲道	348　334　328　368　364	348
	熱影響區	358　351　352　350　356	353
	母材	214　220　213　220　212	216

4. 金相試驗

取破裂裂縫處進行金相組織觀察。試片裂縫處經拋光後，顯示裂縫呈直線形由管外往管內進行成長（圖 5-24），裂縫起始點附近有分枝形微小裂縫生成（圖 5-25 與圖 5-26），且裂縫有腐蝕生成物生成（圖 5-27）。將試片浸蝕後觀察裂縫處之金相組織，顯示裂縫生成之位置位於銲道之熱影響區上（圖 5-28），裂縫起始處有分枝形微小裂縫生成（圖 5-29 與圖 5-30），裂縫內有腐蝕生成物生成，裂縫以穿晶破壞為主之破壞型態（圖 5-31 至圖 5-33）；傳熱管母材之金相組織為肥粒鐵與波來鐵組織，其波來鐵有球化之現象（圖 5-34 與圖 5-35）。

取正常裂縫處進行金相組織觀察。圖 5-36 與圖 5-37 顯示銲道組織為銲接組織，熱影響區為麻田散鐵組織（圖 5-38 與圖 5-39），母材組織為肥粒鐵與波來鐵組織，其波來鐵有球化之現象（圖 5-40 與圖 5-41），此熱傳管在銲道附近並無裂縫產生。

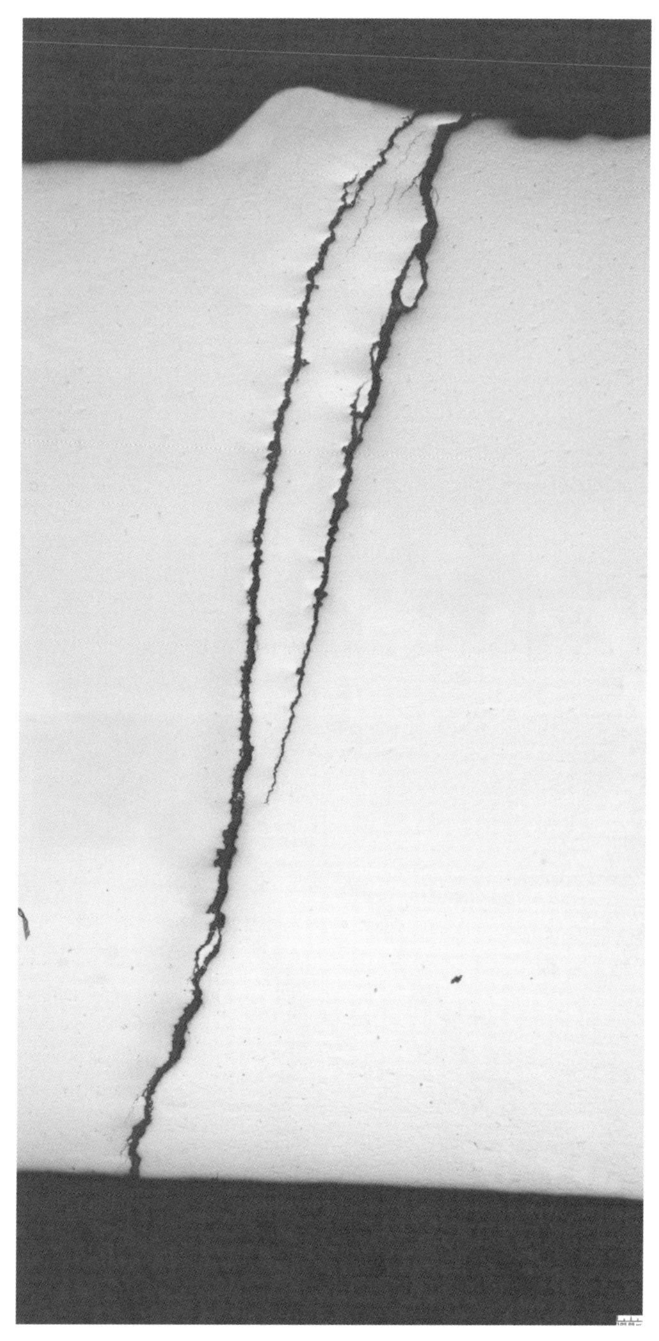

圖 5-24　破裂管裂縫處（倍率 50X）

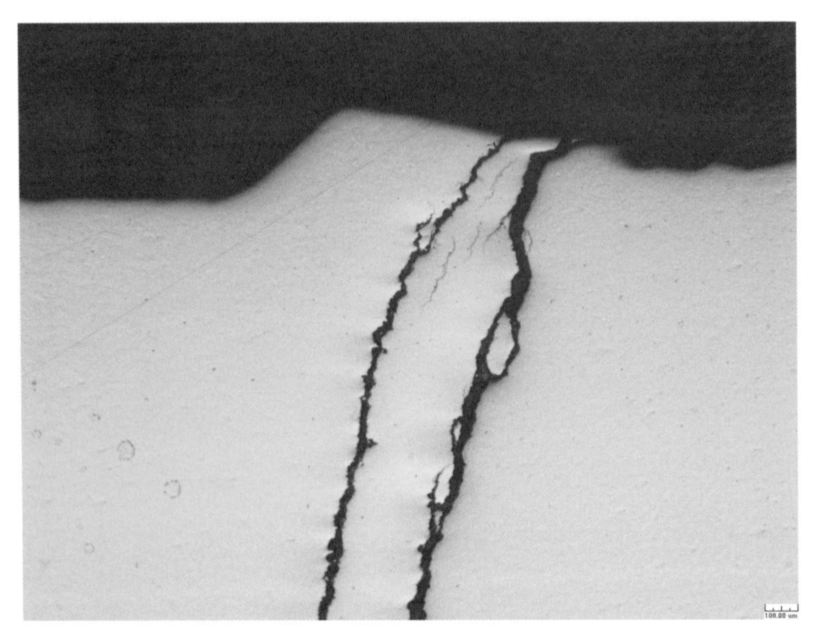

圖 5-25　破裂管裂縫起始點（倍率 50X）

圖 5-26　破裂管裂縫起始點（倍率 100X）

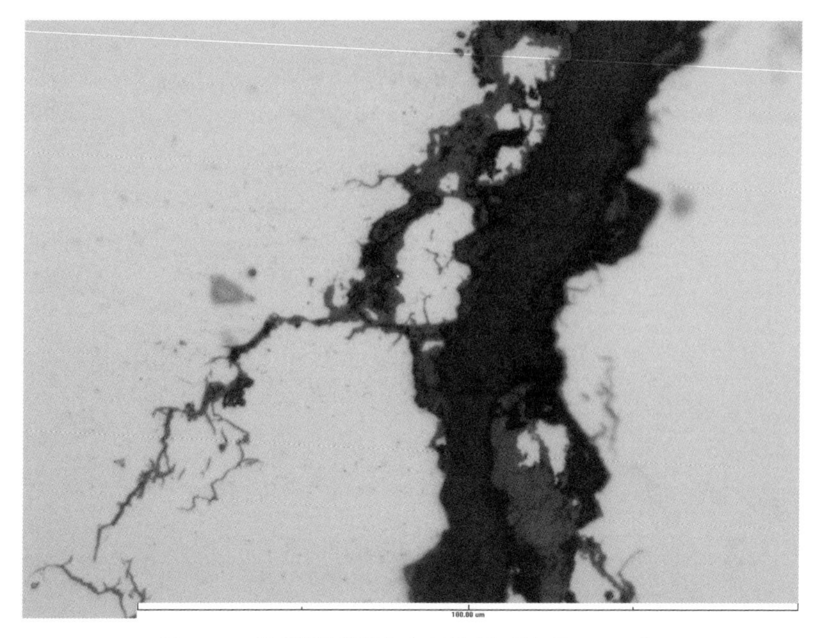

圖 5-27　破裂管裂縫內有氧化層（倍率 1000X）

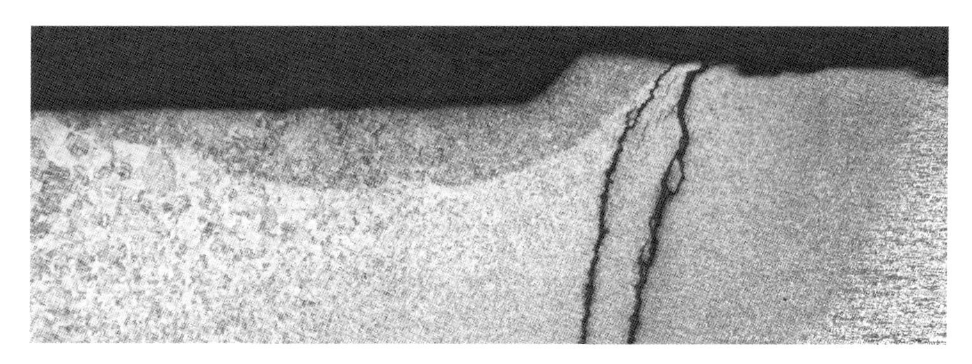

圖 5-28　破裂管裂縫處之金相（倍率 50X）

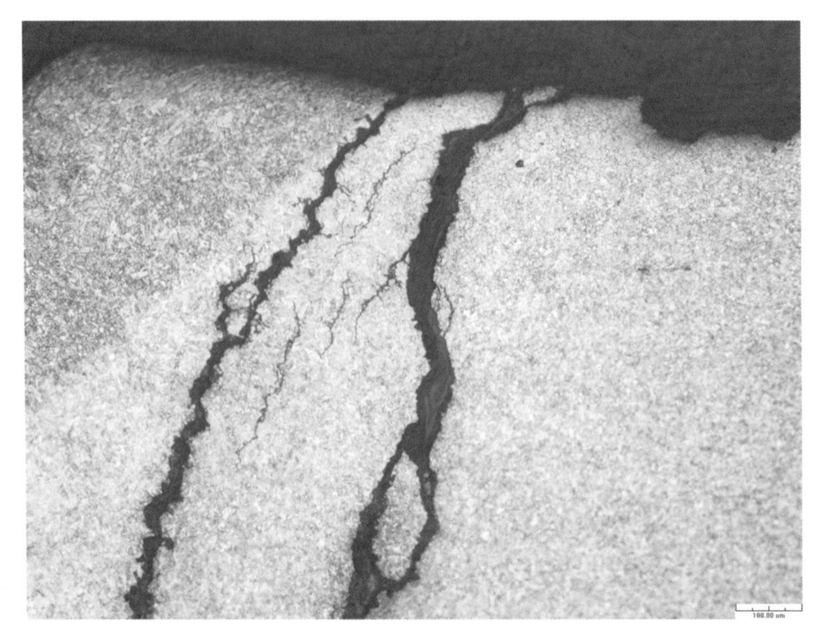

圖 5-29　破裂管裂縫起始處之金相（倍率 100X）

圖 5-30　破裂管大裂縫旁邊有小裂縫生成（倍率 200X）

圖 5-31　破裂管裂縫呈現穿晶破壞（倍率 500X）

圖 5-32　破裂管裂縫呈現穿晶破壞（倍率 500X）

圖 5-33 破裂管裂縫尖端呈現穿晶破壞（倍率 500X）

圖 5-34 破裂管母材組織（倍率 100X）

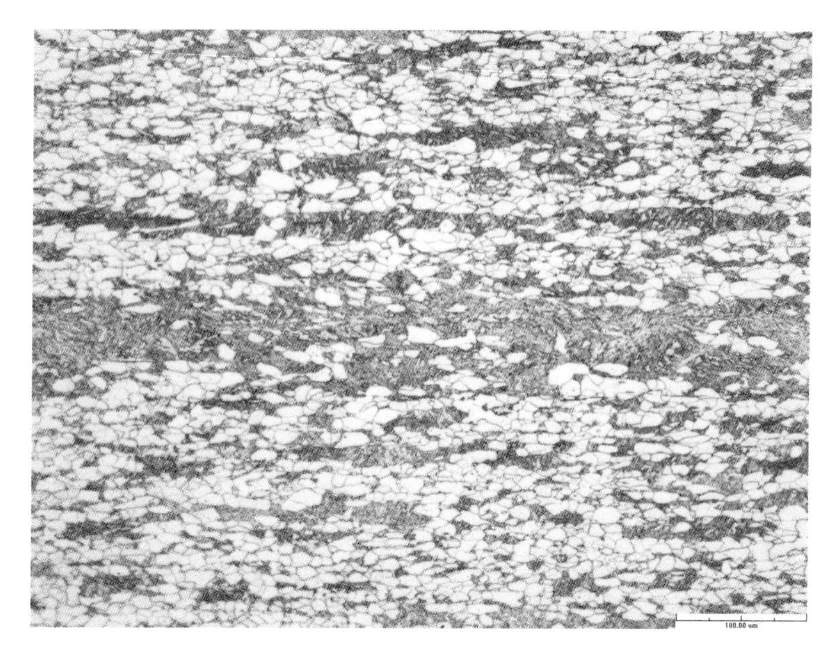

圖 5-35　破裂管母材組織（倍率 200X）

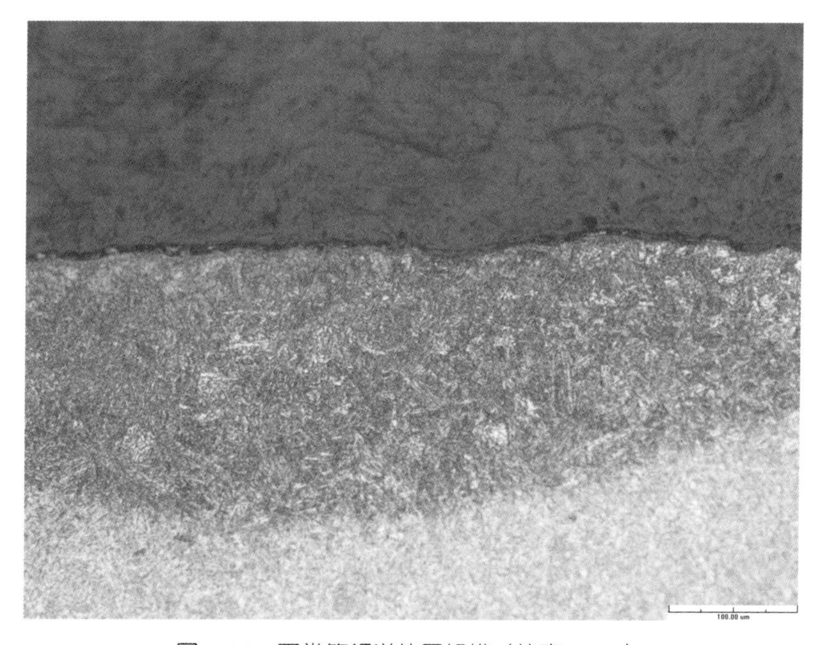

圖 5-36　正常管銲道位置組織（倍率 200X）

圖 5-37　正常管銲道位置組織（倍率 500X）

圖 5-38　正常管熱影響區組織（倍率 200X）

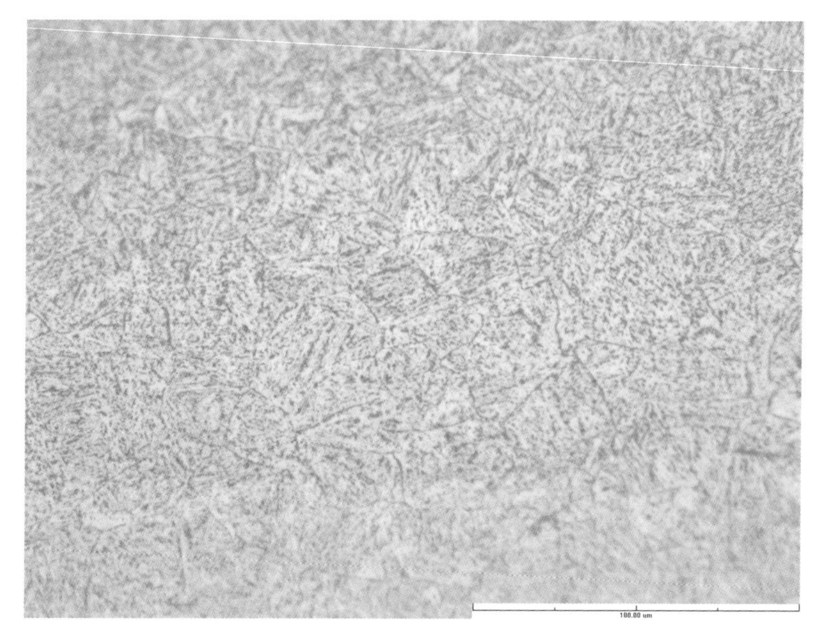

圖 5-39　正常管熱影響區組織（倍率 500X）

圖 5-40　正常管母材組織（倍率 200X）

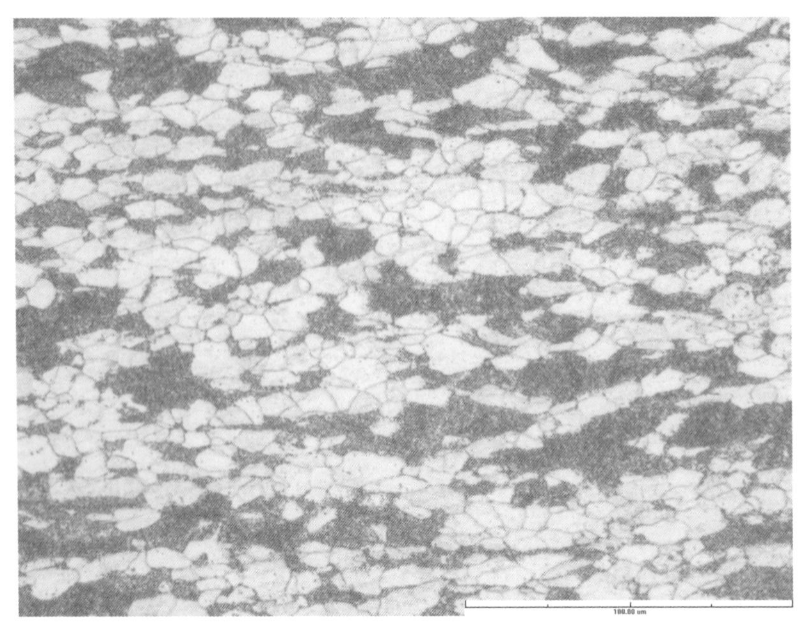

圖 5-41　正常管母材組織（倍率 500X）

5. **掃描式電子顯微鏡（SEM）及能量散佈光譜分析儀（EDS）微區成分分析**

使用 SEM 觀察裂縫之形貌與使用 EDS 分析裂縫內之成分。圖 5-42 為裂縫之全貌，裂縫起始點附近有分枝形微小裂縫生成與裂縫內有腐蝕生成物生成（圖 5-43），裂縫成長區與裂縫尖端內裂縫亦有腐蝕生成物生成（圖 5-44 至圖 5-46），使用 EDS 分析裂縫內（圖 5-47）與裂縫尖端（圖 5-48）之成分有 C、O、Na、S、Al、Si、Ca、Cr、Fe、Mn 等元素，主要成分應以氧化物為主；而裂縫末段處（管內）（圖 5-49）之腐蝕生成物之成分有 C、O、Na、Mg、P、S、Al、Si、Ca、Cr、Fe、Mn 等元素（圖 5-50），主要成分應以氧化物為主。

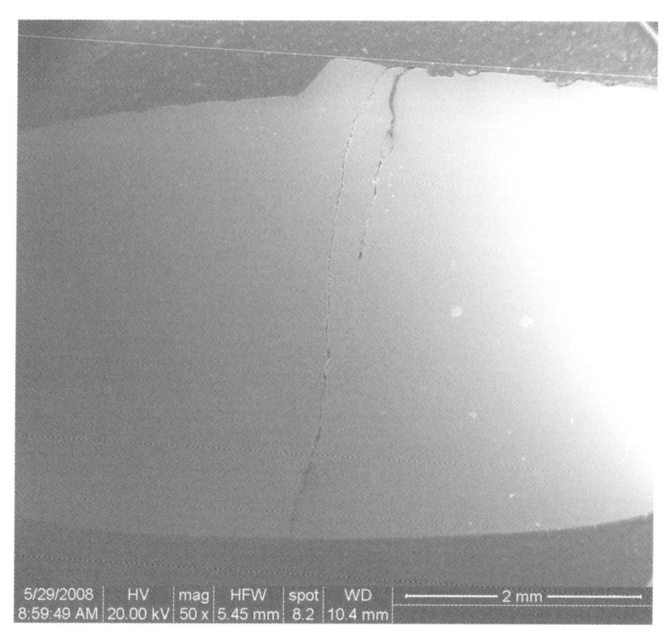

圖 5-42　破裂管裂縫形貌

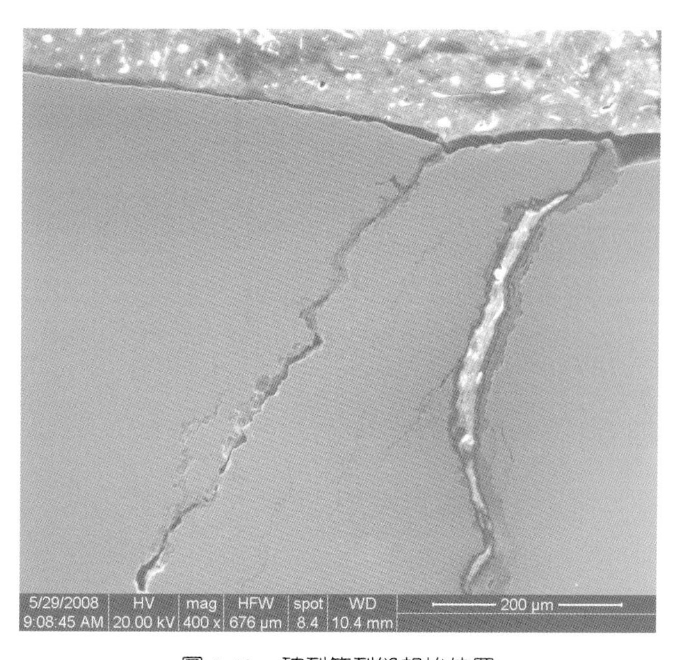

圖 5-43　破裂管裂縫起始位置

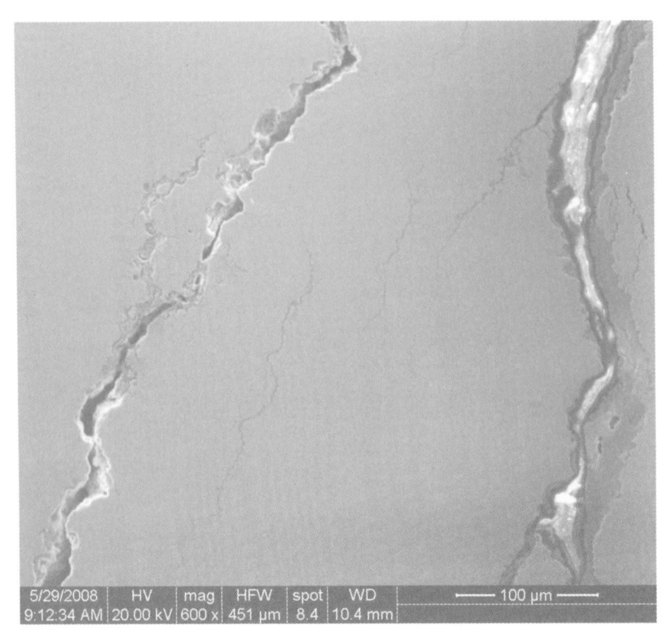

圖 5-44　破裂管裂縫成長區

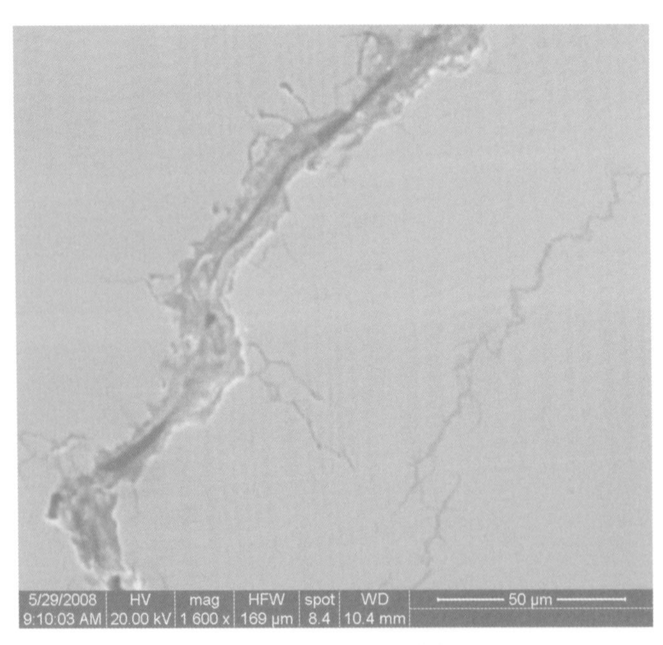

圖 5-45　破裂管裂縫成長區

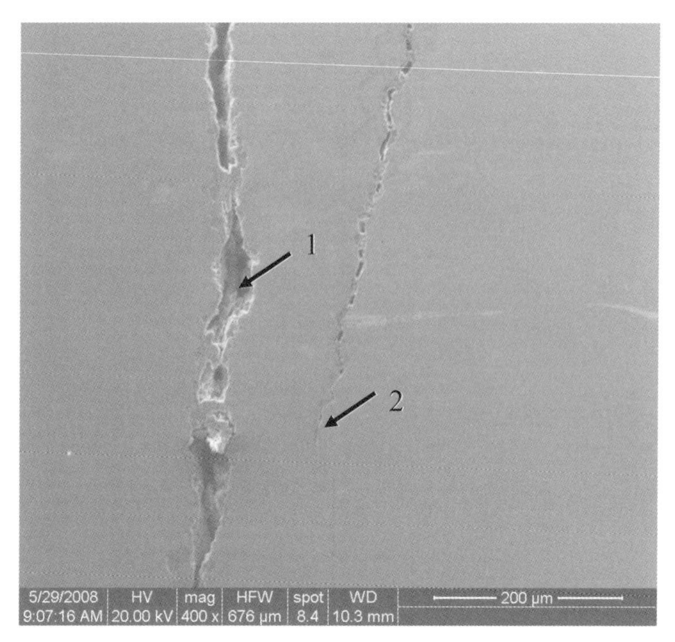

圖 5-46 破裂管裂縫尖端

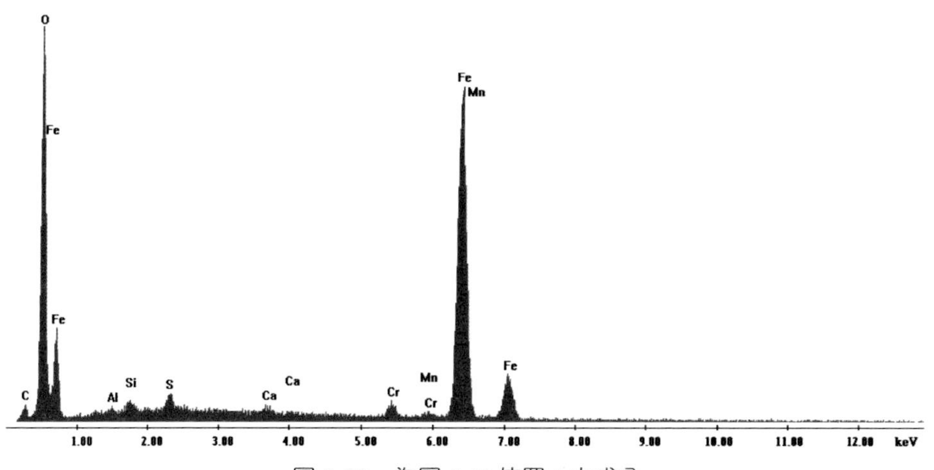

圖 5-47 為圖 5-46 位置 1 之成分

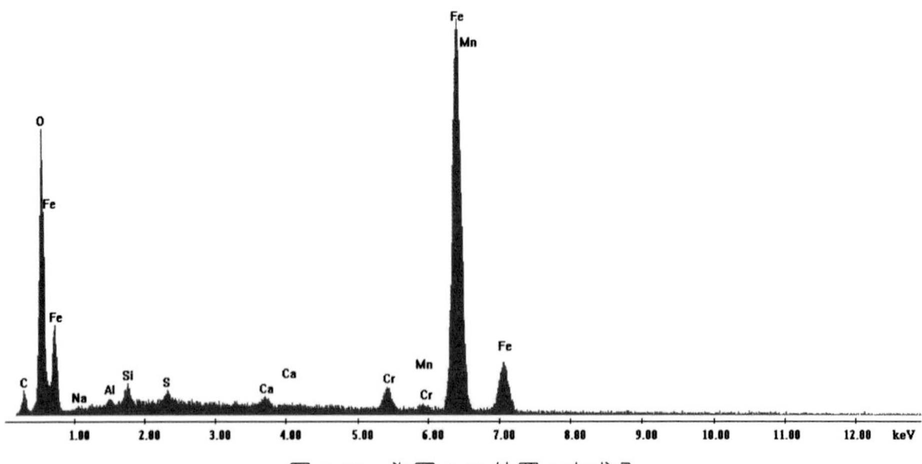

圖 5-48　為圖 5-46 位置 2 之成分

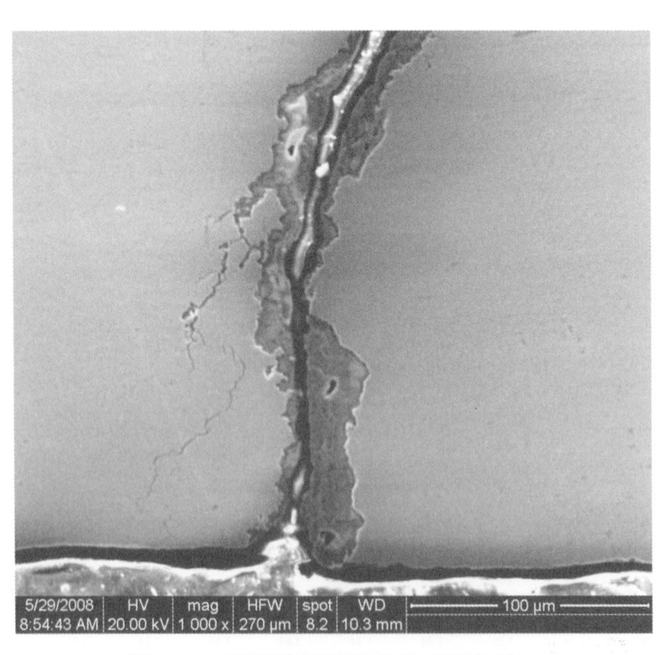

圖 5-49　破裂管裂縫末段處（管內處）

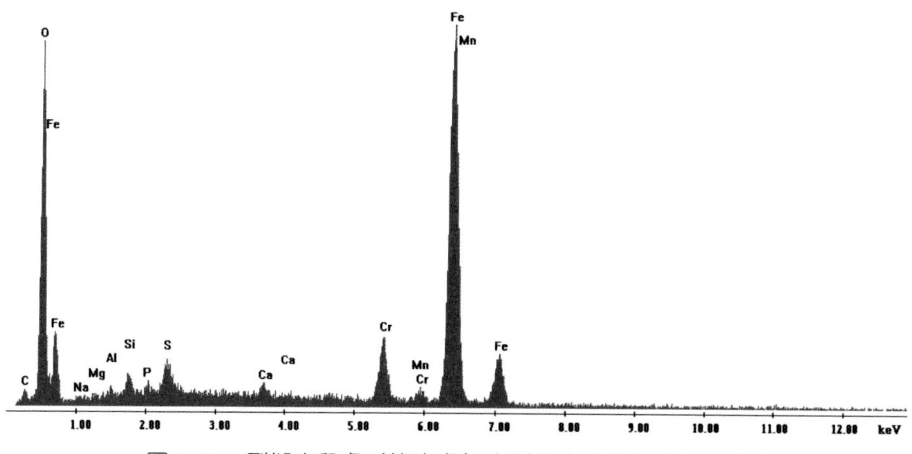

圖 5-50　裂縫末段處（管內處）之裂縫內腐蝕生成物之成分

四、結果與討論

廢熱鍋爐傳熱管經檢驗結果可得以下結論：

1. 由外觀與 PT 檢視傳熱管破裂管內有一直線形裂縫生成。

2. 傳熱管成分符合 SA213-T22 之材質規範。

3. 硬度測試結果顯示熱影響區之硬度高於銲道。

4. 傳熱管母材之金相為肥粒鐵與波來鐵基地組織，其波來鐵有球化現象產生；裂縫由管外往管內生成，裂縫處旁有分枝形微小裂縫生成，在裂縫起始位置至裂縫末端，裂縫內有腐蝕生成物生成，破壞機制呈現以穿晶破裂為主之應力腐蝕破壞型態。

5. 使用 SEM/EDS 分析裂縫處之成分，顯示裂縫處之腐蝕生成物主要以氧化物為主。

6. 綜合上述試驗分析，傳熱管之裂縫以應力腐蝕為主，可能受到長時間應力（熱應力、操作應力或銲接後殘留應力）下，再加上管內水質偏鹼性，故在設備使用後，在銲道熱影響區產生微小裂紋後，裂紋成長為較大之裂縫後，進而貫穿管壁。

5.4 廢熱鍋爐出口 Nozzle 破損分析

一、背景

石化廠廢熱鍋爐出口 Nozzle 附近有裂痕生成（圖 5-51），由於使用時間不超過 1 年，石化公司欲了解此 Nozzle 斷裂之原因，遂進行 Nozzle 破損分析。

圖 5-51　斷裂之 Nozzle 全圖

二、檢驗項目

廢熱鍋爐出口 Nozzle 檢驗項目有以下五項：

1. 外觀檢視：首先對 Nozzle 進行現場外觀檢視，並使用照相機觀察照相記錄。

2. 化學成分分析：使用分光分析儀分析 Nozzle 之化學成分。

3. 硬度分析：將 Nozzle 取樣後，使用微小硬度機進行硬度測試。

4. 金相試驗：將鑲埋試片拋光後，依據 ASTM E407 規範中之 No.13 腐蝕液電解腐蝕後，使用光學顯微鏡（OM）觀察腐蝕後之金相組織。

5. 掃描式電子顯微鏡（SEM）及能量散佈光譜分析儀（EDS）微區成分分析：使用掃描式電子顯微鏡（SEM）觀察 Nozzle 斷裂面表面破損之形貌，並使用能量散佈光譜分析儀（EDS）分析斷裂面表面之成分。

三、試驗結果

1. 外觀檢視

觀察Nozzle破斷面，其破斷面呈現撕裂狀之快速破裂形貌（圖5-52與圖5-53），而Nozzle表面散佈分支形之破壞裂痕（圖5-54至圖5-56）。

圖 5-52　破斷面呈現撕裂狀快速破壞之型態

圖 5-53　破斷面呈現撕裂狀快速破壞之型態

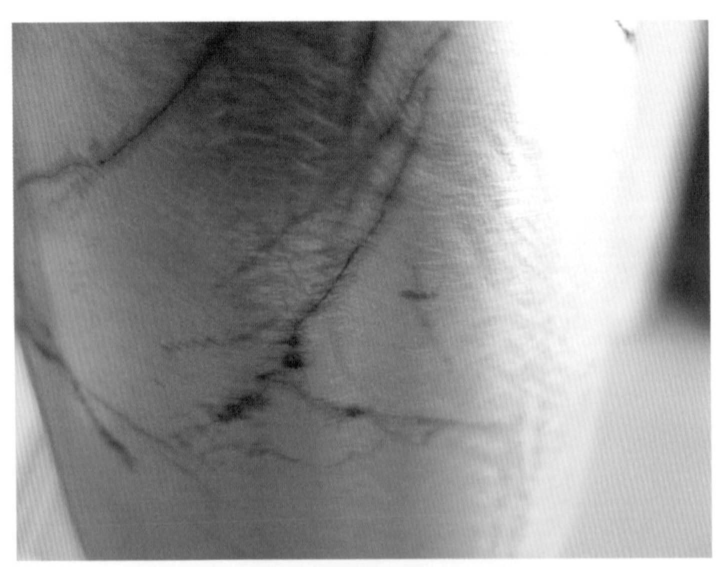

圖 5-54　Nozzle 表面有分支形破壞之裂痕

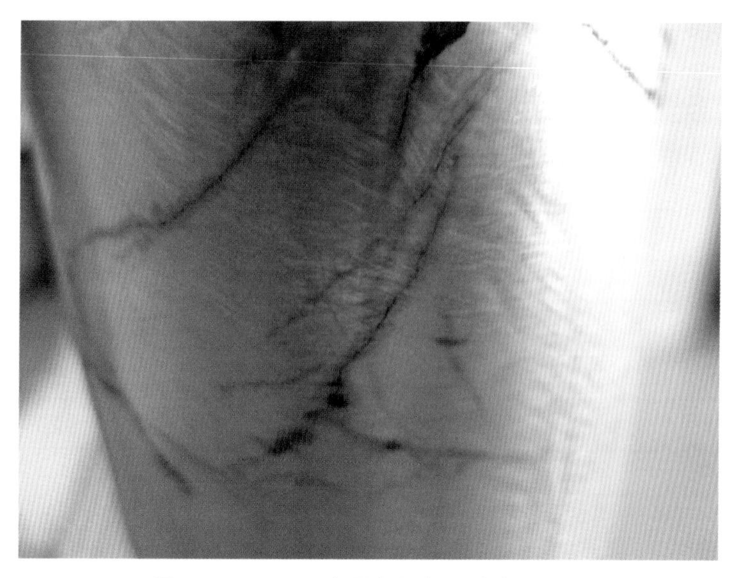

圖 5-55 Nozzle 表面有分支形破壞之裂痕

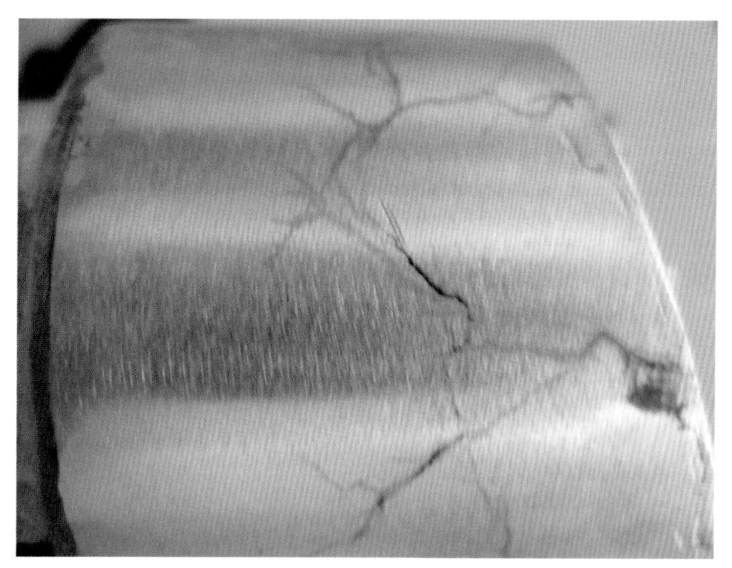

圖 5-56 Nozzle 表面有分支形破壞之裂痕

2. 成分分析

使用分光分析儀，進行成分分析，其結果如表 5-5 所示，由表 5-5 可知之成分符合 SUS304 之材料規範值。

表 5-5　分光分析儀進行成分分析結果

成分（wt%）	C	Si	Mn	P	S	Cr	Ni
Nozzle	0.067	0.46	1.91	0.024	0.031	18.23	8.19
SUS304	<0.08	<0.75	<2	<0.045	<0.030	18～20	8～10.5

3. 硬度試驗

使用微小硬度機，進行硬度試驗，其結果如表 5-6 所示，表 5-6 可知之成分符合 SUS 304 之硬度規範值。

表 5-6　微小硬度機進行硬度試驗結果

成分（wt%）	測試值（HV0.3）					平均值（HV0.3）	轉換成 HB
Nozzle	199	186	192	189	184	190	190
SUS304	<201 HB						

4. 金相組織

進行 Nozzle 之金相組織分析，Nozzle 之基地組織為沃斯田鐵基地組織，而基地上散佈分支形之破壞裂痕，破壞型態以穿晶破壞為主，沿晶破壞為輔（圖 5-57 至圖 5-63）。

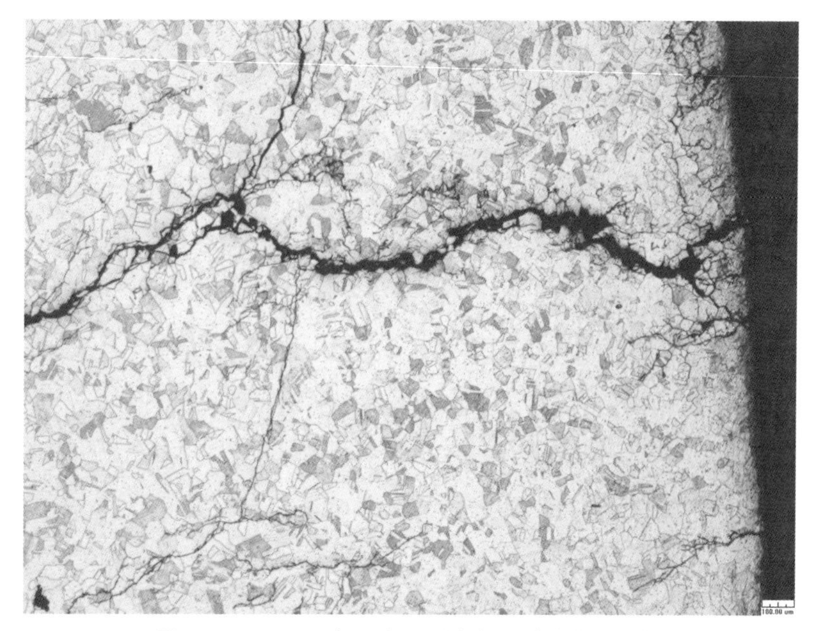

圖 5-57 Nozzle 有分支形裂痕產生（倍率 50X）

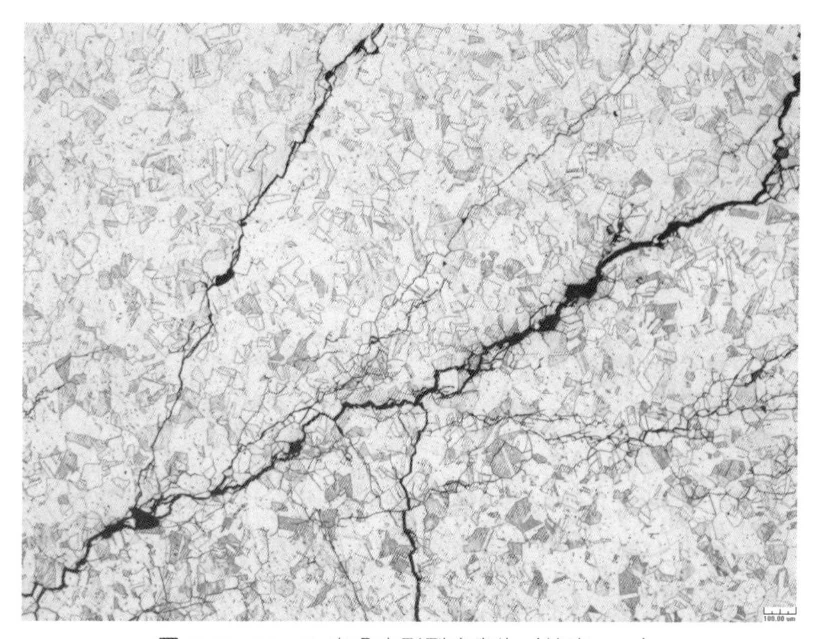

圖 5-58 Nozzle 有分支形裂痕產生（倍率 50X）

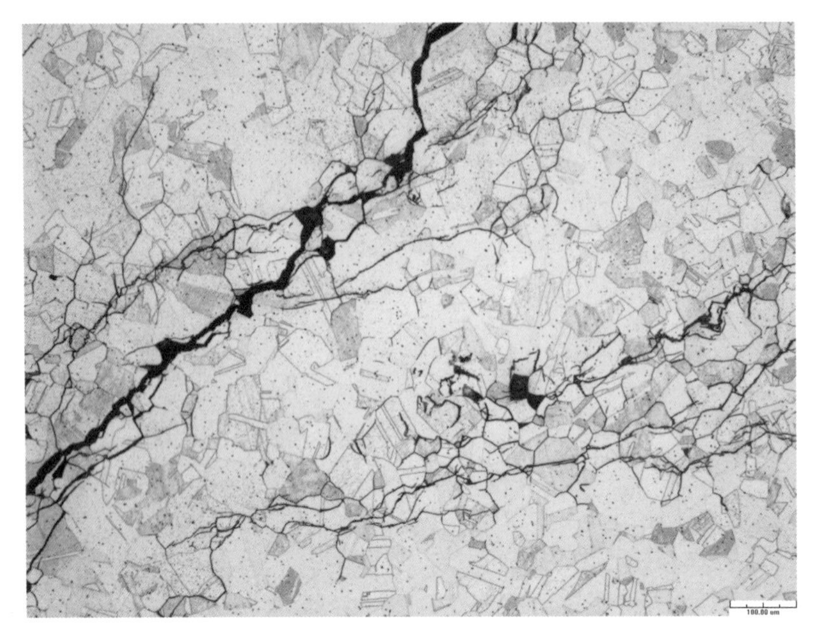

圖 5-59　Nozzle 有分支形裂痕產生（倍率 100X）

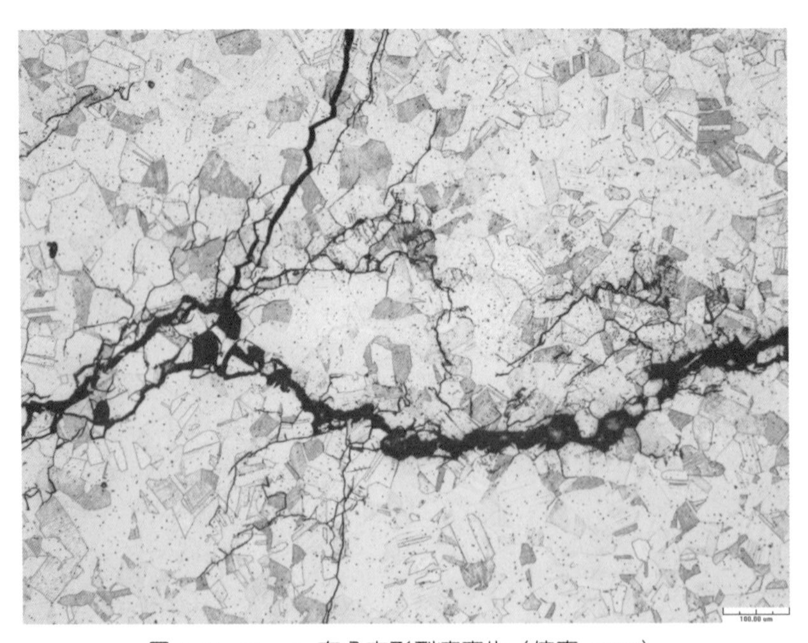

圖 5-60　Nozzle 有分支形裂痕產生（倍率 100X）

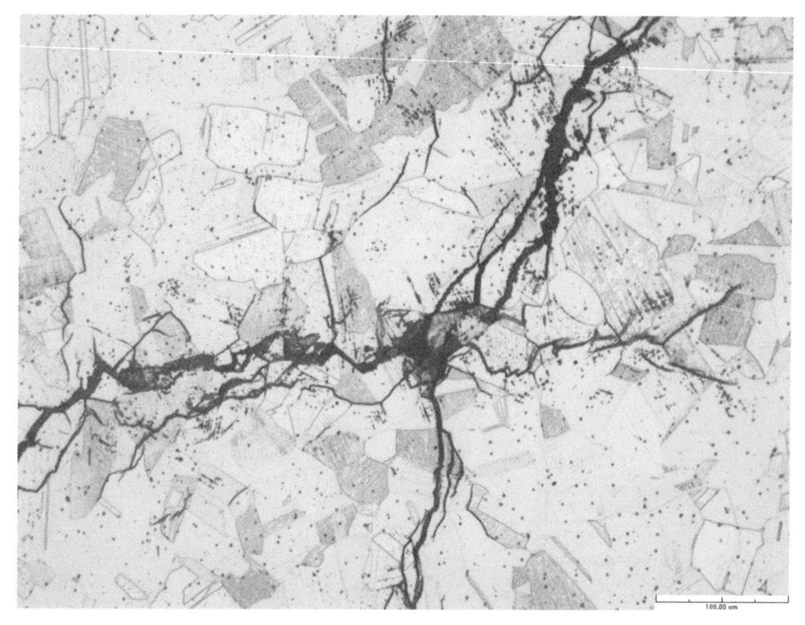

圖 5-61　Nozzle 有分支形裂痕產生（倍率 200X）

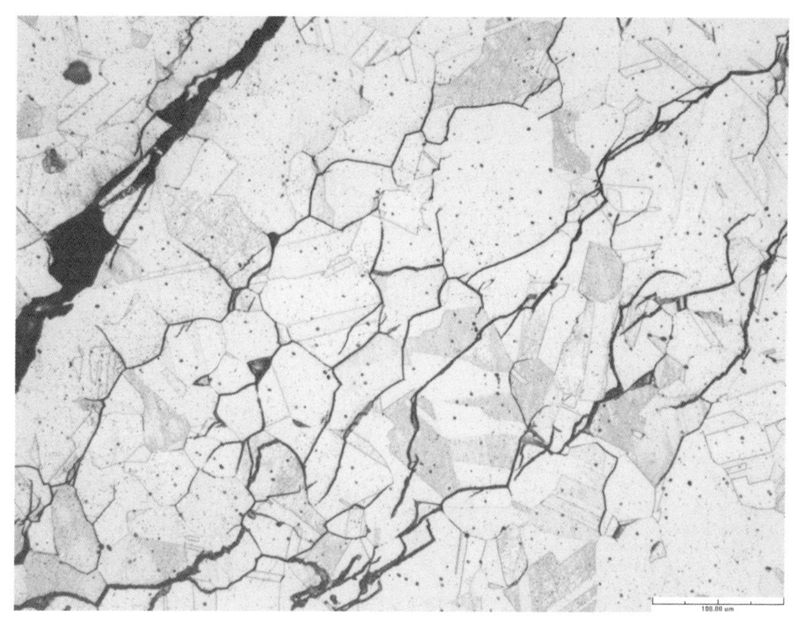

圖 5-62　Nozzle 有分支形裂痕產生（倍率 200X）

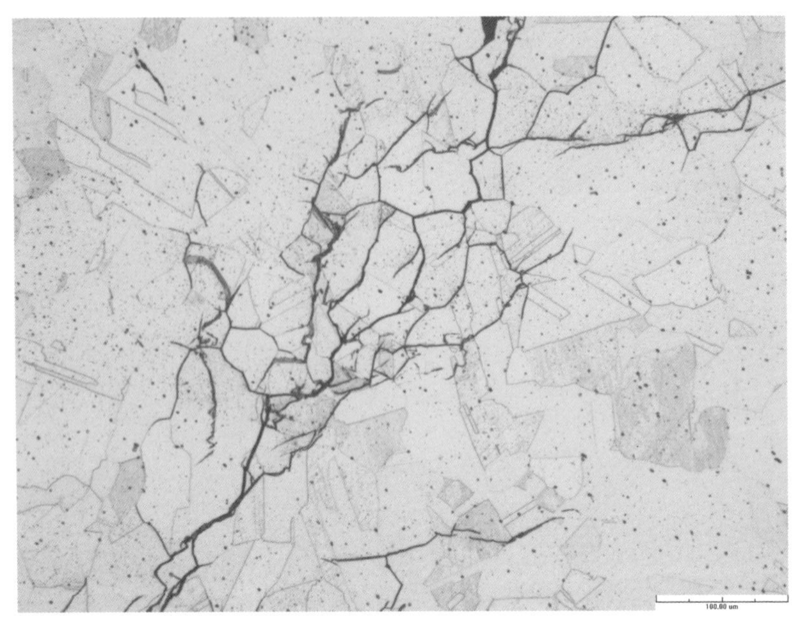

圖 5-63　Nozzle 有分支形裂痕產生（倍率 200X）

5. SEM 觀察與 EDS 分析

使用 SEM 觀察 Nozzle 破斷表面，Nozzle 破斷表面呈現撕裂狀之快速破壞形貌（圖 5-64 與圖 5-65），破斷面以穿晶破壞為主，沿晶破壞為輔。以及有二次裂縫以及腐蝕生成物生成（圖 5-66 至圖 5-69），破斷表面之成分有 C、O、Na、Mg、Si、Ca、Cr、Fe、Ni 等元素，以氧化物為主（圖 5-70）。

圖 5-64　Nozzle 破裂表面

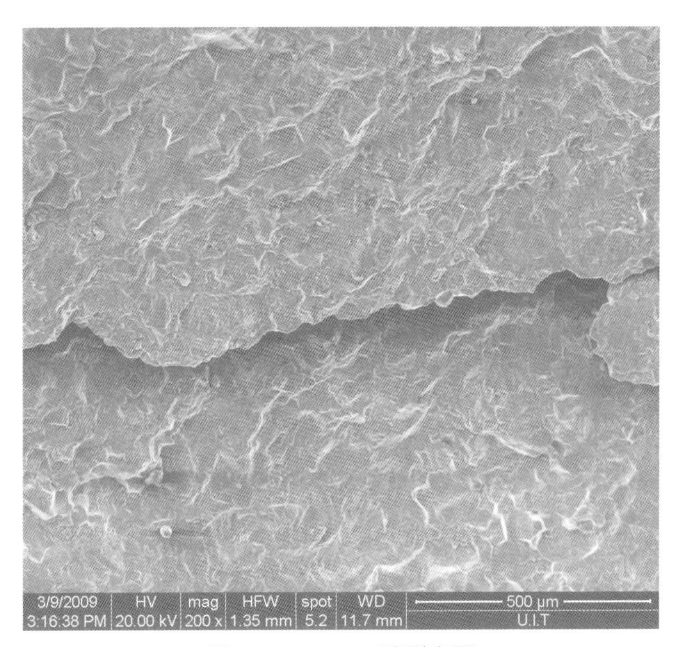

圖 5-65　Nozzle 破裂表面

圖 5-66　Nozzle 破裂表面有二次裂痕產生

圖 5-67　破斷面有穿晶破壞與沿晶破壞混合破壞型態

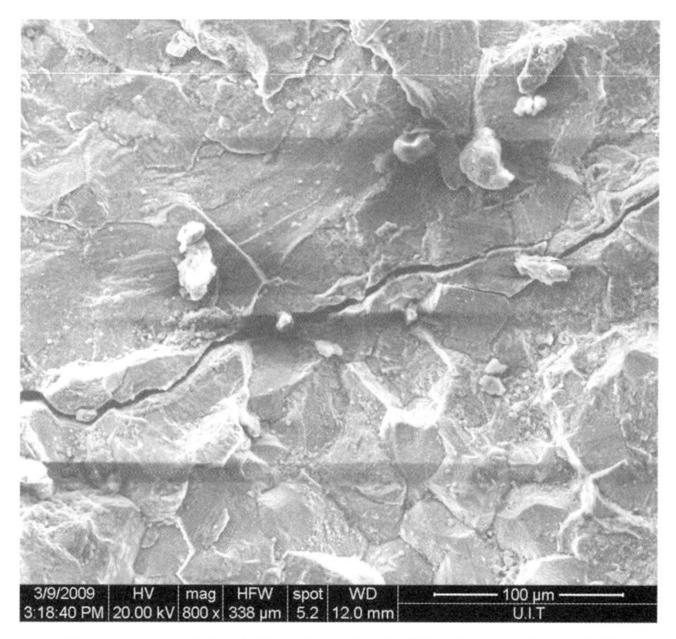

圖 5-68　破斷面有穿晶破壞與沿晶破壞混合破壞型態

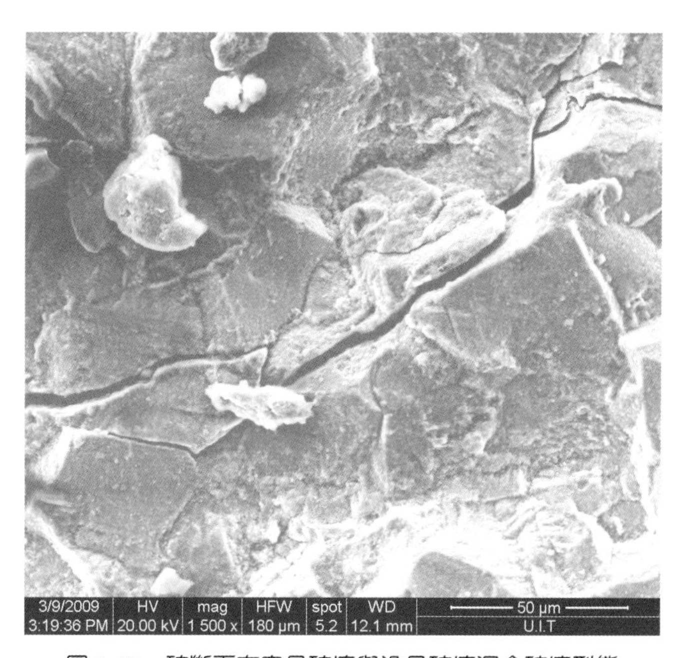

圖 5-69　破斷面有穿晶破壞與沿晶破壞混合破壞型態

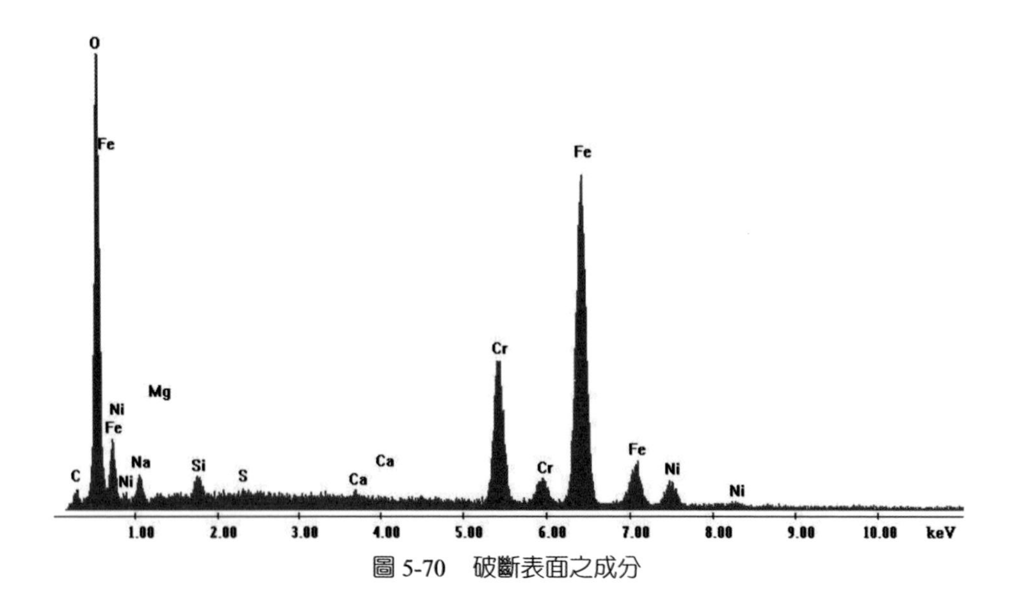

圖 5-70　破斷表面之成分

四、結論結果與分析

廢熱鍋爐出口 Nozzle 經檢驗結果可得以下結論：

1. 觀察 Nozzle 破斷表面，顯示破斷表面屬於快速破裂之破壞形貌，且表面散佈分支形之裂痕。

2. 由成分分析可知此 Nozzle 屬於 SUS304 不銹鋼之材質。

3. 硬度試驗可知符合 SUS304 不銹鋼規範值。

4. 由金相組織可知，Nozzle 呈現穿晶破壞為主，沿晶破壞為輔之破裂形貌，母材為沃斯田鐵基地組織。

5. 使用 SEM 觀察 Nozzle 破斷表面，顯示破斷表面為撕裂狀快速破裂型態，表面呈現穿晶破壞為主之破裂型態，表面有二次裂痕府腐蝕生成物生成，破斷表面以氧化物。

6. 綜合上述試驗，此 Nozzle 破壞原因應由於設備使用時所產生應力與設備內容物所產生腐蝕環境（鈉鹽），再加上 SUS304 不銹鋼鈉鹽環境下屬於敏感材質下之三重影響，形成應力腐蝕破裂（SCC）之型態，由 Nozzle 受力較大處（銲接處）產生微小裂痕，而裂痕逐漸成長，進而造成 Nozzle 破裂之現象產生。

7. 建議有相同類似之設備全面性進行液滲檢測（PT），以確保設備之安全性。

5.5 重疊網破損分析

一、背景

專門生產熱處理爐輸送網帶公司在大陸之分公司，送來一截斷裂重疊網（圖 5-71），由於輸送網帶使用壽命約為 10 個月以上，但此輸送網帶只使用不到 2 個月，就發生網帶有斷裂現象。經了解熱處理廠熱處理爐為工作溫度長時間在 800℃以上，且輸送網帶之工件有時為經硬銲處理後之產品。此公司欲了解網帶斷裂原因，遂進行網帶斷裂分析。

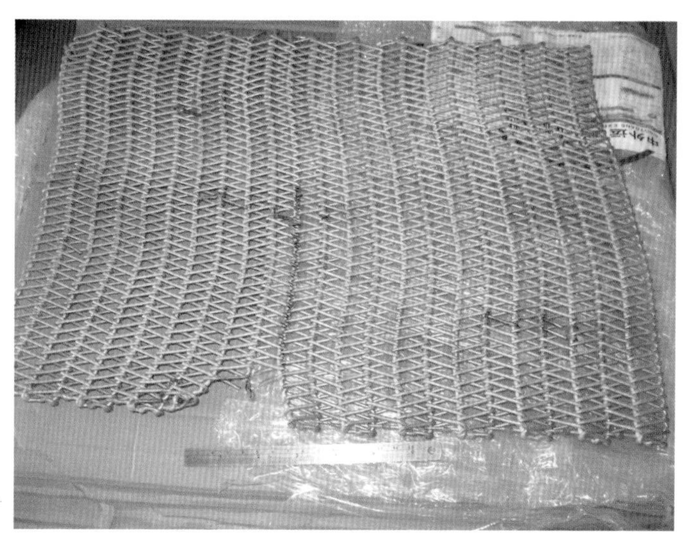

圖 5-71　已斷裂之輸送網帶

二、測試項目

重疊網檢驗項目有以下五項：

1. 外觀檢視：首先對重疊網進行現場外觀檢視，並使用照相機觀察照相記錄。

2. 化學成分分析：使用碳硫分析儀與 ICP 分析重疊網之化學成分。

3. 硬度分析：將重疊網取樣後，使用微小硬度機進行重疊網硬度測試。

4. 金相試驗：將鑲埋試片拋光後，依據 ASTM E407 規範中之 No.13 腐蝕液電解腐蝕後，使用光學顯微鏡（OM）觀察腐蝕後之金相組織。

5. 掃描式電子顯微鏡（SEM）及能量散佈光譜分析儀（EDS）微區成分分析：使用掃描式電子顯微鏡（SEM）觀察重疊網斷裂面表面破損之形貌，並使用能量散佈光譜分析儀（EDS）分析斷裂面表面之成分。

三、試驗結果

1. 外觀檢視

觀察網帶外觀，在局部區域有橙紅色物質附著於表面上（圖 5-72），觀察橙紅色物質附著處附近皆有網帶斷裂之情形（圖 5-73 至圖 5-75），網帶斷裂處表面一層有橙紅色物質附著，斷面呈現平坦狀破壞。

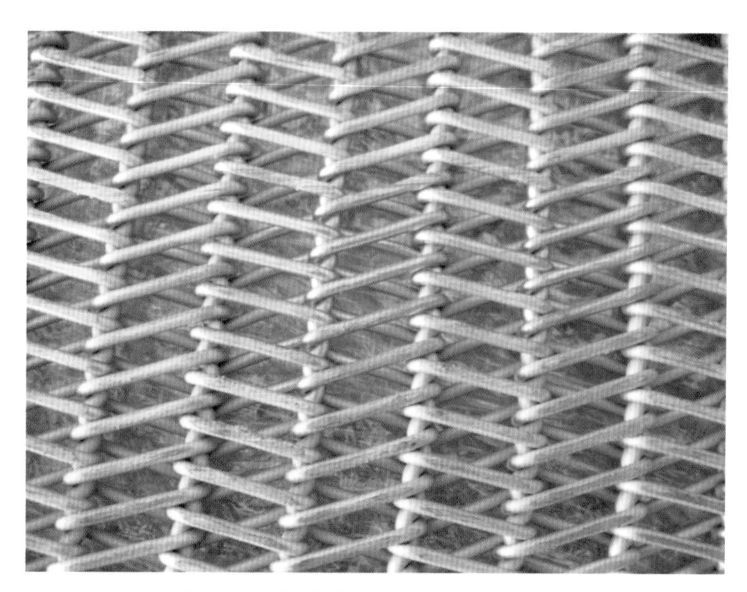

圖 5-72　網帶表面有橙紅色物質附著

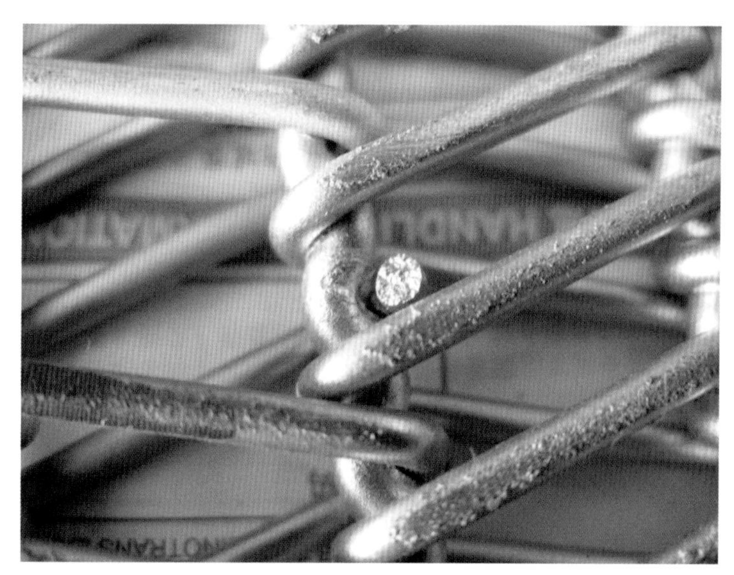

圖 5-73　網帶表面有斷裂

圖 5-74　網帶有斷裂現象

圖 5-75　網帶有斷裂現象

2. 成分分析

進行成分分析（碳硫分析儀與 ICP 分析），結果如表 5-7 所示，此網帶符合 ASTM A240 Type 310S 規範值規定。

表 5-7　碳硫分析儀與 ICP 分析結果

成分（wt%）	C	Si	Mn	P	S	Ni	Cr
網帶	0.08	2.86	1.57	0.015	0.018	19.03	24.76
Type 310S	≤ 0.25	1.5～3.0	≤ 2	≤ 0.045	≤ 0.03	19～22	23～26

3. 微硬度

進行微小硬度機進行測試網帶之硬度值，其結果如表 5-8 所示。由表 5-8 顯示此硬度比 ASTM A240 Type 310S 正常規範 217 HV 硬度高。

表 5-8　微小硬度機進行測試網帶之硬度值

位置	硬度值（HV0.3）	平均值（HV0.3）
網帶	225　224　228　229　220	225
Type 310S	≤ 217 HV	

4. 金相組織

取網帶進行金相試驗。樣品拋光後，顯示斷裂網帶表面有一橙紅色物質附著於斷裂表面且沿著晶界滲入網帶母材（圖 5-76 至圖 5-78），在網帶表面處亦有此現象（圖 5-79）；經腐蝕後，顯示橙紅色物質滲入網帶內部（圖 5-80 與圖 5-81）；觀察網帶之金相組織，顯示表面與心部組織皆有敏化（大量碳化物析出晶界與基地）與微小孔洞生成之現象（圖 5-82 至圖 5-84）。

圖 5-76　網帶斷裂面表面有橙紅色物質滲入（拋光後）（倍率 50X）

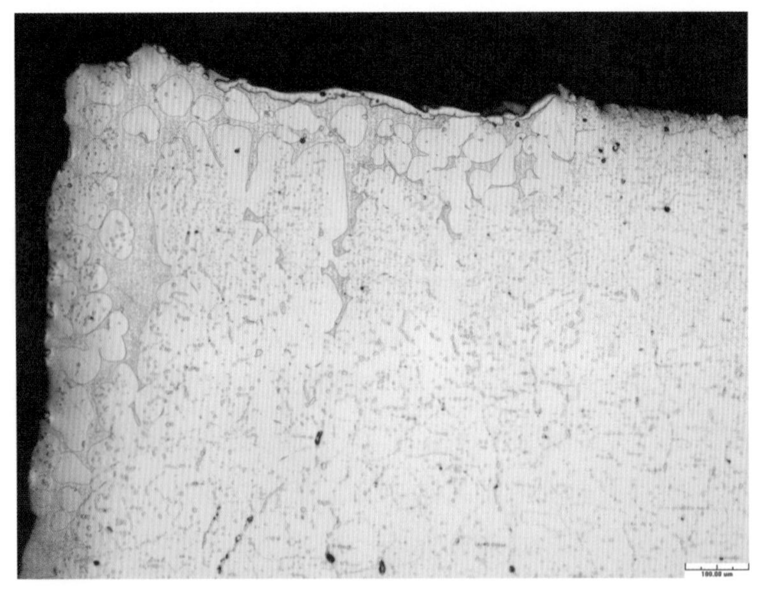

圖 5-77　網帶斷裂面表面有橙紅色物質滲入（拋光後）（倍率 100X）

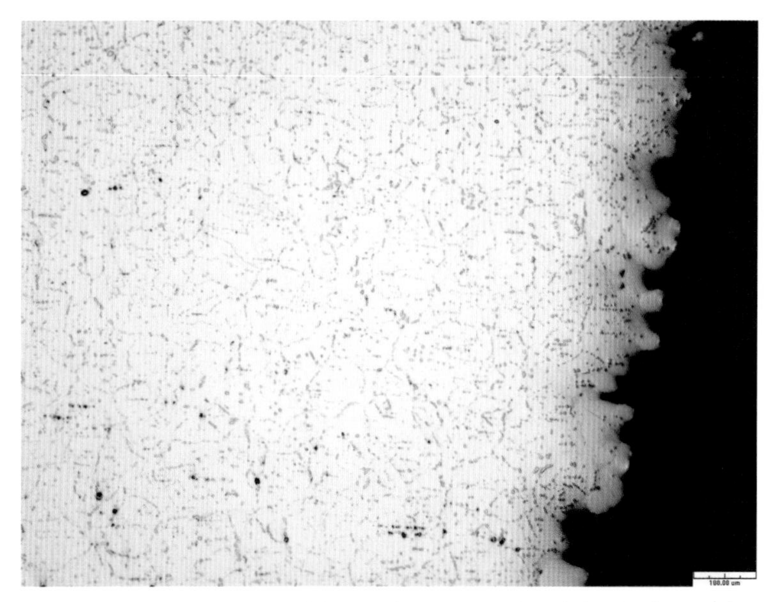

圖 5-78　網帶斷裂面表面有橙紅色物質滲入（拋光後）（倍率 100X）

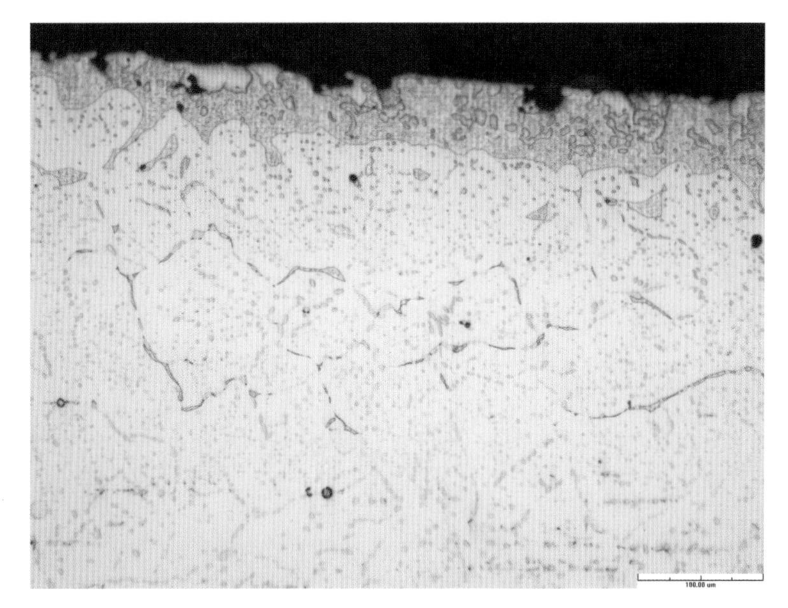

圖 5-79　網帶表面有橙紅色物質滲入（拋光後）（倍率 200X）

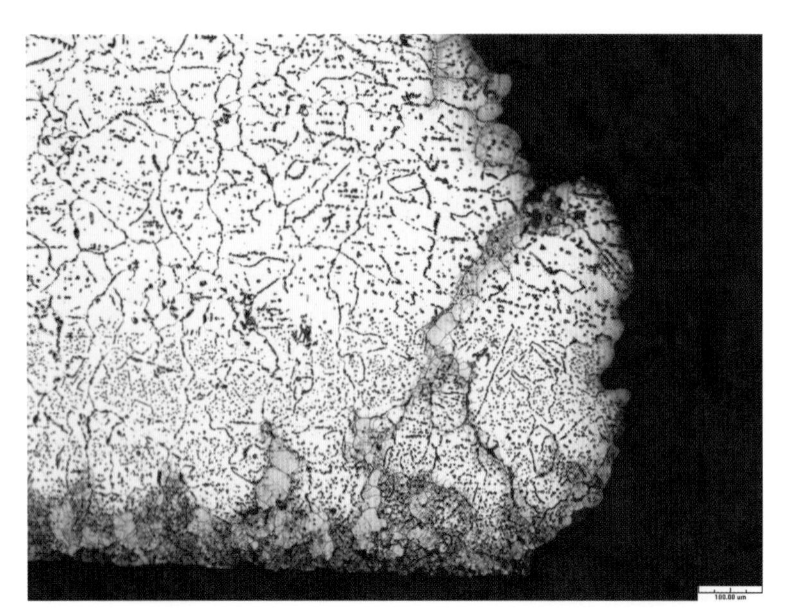

圖 5-80　網帶斷裂面表面有橙紅色物質滲入（腐蝕後）（倍率 100X）

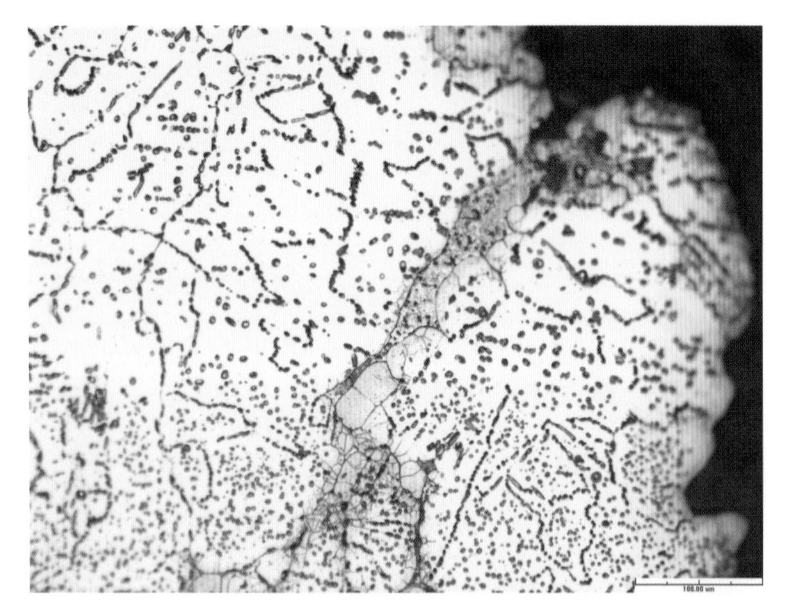

圖 5-81　網帶表面有橙紅色物質滲入（腐蝕後）（倍率 200X）

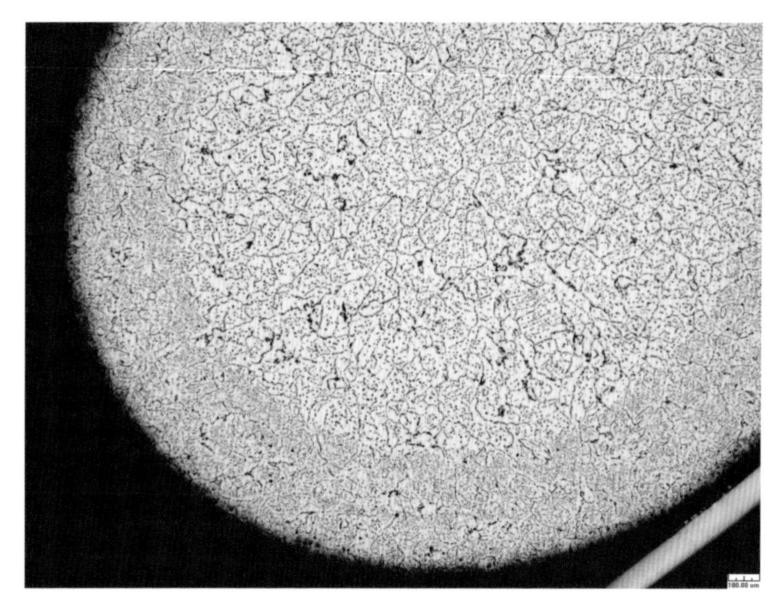

圖 5-82　表面與心部組織有敏化現象（倍率 50X）

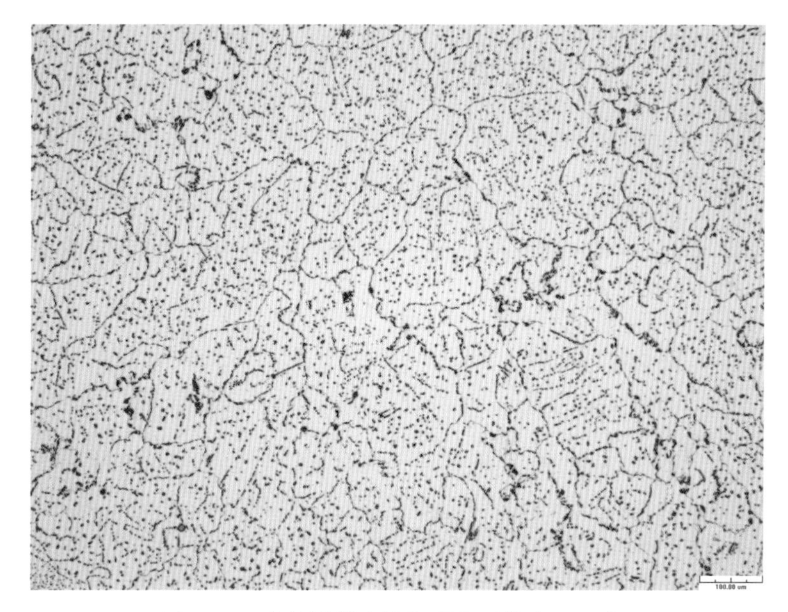

圖 5-83　心部組織有敏化現象（倍率 100X）

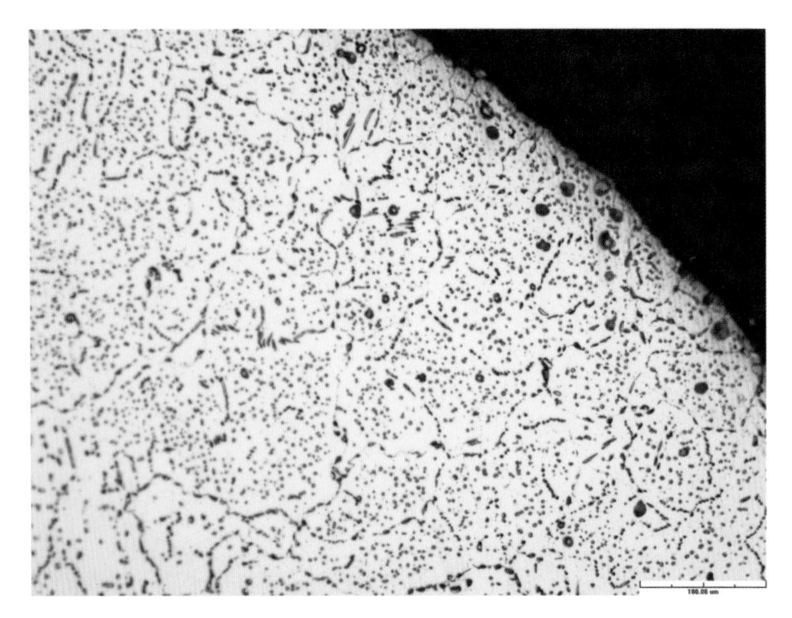

圖 5-84　表面組織有敏化現象（倍率 200X）

5. 電子顯微鏡（SEM）觀察及能量散佈光譜分析儀（EDS）微區成分分析

使用 SEM 觀察網帶斷裂位置表面有附著一層腐蝕生成物（圖 5-85 至圖 5-89），且表面形貌呈現網帶受到高溫腐蝕狀態（圖 5-86），斷裂表面呈現撕裂狀之破壞形貌（圖 5-87 與圖 5-88）；使用 EDS 分析斷裂表面之成分為 C、O、N、Na、Al、Si、Cl、Ca、Ti、V、Mn、Cr、Ni、Cu 與 Fe 等元素（圖 5-90 與圖 5-91），網帶母材之成分為 C、O、Si、Mn、Cr、Ni 與 Fe 等元素（圖 5-92），由圖 5-90 與圖 5-91 可知，斷裂表面物質以銅元素為主的外來元素以及表面產生高溫氧化之氧化物存在。

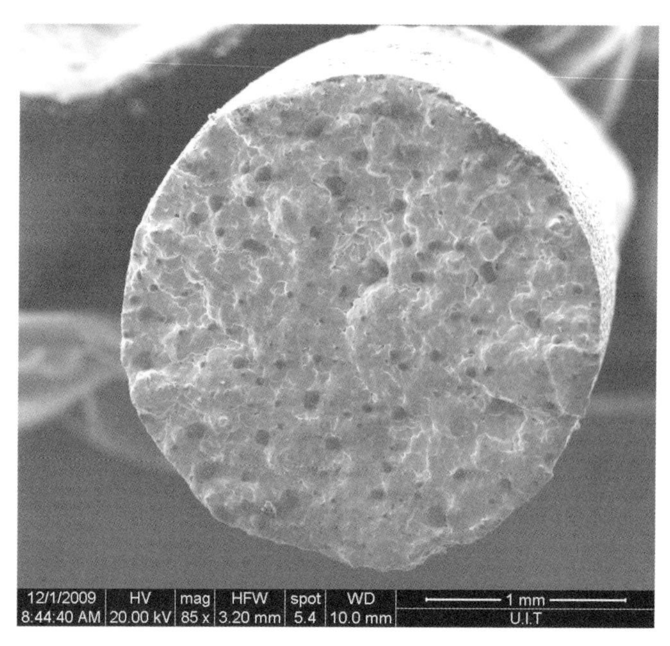

圖 5-85　斷裂面有腐蝕生成物附著

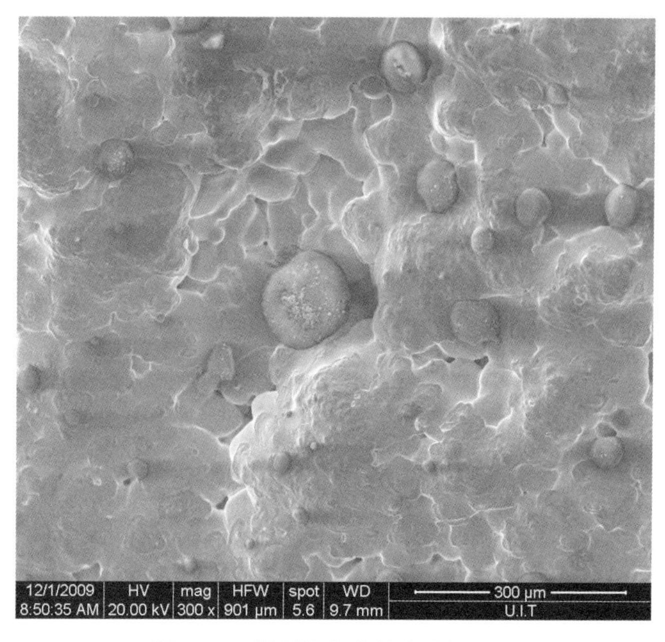

圖 5-86　斷裂面有腐蝕生成物附著

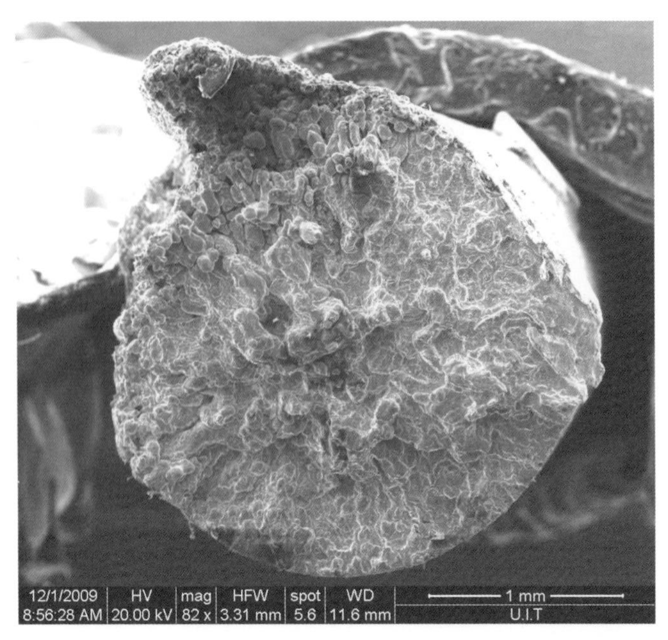

圖 5-87　斷裂面呈現撕裂狀破壞及有腐蝕生成物附著

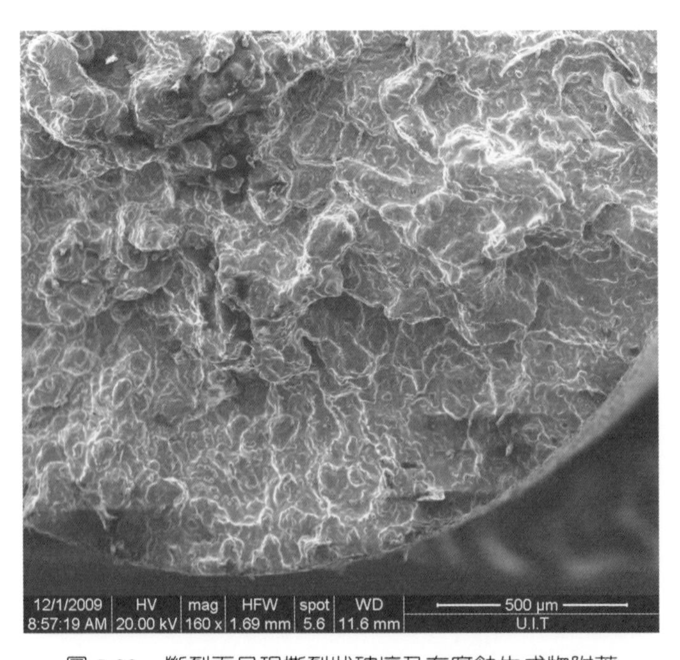

圖 5-88　斷裂面呈現撕裂狀破壞及有腐蝕生成物附著

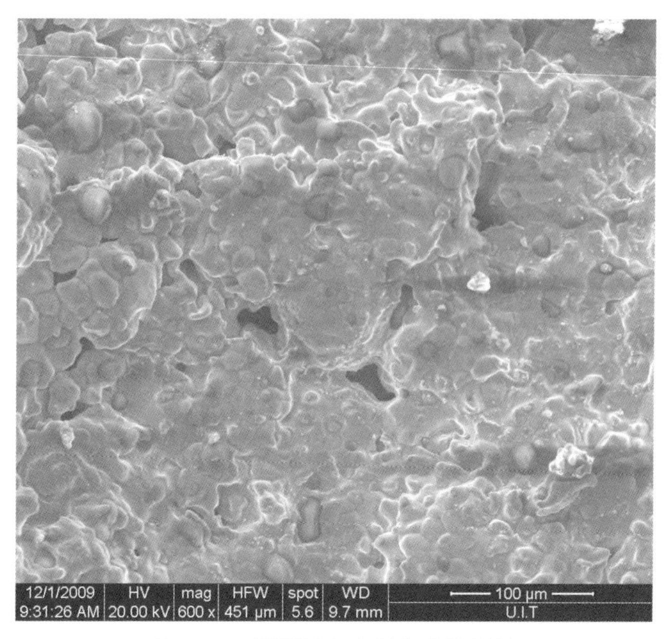

圖 5-89　斷裂面有腐蝕生成物附著

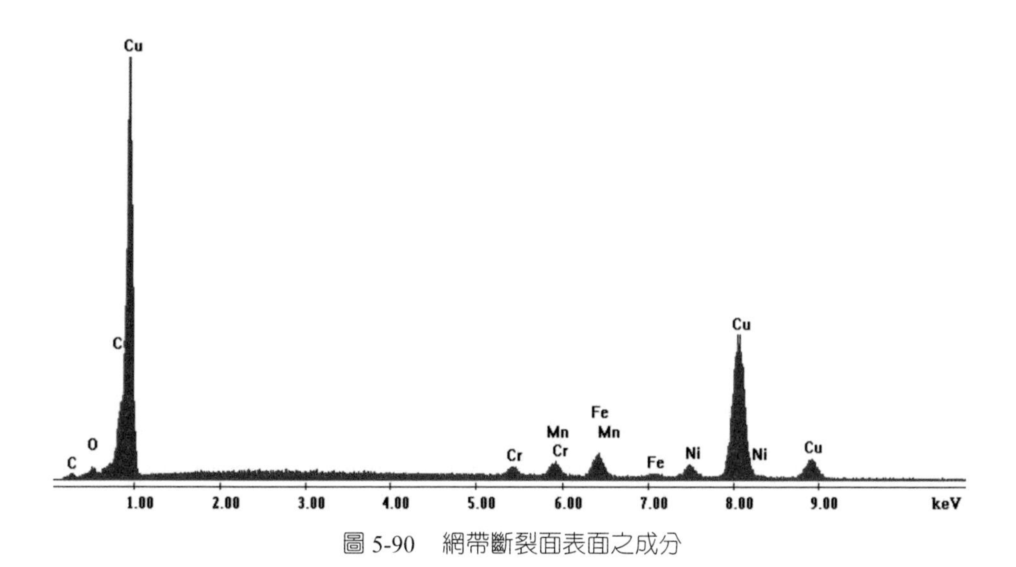

圖 5-90　網帶斷裂面表面之成分

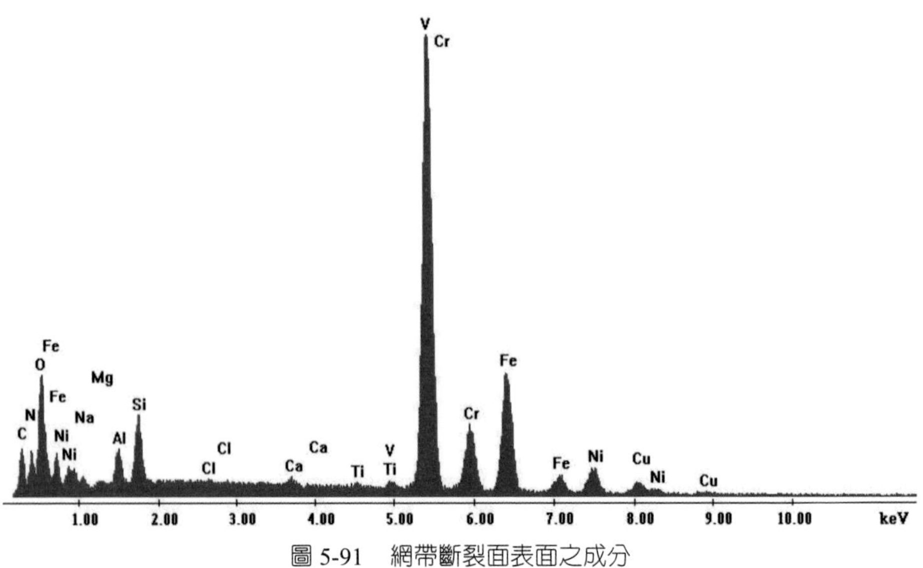

圖 5-91　網帶斷裂面表面之成分

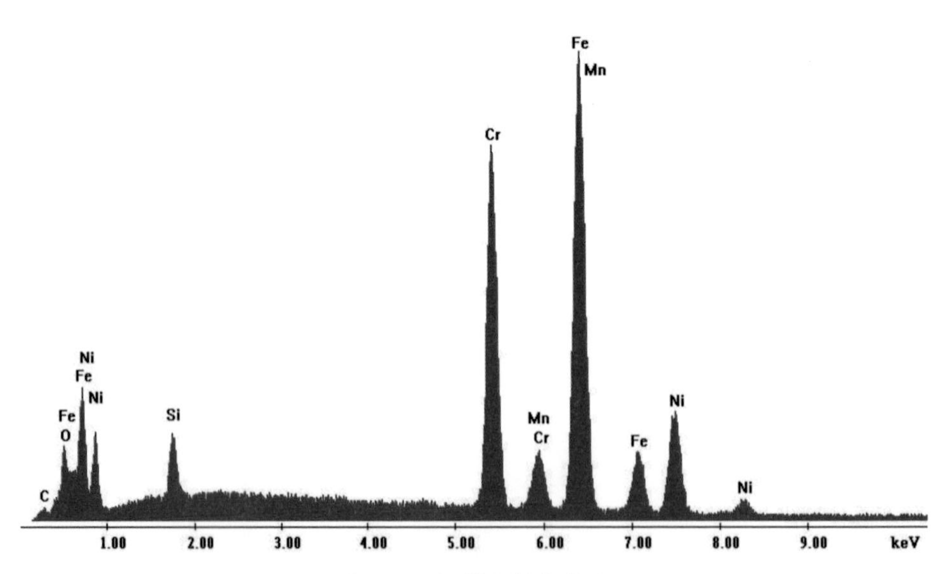

圖 5-92　網帶母材之成分

四、結果與討論

重疊網經檢驗結果可得以下結論：

1. 由外觀檢視發現網帶局部區域有橙紅色物質附著於網帶表面，且網帶斷裂處皆位於橙紅色物質附著處。

2. 由網帶成分分析得知，網帶符合 ASTM A240 Type 310S 規範規定。

3. 由網帶硬度分析得知，網帶心部硬度約為 278 HV ，高於 Type 310S 硬度規範值 217 HB（217 HV），顯示網帶硬度已經有變得較硬之趨勢。

4. 金相組織顯示出網帶表面與斷裂處有橙紅色物質附著與滲入，而網帶表面與心部組織皆有敏化與微小孔洞生成之現象。

5. 使用 SEM 觀察斷裂網帶之斷裂處表面位置，斷裂處表面有腐蝕生成物生成，經 EDS 分析腐蝕生成物有外來腐蝕元素（Cu）。

6. 由上述試驗顯示網帶表面有銅元素附著，加上在高溫使用下，敏化現象造成網帶表面有微小孔洞生成及碳化物析出於晶界上之影響，造成銅元素容易滲入網帶表面，形成液態金屬脆裂（Liquid Metal Embitterment, LME）之破壞型態，最後加上網帶上面工件本身重量形成之使用應力，進而造成網帶斷裂之發生。

7. 建議避免網帶附著其他外來物質，則可降低及避免高溫腐蝕或液態金屬脆裂之發生。

國家圖書館出版品預行編目資料

材料破損分析技術與實務／林渤詠,熊仁洲,
吳學文著. 一 初版. 一 臺北市：五南,
2016.05
面； 公分.
ISBN 978-957-11-8554-5（平裝）

1.材料科學 2.材料強度

440.227 105003636

5E62

材料破損分析技術與實務

作　　者 — 林渤詠(118.4) 熊仁洲(483) 吳學文
校 閱 者 — 林景崎

發 行 人 — 楊榮川
總 編 輯 — 王翠華
主　　編 — 王者香
責任編輯 — 林亭君
封面設計 — 簡愷立
出 版 者 — 五南圖書出版股份有限公司
地　　址：106台北市大安區和平東路二段339號4樓
電　　話：(02)2705-5066　傳　　真：(02)2706-6100
網　　址：http://www.wunan.com.tw
電子郵件：wunan@wunan.com.tw
劃撥帳號：01068953
戶　　名：五南圖書出版股份有限公司
法律顧問　林勝安律師事務所　林勝安律師
出版日期　2016年 5 月初版一刷
定　　價　新臺幣550元

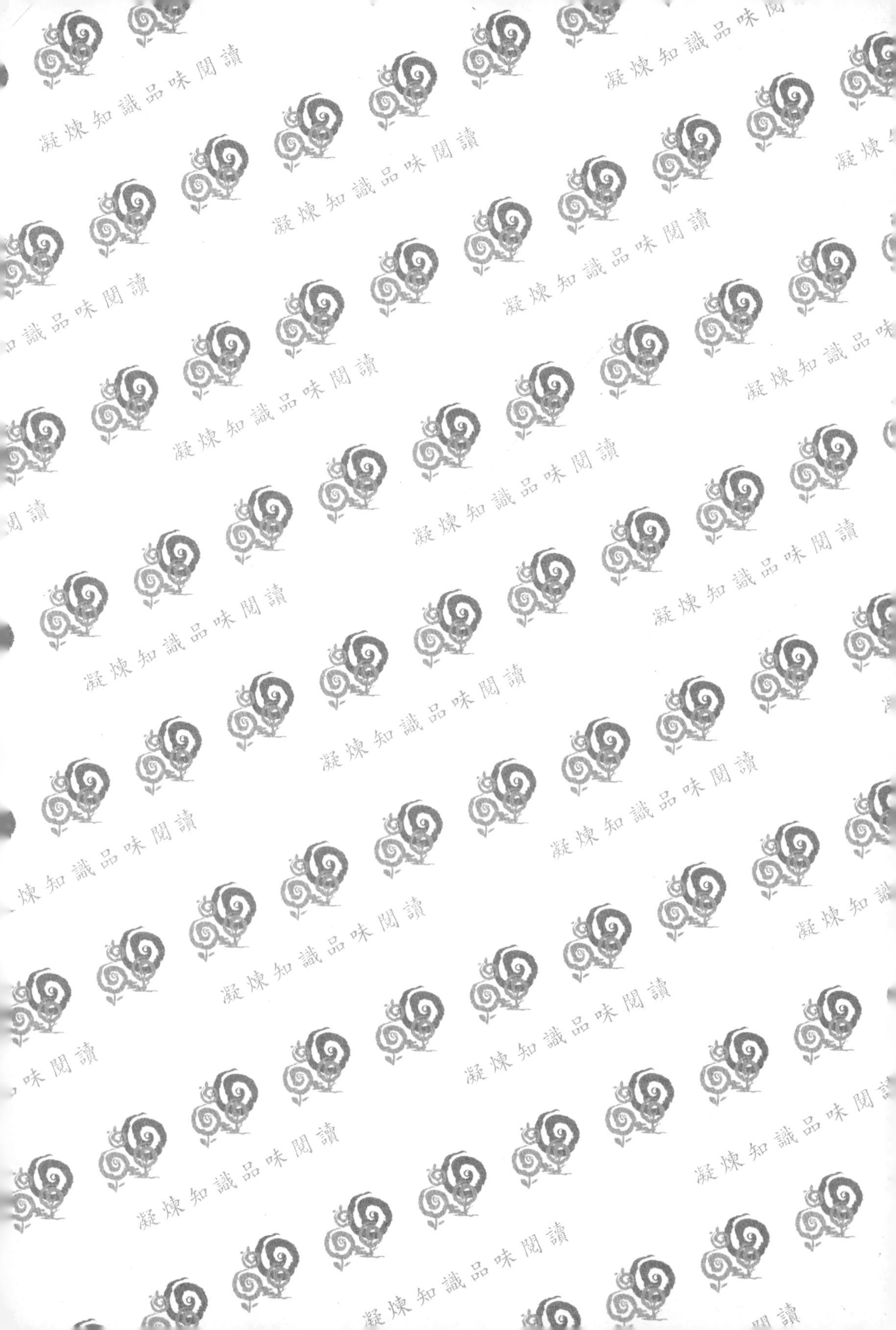
凝煉知識品味閱讀